高职高专"十三五"规划教材

网络设备互联技术

卢晓丽　丛佩丽　张学勇　主编

化学工业出版社

·北京·

本书以案例教学、典型网络系统建设的工作过程为依据，整合、序化教学内容，按照由简单到复杂、由单一到综合的模式，对网络设备互联技术的内容进行合理编排，注重基本知识与基本技术的紧密结合，力求通过网络实践训练，让读者全面掌握网络设备互联技术知识。

本书采用大量实例、截图和源程序，把工作内容图形化、操作步骤界面化，全面介绍了计算机网络技术基础知识：网络体系结构、网络参考模型、网络标准化组织、局域网技术、局域网硬件设备及 IP 地址的有关知识；交换机的配置与应用、虚拟局域网的划分、VTP 的配置与应用、生成树协议的配置与应用，以及无线局域网的组建与维护；路由器的基本配置，静态路由、距离矢量路由协议（RIP）、增强型距离矢量路由协议(EIGRP)和链路状态路由协议(OSPF)的配置与应用等内容。

本书可作为高职高专及中职院校计算机类专业学生的教材，也可作为有关计算机网络知识培训的教材，还可以作为网络管理人员、网络工程技术人员和信息管理人员的参考书。

图书在版编目（CIP）数据

网络设备互联技术 / 卢晓丽，丛佩丽，张学勇主编.
北京：化学工业出版社，2017.3
高职高专"十三五"规划教材
ISBN 978-7-122-28920-9

Ⅰ.①网… Ⅱ.①卢… ②丛… ③张… Ⅲ.①计算机网络-高等职业教育-教材 Ⅳ.①TP393

中国版本图书馆 CIP 数据核字（2017）第 013935 号

责任编辑：王昕讲　　　　　　　　　　　　装帧设计：刘丽华
责任校对：边　涛

出版发行：化学工业出版社（北京市东城区青年湖南街 13 号　邮政编码 100011）
印　　刷：北京永鑫印刷有限责任公司
装　　订：三河市宇新装订厂
787mm×1092mm　1/16　印张 19　字数 504 千字　2017 年 3 月北京第 1 版第 1 次印刷

购书咨询：010-64518888（传真：010-64519686）　　售后服务：010-64518899
网　　址：http://www.cip.com.cn
凡购买本书，如有缺损质量问题，本社销售中心负责调换。

定　价：39.80 元　　　　　　　　　　　　　　　　　　　　　　　版权所有　违者必究

编写人员名单

主　编：卢晓丽　丛佩丽　张学勇
副主编：刘　岩　刘欣华　敖　磊　李　莹　杨晓燕
参　编：匡凤飞　刘淑英

编写人员名单

主 编：广西贺县 从江县 米易县

副主编：刘 苦 刘成举 远 荔 本常 陈海燕

参 编：王风戌 刘海其

前　言

随着信息技术的飞速发展,网络设备互联技术的应用已经渗透到社会生活的各个领域,对网络设备进行合理互联及相关配置,已经充分被人们所认识,被社会所承认,而网络设备互联技术应用水平的高低,也成为衡量一个国家或地区信息化水平的重要标志。在众多类型的计算机网络中,局域网技术的发展非常迅速,应用最为普遍,而高职高专计算机网络技术专业的教学目标之一,就是培养计算机网络组建与安全管理人才。

我们根据目前各高职高专及中职院校计算机网络技术专业的课程设置情况,构建了系统化的课程体系,由企业专家确定典型的教学案例,并提出各种与工程实践相关的技能要求,将这些意见和建议融入课程教学,制定了相应的教学内容,使教学环节和教学内容最大限度地与工程实践相结合。

本书按照培养学生"懂网、组网、管网、用网"的岗位要求,由浅入深、循序渐进地安排教学内容。本书共9章,第1章介绍了计算机网络技术基础知识,包括计算机网络主要功能、分类、网络体系结构、网络参考模型、网络标准化组织、局域网技术、局域网硬件设备及IP地址的有关知识;第2章～第4章详细介绍了交换机的配置与应用、虚拟局域网的划分、VTP的配置与应用、生成树协议的配置与应用,以及无线局域网的组建与维护;第5章重点讲解了路由器的基本配置方法;第6章～第9章,全面介绍了静态路由、距离矢量路由协议(RIP)、增强型距离矢量路由协议(EIGRP)和链路状态路由协议(OSPF)的配置与应用等内容。

我们将为使用本书的教师免费提供电子教案和教学资源,需要者可以到化学工业出版社教学资源网站http://www.cipedu.com.cn免费下载使用。

本书由辽宁机电职业技术学院卢晓丽、丛佩丽和广州市增城区广播电视大学张学勇任主编,营口市农业工程学校刘岩、建昌县中等职业技术专业学校刘欣华、大连理工大学城市学院敖磊、辽宁省孤儿学校李莹和宁夏职业技术学院杨晓燕任副主编。其中第1章1.1～1.2节由李莹编写,1.3～1.4节及本章小结、课后习题由杨晓燕编写,第2章由刘欣华编写,第3章由刘岩编写,第4章由敖磊编写,第5章由张学勇编写,第6章和第7章由丛佩丽编写,第8章和第9章由卢晓丽编写,福建师范大学闽南科技学院匡凤飞和辽宁轻工职业学院刘淑英也参加了编写。全书由卢晓丽统阅定稿。

由于编写时间仓促、水平有限,本书中难免存在不足和疏漏之处,恳请广大读者批评指正,以便下次修订时完善。

编　者
2017年1月

目 录

第 1 章 计算机网络技术基础 1
1.1 计算机网络技术概述 1
- 1.1.1 计算机网络的定义 1
- 1.1.2 计算机网络的功能 1
- 1.1.3 计算机网络的分类 2
- 1.1.4 ISO/OSI 参考模型与 TCP/IP 参考模型 3
- 1.1.5 计算机网络的技术标准 8

1.2 局域网技术基础 9
- 1.2.1 局域网简介 9
- 1.2.2 局域网传输介质 10
- 1.2.3 局域网拓扑结构 13

1.3 局域网常见的硬件设备 15
- 1.3.1 网络接口卡 15
- 1.3.2 集线器（Hub） 16
- 1.3.3 交换机（Switch） 16
- 1.3.4 路由器（Router） 17

1.4 IP 地址 19
- 1.4.1 IPv4 地址简介 19
- 1.4.2 无类编址 CIDR 21
- 1.4.3 可变长子网的划分方法 22
- 1.4.4 IP 封装、分片与重组 23
- 1.4.5 IPv6 地址 24

本章小结 26
课后习题 26

第 2 章 交换机的配置与应用 28
2.1 交换机技术基础 28
- 2.1.1 交换机的分类 28
- 2.1.2 交换机的工作原理 28
- 2.1.3 第二层和第三层交换 29
- 2.1.4 交换机数据包转发方式 30
- 2.1.5 对称交换与非对称交换 30

2.2 交换机的启动与口令恢复 31
- 2.2.1 交换机的启动顺序 31
- 2.2.2 命令行界面模式 31
- 2.2.3 交换机的基本配置 32
- 2.2.4 交换机的登录方式 37
- 2.2.5 交换机口令恢复 40

2.3 端口安全技术 41
- 2.3.1 常见的网络安全攻击与安全工具 41
- 2.3.2 端口-MAC 地址表的形成 42
- 2.3.3 配置交换机的端口安全性 44

本章小结 47
课后习题 47

第 3 章 虚拟局域网和 VLAN 传输协议（VTP） 49
3.1 虚拟局域网简介 49
- 3.1.1 VLAN 的定义 49
- 3.1.2 VLAN 的优点 49
- 3.1.3 VLAN 的划分方法 50
- 3.1.4 VLAN 的配置与应用 52
- 3.1.5 管理 VLAN 54

3.2 跨交换机相同 VLAN 间通信 55
- 3.2.1 VLAN 中继 55
- 3.2.2 中继的工作方式 56
- 3.2.3 跨交换机相同 VLAN 间通信的配置与应用 57
- 3.2.4 VLAN 故障排除 60

3.3 VTP 66
- 3.3.1 VTP 概述 66
- 3.3.2 VTP 的操作模式 66
- 3.3.3 VTP 的配置 69
- 3.3.4 VTP 的故障排除 73

本章小结 73
课后习题 74

第 4 章 生成树协议（STP）和无线局域网（WLAN）的组建 76
4.1 STP 简介 76
- 4.1.1 冗余功能 76
- 4.1.2 STP 算法实现的具体过程 77
- 4.1.3 STP 端口角色和 BPDU 计时器 78
- 4.1.4 STP 的收敛过程 81

4.2 PVST+、RSTP 和快速 PVST+ 83
- 4.2.1 STP 变体 83

	4.2.2	配置原则	84
	4.2.3	STP 配置案例	85
	4.2.4	STP 故障排除	89
4.3	无线局域网技术		91
	4.3.1	无线基础架构组件	91
	4.3.2	无线局域网标准	92
	4.3.3	无线局域网的拓扑结构	94
	4.3.4	无线 LAN 的安全性	95
4.4	无线局域网的组建		98
	4.4.1	无线局域网配置实例	98
	4.4.2	无线局域网故障排除	107
本章小结			111
课后习题			111

第 5 章 路由器的配置与应用 114

5.1	路由器与数据包转发	114
	5.1.1 路由器简介	114
	5.1.2 路由器的内部构造	114
	5.1.3 路由器的启动过程	116
	5.1.4 路由器的接口	117
	5.1.5 路由选择与数据包转发	119
	5.1.6 等价负载均衡	121
	5.1.7 路由器的登录方式	121
5.2	构建路由表	126
	5.2.1 路由表简介	126
	5.2.2 路由表原理	126
	5.2.3 直连路由	127
	5.2.4 静态路由	128
	5.2.5 动态路由	129
5.3	路由器的基本配置	130
	5.3.1 基本配置命令	130
	5.3.2 路由器口令恢复	134
本章小结		135
课后习题		135

第 6 章 静态路由 137

6.1	直连网络	137
	6.1.1 案例描述	137
	6.1.2 查看路由器接口	138
	6.1.3 局域网接口的配置与校验	139
	6.1.4 广域网接口的配置与校验	140
	6.1.5 CDP 协议	143
6.2	静态路由的配置	145
	6.2.1 静态路由配置命令	145

	6.2.2 带下一跳段静态路由的配置	146
	6.2.3 路由表的原理与静态路由	148
	6.2.4 通过递归路由查找解析送出接口	150
	6.2.5 带送出接口静态路由的配置	151
	6.2.6 汇总静态路由	155
	6.2.7 默认路由（缺省路由）	157
6.3	静态路由故障排除	159
	6.3.1 静态路由和数据包转发过程	159
	6.3.2 路由缺失故障排除	160
	6.3.3 解决路由缺失问题	160
本章小结		161
课后习题		161

第 7 章 距离矢量路由协议（RIP） 164

7.1	RIPv1 概述	164
	7.1.1 动态路由协议介绍	164
	7.1.2 距离矢量路由协议	170
	7.1.3 度量和管理距离	172
	7.1.4 RIPv1 的特征和消息格式	174
7.2	RIPv1 的基本配置	175
	7.2.1 案例描述	175
	7.2.2 配置过程	175
	7.2.3 自动汇总	183
	7.2.4 默认路由和 RIPv1	185
7.3	RIPv2 的基本配置	187
	7.3.1 RIPv2 概述	187
	7.3.2 RIPv2 的限制	187
	7.3.3 配置 RIPv2	193
	7.3.4 自动汇总和 RIPv2	194
	7.3.5 禁用 RIPv2 中的自动汇总	196
	7.3.6 检验 RIPv2 更新	196
	7.3.7 VLSM 与 CIDR	198
	7.3.8 RIPv2 的校验和排错	199
7.4	路由表的结构与查找过程	199
	7.4.1 路由表的结构	200
	7.4.2 路由表的查找过程	205
本章小结		210
课后习题		211

第 8 章 增强型距离矢量路由协议 （EIGRP） 213

8.1	EIGRP 简介	213
	8.1.1 EIGRP 的消息格式	213
	8.1.2 协议相关模块（PDM）	216

8.1.3　RTP 和 EIGRP 数据包类型…………217
　　8.1.4　EIGRP 限定更新……………………219
　　8.1.5　DUAL 算法…………………………219
　　8.1.6　EIGRP 的管理距离与度量计算……221
8.2　EIGRP 的基本配置……………………………226
　　8.2.1　网络拓扑……………………………226
　　8.2.2　配置过程……………………………228
　　8.2.3　　禁用自动汇总与手工汇总………232
　　8.2.4　EIGRP 默认路由……………………238
　　8.2.5　微调 EIGRP…………………………240
本章小结……………………………………………241
课后习题……………………………………………242
第 9 章　链路状态路由协议（OSPF）……246
9.1　链路状态路由协议简介………………………246
　　9.1.1　链路状态路由协议的优缺点………247
　　9.1.2　SPF 算法……………………………248

　　9.1.3　链路状态路由协议的层次式
　　　　　设计………………………………258
　　9.1.4　OSPF 消息封装………………………259
　　9.1.5　OSPF 数据包类型……………………260
9.2　OSPF 的基本配置………………………………260
　　9.2.1　网络拓扑……………………………260
　　9.2.2　配置过程……………………………262
　　9.2.3　OSPF 路由表…………………………266
　　9.2.4　修改 OSPF 的度量和开销值…………271
　　9.2.5　DR 与 BDR……………………………275
　　9.2.6　重分布 OSPF 默认路由………………282
　　9.2.7　OSPF 的辅助命令……………………285
　　9.2.8　检验 OSPF 配置的命令………………287
本章小结……………………………………………288
课后习题……………………………………………289
参考文献……………………………………………………293

第 1 章　计算机网络技术基础

计算机网络是计算机技术和通信技术相结合的产物，它结合了计算机技术、通信技术、多媒体技术等各种新技术。计算机网络的出现改变了人们的生活和工作方式，使世界变得越来越小，生活节奏变得越来越快。

1.1　计算机网络技术概述

计算机网络是计算机的一个群体，是由多台计算机组成的，它们之间要做到有条不紊地交换数据，则必须遵守事先规定的约定和通信规则即通信协议。

1.1.1　计算机网络的定义

计算机网络是指将地理位置不同的、具有独立功能的多台计算机及其外部设备，通过通信线路连接起来，在网络操作系统、网络管理软件及网络通信协议的管理和协调下，实现资源共享和信息传递的计算机系统。

从目前计算机网络的特点来看，资源共享的观点能比较准确地描述现阶段计算机网络的基本特征。计算机资源主要指计算机硬件、软件、数据资源。所谓资源共享就是通过连接在网络上的计算机，让用户可以使用网络系统的全部或部分计算机资源（通常根据需要被适当授予使用权）。硬件资源包括超大型存储器（例如大容量的硬盘）、特殊外设（例如高性能的激光打印机、扫描仪、绘图仪等）、通信设备；软件资源包括各种语言处理程序、服务程序、各种应用程序、软件包；数据资源包括各种数据文件和数据库。

1.1.2　计算机网络的功能

计算机网络的使用，扩展了计算机的应用能力。计算机网络虽然各种各样，但其基本功能如下。

（1）资源共享

计算机网络最早是从消除地理距离的限制，并且以资源共享而发展起来的。这里的资源主要指计算机硬件、计算机软件、数据与信息资源。

用户拥有的计算机的性能总是有限的。在网络环境下，一台个人计算机用户，可以通过使用网络中的某一台高性能的计算机，处理自己提交的某个大型复杂的问题，还可以使用网上的一台高速打印机打印报表、文档等，使工作变得非常快捷和方便。

共享软件允许多个用户同时使用，并可以保证网络用户使用的是版本、配置等相同的软件，这样就可以减少维护、培训等过程，而且更重要的是可以保证数据的一致性。可共享的软件很多，包括大型专用软件、各种网络应用软件以及各种信息服务软件等。

计算机用户之间经常需要交换信息、共享数据与信息。在网络环境下，用户可以使用网上的大容量磁盘存储器存放自己采集、加工的信息。随着计算机网络覆盖区域的扩大，信息交流已愈来愈不受地理位置、时间的限制，使得人类对资源可以互通有无，大大提高了资源的利用率和信息的处理能力。

（2）数据通信

数据通信是计算机网络最基本的功能之一。它可以为分布在各地的用户提供强有力的人际通信手段。建立计算机网络的主要目的，就是使得分散在不同地理位置的计算机可以相互传输信息。计算机网络可以传输数据、声音、图形和图像等多媒体信息。利用该计算机网络的数据通信功能，通过计算机网络传送电子邮件和发布新闻消息等已经得到了普遍的应用。

（3）增强系统可靠性

计算机网络拥有可替代的资源，这样就增强了系统的可靠性。例如，当网络中的某一台计算机发生故障时，可由网络中的其他计算机代为处理，以保证用户的正常操作，不因局部故障而导致系统的瘫痪。又如某一数据库中的数据因计算机发生故障而消失或遭到破坏时，可从网络中另一台计算机的备份数据库中调来进行处理，并恢复遭破坏的数据库。

（4）提高系统处理能力

计算机网络的应用提高了系统的处理能力。可以将分散在各个计算机中的数据资料，适时集中或分级管理，并经综合处理后形成各种报表，提供给管理者或决策者分析和参考，如自动订票系统、政府部门的计划统计系统、银行金融系统等。

正因为计算机网络有如此强大的功能，使得它在工业、农业、交通运输、邮电通信、文化教育、商业、国防及科学研究等领域，获得越来越广泛的应用。

1.1.3 计算机网络的分类

计算机网络的分类方法多种多样，如按网络拓扑结构分类、按网络的覆盖范围分类、按数据传输方式分类、按通信传输介质分类、按传输速率分类等。其中，按数据传输方式和按网络的覆盖范围进行分类是最主要的两种分类方法。

（1）按传输方式

网络采用的传输方式决定了网络的重要技术特点。在通信技术中，通信通道有广播通信通道和点对点通信通道两种。因此，将采用广播通信通道完成数据传输的任务的网络称为广播式网络（Broadcast Networks），将采用点对点通信通道完成数据传输的任务的网络称为点-点式（Point-to-Point Networks）网络。

① 广播式网络　在广播式网络中，所有联网的计算机都共享一个公共通信信道，网络中的所有节点都能收到任何节点发出的数据信息。当一台计算机利用共享通信信道发送报文分组时，所有其他的计算机都会"收听"到这个分组。

② 点-点式网络　与广播式网络相反，在点-点式网络中，每条物理线路连接一对计算机。假如两台计算机之间没有直接连接的线路，那么它们之间的分组传输就要通过中间的节点接收、存储、转发，直至目的节点，两台计算机之间可能有多条单独的链路。

（2）按网络的覆盖范围

按照计算机网络所覆盖的地理范围进行分类，可以明显地反映不同类型网络的技术特征。按网络的覆盖范围计算机网络，可以分为局域网（LAN, Local Area Network）、城域网（MAN, Metropolitan Area Network）和广域网（WAN, Wide Area Network）三种。

① 局域网　局域网也称局部网，是指将有限的地理区域内的计算机或数据终端设备互联在一起的计算机网络。它具有很高的传输速率（10Mb/s～10Gb/s）。这种类型的网络工作范围在几米到几十公里左右，通常将一座大楼或一个校园内分散的计算机连接起来构成 LAN。局域网技术发展非常迅速，并且应用日益广泛，是计算机网络中最为活跃的领域之一。

② 城域网　城域网有时又称之为城市网、区域网、都市网。城域网是介于 LAN 和 WAN 之间的一种高速网络。城域网的覆盖范围通常为一个城市或地区，距离约五公里至几十公里。随着局域网的广泛使用，人们逐渐要求扩大局域网的使用范围，或者要求将已经使用的局域网互相连接起来，使其成为一个规模较大的城市范围内的网络。城域网中可包含若干个彼此互联的局域网，

可以采用不同的系统硬件、软件和通信传输介质构成,从而使不同类型的局域网能有效地共享信息资源。城域网通常采用光纤或微波作为网络的主干通道。

③ 广域网　广域网指的是实现计算机远距离连接的计算机网络,可以把众多的城域网、局域网连接起来,也可以把全球的区域网、局域网连接起来。广域网涉及的范围较大,其工作范围在几十公里到几千公里,它可以在一个省、一个国家内,或者跨越几个洲,遍布全世界。其用于通信的传输装置和介质一般由电信部门提供,能实现大范围内的资源共享。

1.1.4　ISO/OSI 参考模型与 TCP/IP 参考模型

（1）网络协议

通过通信信道和设备互联起来的多个不同地理位置的计算机系统,要使其能有条不紊地协同工作,实现信息交换和资源共享,它们之间必须具有共同的语言。交流什么、怎样交流及何时交流,都必须遵循某种互相都能接受的规则。这些为网络数据交换而制定的规定、约束与标准被称为网络协议（Protocol）。

网络协议由语法、语义和语序三大要素构成。协议的语法定义了通信双方的用户数据与控制信息的格式与格式,以及数据出现的顺序的意义,即定义怎么做;协议的语义是为了协调完成某种动作或操作而规定的控制和应答信息,即定义做什么;协议的语序是对事件实现顺序的详细说明,指出事件的顺序及速度匹配,即定义何时做。

计算机网络是一个庞大,而且复杂的系统。网络的通信规约也不是一个网络协议就可以描述清楚的。目前已经有很多网络协议,它们已经组成一个完整的体系。每一种协议都有它的设计目标和需要解决的问题,同时,每一种协议也有它的优点和使用限制。这样做的主要目的是使协议的设计、分析、实现和测试简单化。

（2）网络的层次结构

计算机网络系统是一个十分复杂的系统。将一个复杂系统分解为若干个容易处理的子系统,即"化繁为简",然后通过"分而治之"逐个解决这些较小的、简单的问题,这种结构化设计方法是工程设计中常见的手段。分层就是系统分解的最好方法之一。

层次结构划分的原则是内功能内聚,层间耦合松散,层数适中。即每层的功能应是明确的,并且是相互独立的,当某一层的具体实现方法更新时,只要保持上、下层的接口不变,便不会对"邻居"产生影响;层间接口必须清晰,跨越接口的信息量应尽可能少;若层数太少,则造成每一层的协议太复杂;若层数太多,则体系结构过于复杂,使描述和实现各层功能变得困难。接口指的是同一节点内,相邻层之间信息的连接点。计算机网络中采用层次结构具有如下的特点。

① 各层之间相互独立　高层并不需要知道底层是如何实现的,而仅需要知道该层通过层间的接口所提供的服务。

② 灵活性好　当任何一层发生变化时,例如由于技术的进步促进实现技术的变化,只要接口保持不变,则在这层以上或以下各层均不受影响。另外,当某层提供的服务不再需要时,甚至可将这层取消。

③ 各层都可以采取最合适的技术来实现　各层实现技术的改变不影响其他层。

④ 易于实现和维护　因为整个系统已被分解为若干易于处理的部分,这种结构使得一个庞大而又复杂系统的实现和维护变得容易控制。

⑤ 有利于促进标准化　这主要是因为每一层的功能和所提供的服务都已有了明确的说明。

网络协议对于计算机网络是不可缺少的,一个功能完备的计算机网络需要制定一套复杂的协议集,对于复杂的计算机网络协议,最好的组织方式就是层次结构模型。我们将计算机网络层次结构模型和各层协议的集合,定义为计算机网络体系结构（Network Architecture）。网络体系结构是对计算机网络应完成的功能的精确定义。

引入分层模型后，即使遵循了网络分层原则，不同的网络组织机构或生产厂商所给出的计算机网络体系结构也不一定是相同的，关于层的数量、各层的名称、内容与功能都可能会有所不同。

国际标准化组织 ISO 在 1977 年建立了一个分委员会来专门研究体系结构，提出了开放系统互联（OSI，Open System Interconnection）参考模型，这是一个定义连接异种计算机标准的主体结构，OSI 解决了已有协议在广域网和高通信负载方面存在的问题。"开放"表示能使任何两个遵守参考模型和有关标准的系统进行连接。"互联"是指将不同的系统互相连接起来，以达到相互交换信息、共享资源、分布应用和分布处理的目的。

需要强调的是，OSI 参考模型并非具体实现的描述，它只是一个为制定标准机而提供的概念性框架。在 OSI 中，只有各种协议是可以实现的，网络中的设备只有与 OSI 和有关协议相一致时才能互联。

（3）OSI 参考模型

OSI 参考模型采用分层的结构化技术共分为 7 层，如图 1-1 所示。其中低 3 层（1～3）是依赖网络的，涉及将两台通信计算机连接在一起所使用的数据通信网的相关协议，实现通信子网的功能。高 3 层（5～7）是面向应用的，涉及允许两个终端用户应用进程交互作用的协议，通常是由本地操作系统提供的一套服务，实现资源子网的功能。中间的传输层为面向应用的高 3 层遮蔽了跟网络有关的低 3 层的详细操作。从实质上讲，传输层建立在由低 3 层提供服务的基础上，为面向应用的高 3 层提供与网络无关的信息交换服务。

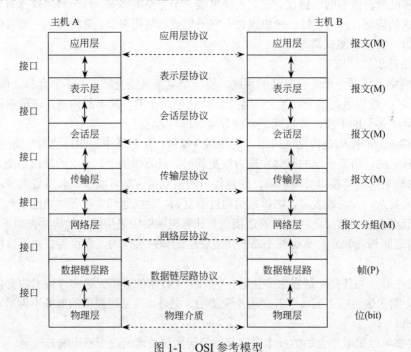

图 1-1 OSI 参考模型

（4）OSI 各层的功能

OSI 参考模型的每一层都有它自己必须实现的一系列功能，以保证数据报能从数据源传输到目的地。下面简单介绍 OSI 参考模型各层的功能。

① 物理层（Physical Layer） 物理层位于 OSI 参考模型的最低层，它是在物理传输介质上传输原始的数据比特流。当一方发送二进制比特"1"时，对方应能正确地接收，并识别出来。

为了实现在网络上传输数据比特流，物理层必须解决好包括传输介质、信道类型、数据与信号之间的转换、信号传输中的衰减和噪声等在内的一系列问题。另外，物理层标准要给出关于物理接口的机械、电气功能和规程特性，以便于不同的制造厂家，既能够根据公认的标准各自独立地制造设备，又能使各个厂家的产品能够相互兼容。

② 数据链路层（Data Link Layer） 比特流被组织成数据链路协议数据单元(通常称为帧)，并以其为单位进行传输，帧中包含地址、控制、数据及校验码等信息。数据链路层的主要作用是在数据传输过程中提供了确认、差错控制和流量控制等机制，将不可靠的物理链路，改造成对网络层来说无差错的数据链路。数据链路层还要协调收发双方的数据传输速率，即进行流量控制，以防止接收方因来不及处理来自发送方的高速数据，而导致缓冲器溢出及线路阻塞。

③ 网络层（Network Layer） 数据以网络协议数据单元（分组）为单位进行传输。网络中的两台计算机进行通信时，中间可能要经过许多中间节点甚至不同的通信子网。网络层的任务就是在通信子网中选择一条合适的路径，使发送端传输层所传下来的数据，能够通过所选择的路径到达目的端，便于实现路径选择，即在通信子网中进行路由选择。另外，为避免通信子网中出现过多的分组而造成网络阻塞，需要对流入的分组数量进行控制。当分组要跨越多个通信子网才能到达目的地时，还要解决网际互联的问题。

④ 传输层（Transport Layer） 传输层是第一个端对端，即主机到主机的层次。传输层是OSI参考模型中承上启下的层，它下面的3层主要面向网络通信，以确保信息被准确有效地传输；它上面的3个层次则面向用户主机，为用户提供各种服务。传输层为会话层屏蔽了传输层以下的数据通信的细节，使高层用户就可利用运输层的服务直接进行端到端的数据传输，从而不必知道通信子网的存在。传输层为了向会话层提供可靠的端到端传输服务，也使用了差错控制和流量控制等机制。

⑤ 会话层（Session Layer） 运输层是主机到主机的层次，而会话层是进程到进程之间的层次。会话层主要功能是组织和同步不同的主机上各种进程间的通信（也称会话）。会话层负责在两个会话层实体之间进行对话连接的建立和拆除。它可管理对话允许双向同时进行或任何时刻只能一个方向进行。在后一种场合下，会话层提供一种数据权标来控制哪一方有权发送数据。会话层还提供在数据流中插入同步点的机制，使得数据传输因网络故障而中断后，可以不必从头开始而仅重传最近一个同步点以后的数据。

⑥ 表示层（Presentation Layer） OSI模型中，表示层以下的各层主要负责数据在网络中传输时不要出错。表示层的功能为上层用户提供共同需要的数据或信息语法表示变换。为了让采用不同编码方法的计算机能相互理解通信交换后数据的内容，可以采用抽象的标准方法来定义数据结构，并采用标准的编码表示形式。表示层管理这些抽象的数据结构，并将计算机内部的表示形式转换成网络通信中采用的标准表示形式。数据压缩和加密是表示层可提供的表示变换功能。表示层负责数据的加密，以便在数据的传输过程对其进行保护，数据在发送端被加密，在接收端解密，使用加密密钥来对数据进行加密和解密；表示层负责文件的压缩，通过算法来压缩文件的大小，降低传输费用。

⑦ 应用层（Application Layer） 应用层是开放系统互联环境的最高层，负责为OSI模型以外的应用程序提供网络服务，而不为任何其他OSI层提供服务。不同的应用层为特定类型的网络应用提供访问OSI环境的手段。应用层为用户提供电子邮件、文件传输、远程登录和资源定位等服务。另外，应用层还包含大量的应用协议，如远程登录（Telnet）、简单邮件传输协议（SMTP）、简单网络管理协议（SNMP）和超文本传输协议（HTTP）等。

（5）OSI数据传输过程

按照OSI参考模型，网络中各节点都有相同的层次，不同节点的对等层具有相同的功能，同一节点内相邻层之间通过接口通信；每一层可以使用下层提供的服务，并向其上层提供服务；不同节点的对等层按照协议实现对等层的通信。每一层的协议与对等层之间交换的信息称为协议数据单元（PDU）。

如图 1-2 所示，提供了对等层之间通信的概念模型。主机 A 的应用层与主机 B 的应用层通信，同样，主机 A 的传输层、会话层和表示层也与主机 B 的对等层进行通信。OSI 模型的低 3 层必须处理数据的传输，路由器 C 参与此过程。主机 A 的网络层、数据链路层和物理层与路由器 C 进行通信。同样，路由器 C 与主机 B 的物理层、数据链路层和网络层进行通信。

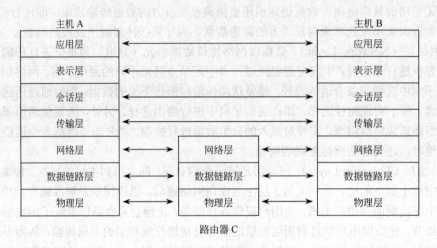

图 1-2　OSI 模型对等层通信

事实上，在某一层需要使用下一层提供的服务传送自己的 PDU 时，其当前层的下一层总是将上一层的 PDU 变为自己 PDU 的一部分，然后利用更下一层提供的服务将信息传递出去。在网络中，对等层可以相互理解和认识对方信息的具体意义。如果不是对等层，双方的信息就不可能（也没有必要）相互理解。

为了与其他计算机上的对等层进行通信，当数据需要通过网络从一个节点传送到另一个节点之前，必须在数据的头部或尾部定义特定的协议头或特定的协议尾。这一过程被称为数据打包或数据封装。协议头和协议尾是附加的数据位，由发送方计算机的软件或硬件生成，放在由第 $N+1$ 层传给第 N 层的数据的前面或后面。物理层并不使用封装，因为它不使用协议头和协议尾。同样，在数据到达接收节点的对等层后，接收方将识别、提取和处理发送方对等层增加的数据头部或尾部。这个过程被称为数据拆包或数据解封。

（6）TCP/IP 参考模型

TCP/IP（传输控制协议/网间互联协议）是一种网络通信协议，它规范了网络上的所有通信设备，尤其是一个主机与另一个主机之间的数据往来格式以及传送方式。TCP/IP 模型是至今为止发展最成功的通信协议。

TCP/IP 参考模型只有 4 个协议分层，由下而上依次为：网络接口层、网络层、传输层、应用层。TCP/IP 参考模型如图 1-3 所示。由图可见，TCP/IP 模型与 OSI 模型有一定的对应关系。其中，TCP/IP 模型的应用层与 OSI 模型的应用层、表示层和会话层相对应；TCP/IP 模型的传输层与 OSI 模型的传输层相对应；TCP/IP 模型的互联层与 OSI 模型的网络层相对应；TCP/IP 模型的网络接口层与 OSI 模型的数据链路层和物理层相对应。

TCP/IP 事实上是一个协议系列或协议族，目前包含了 100 多个协议。这些协议使任何具有网络设备的用户能访问和共享 Internet 上的信息，其中最重要的协议族是传输控制协议（TCP）

和网际协议（IP）。TCP/IP 模型各层的一些重要协议，如图 1-4 所示。

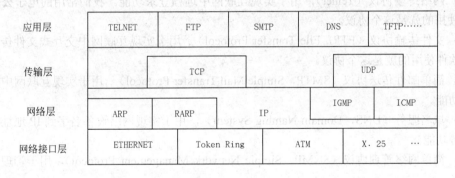

图 1-3　TCP/IP 参考模型与 OSI 参考模型

图 1-4　TCP/IP 模型各层的一些重要协议

（7）TCP/IP 各层的功能

① 网络接口层　在 TCP/IP 模型中，网络接口层是 TCP/IP 模型的最低层，负责接收从网络层交来的 IP 数据报并将 IP 数据报通过底层物理网络发送出去，或者从底层物理网络上接收物理帧，抽出 IP 数据报，交给网络层。网络接口层协议定义了主机如何连接到网络，管理着特定的物理介质。在 TCP/IP 模型中可以使用任何网络接口，如以太网、令牌环网、FDDI、X.25、ATM、帧中继和其他接口。

② 网络层　网络层的主要功能由互联网络协议 IP 来提供，并主要解决计算机到计算机的通信问题；网络层的另一重要功能是进行网络互联，网间报文根据它的目的 IP 地址，通过路由器传到另一网络。

IP 的核心任务是通过互联网络传送数据报。当在不同主机间发送报文时，源主机首先构造一个带有全局网络地址的数据报，并在其前面加上一个报头。若目的主机在本网内，IP 可直接通过网络送至主机。若目的主机在其他网中，则将数据报送到路由器。路由器将分组拆开，恢复为原始数据报，同时分析 IP 的头，以决定该数据报包含的是控制信息还是数据。若是数据，还需将数据分段，每个段成为独立的 IP 数据报，加上头后排队，进行路由选择并予以转发。目的主机收到 IP 数据报后，将相应的头除去，恢复成 IP 数据报，并将它们重组为原始数据(报)，送至高层处理。IP 协议不保证服务的可靠性，也不检查遗失或丢弃的报文，端到端的流量控制、差错的控制、数据报流排序等工作均由高层协议负责。

③ 传输层　传输层的作用是在源节点和目的节点的两个对等实体间，提供可靠的端到端的数据通信。为保证数据传输的可靠性，传输层协议也提供确认、差错控制和流量控制等机制。

TCP/IP 在传输层提供两个主要协议：传输控制协议（TCP）和用户数据报协议（UDP）。

TCP 协议是一种可靠的面向连接的协议，它允许将一台主机的字节流无差错地传送到目的主机。TCP 协议将应用层的字节流分成多个字节段，然后将每一个字节段传送到网络层，并利用网络层发送到目的主机。当网络层将接收到的字节段传送给传输层时，传输层再将多个字节段还原成字节流传送到应用层。与此同时，TCP 协议要完成流量控制、协调收发双方的发送与接收速度等功能，以达到正确传输的目的。

UDP 协议是一种不可靠的无连接协议，它主要用于不要求分组顺序达到的传输中，分组传输顺序检查与排序由应用层来完成。

④ 应用层　TCP/IP 协议的高层为应用层，它大致和 OSI 模型的会话层、表示层和应用层对应，但没有明确的层次划分。它包括了所有的高层协议，并且随着计算机网络技术的发展，还会有新的协议加入。应用层的主要协议包括以下几方面。

- 网络终端协议（Telnet），用于实现互联网中远程登录功能。我们常用的电子公告牌系统 BBS 使用的就是这个协议。
- 文件传输协议（FTP，File Transfer Protocol），用于实现互联网中交互式文件传输功能。下载软件使用的就是这个协议。
- 简单邮件传送协议（SMTP，Simple Mail Transfer Protocol），用于实现互联网中电子邮件传送功能。
- 域名服务（DNS，Domain Naming System），用于实现网络设备名字到 IP 地址映射的网络服务功能。
- 简单网络管理协议（SNMP，Simple Network Management Protocol），用于管理和监视网络设备。
- 超文本传输协议（HTTP，Hyper Text Transfer Protocol），用于目前广泛使用的 Web 服务。
- 路由信息协议（RIP，Routing Information Protocol），用于网络设备之间交换路由信息。
- 网络文件系统（NFS，Network File System），用于网络中不同主机间的文件共享。

1.1.5　计算机网络的技术标准

现在已经有许多网络生产商和供应商，他们有各自的做事方法，如果没有协调好，则事情会变得一团糟，用户也会无所适从，摆脱这种局面的办法就是让大家都遵守一些网络标准。国际性的标准化组织通常分为两类：国家政府之间通过条约建立起来的标准化组织，以及自愿的、非条约的组织。在计算机网络标准的领域中，有各种类型的一些组织，下面我们了解一下这些重要的国际标准化方面的工作。

（1）国际电信联盟 ITU

在 1865 年，欧洲许多政府的代表聚集在一起，形成了一个标准化组织，即今天的 ITU（International Telecommunication Union，国际电信联盟）的前身。它的任务是对国际电信进行标准化，1947 年，ITU 成为联合国的一个代理机构。

ITU 有三个主要部门：无线通信部门 ITU-R、电信标准化部门 ITU-T、开发部门 ITU-D。其中 ITU-R 关注全球范围内的无线电频率分配事宜，它将频段分配给有利益竞争的组织。ITU-T 的任务是对电话、电报和数据通信接口提供一些技术性的建议，这些建议通常会变成国际认可的标准，如 X.25、Frame Relay 等。

（2）国际标准化组织 ISO

国际标准是由 ISO（International Standards Organization）制定和发布的。ISO 是 1946 年成立的一个自愿的、非条约性质的组织。负责制定大型网络的标准，如 OSI 参考模型。在电信标准方面，ISO 和 ITU-T 通常联合起来以避免出现两个正式的但相互不兼容的国际标准（ISO 是 ITU-T 的一个成员）。

（3）电子电器工程师协会 IEEE

IEEE（Institute of Electrical and Electronics Engineers）是世界上最大的专业组织，它也是一个标准化组织，该标准化组织专门开发电器工程和计算领域中的标准。IEEE 的 802 委员会致力于研究局域网和城域网的物理层和 Mac 层规范，对应 OSI 模型的下两层，已经标准化了很多种类的 LAN，实际的工作是由许多工作组来完成的。

（4）Internet 架构委员会 IAB

IAB（Internet Architecture Board）是由探讨与因特网结构有关问题的互联网研究员组成的委员会。其职责是任命各种与因特网相关的组织，如 IANA、IESE 和 IRSG。该组织负责各种 INTERNET 标准的定义。

1.2 局域网技术基础

1.2.1 局域网简介

局域网是应用最为广泛的一类网络，它是将较小地理区域内的各种数据通信设备连接在一起的计算机网络，常常位于一个建筑物或一个园区内，也可以远到几千米的范围。局域网通常用来将单位办公室中的个人计算机和工作站连接起来，以便共享资源和交换信息，它是专有网络。一个局域网主要由网络硬件和网络软件组成。

局域网就是一种在小区域范围内对各种数据通信设备提供互联的一种通信网。与广域网（Wide Area Network，WAN）相比，局域网具有以下特点。

① 较小的地域范围。仅用于办公室、机关、工厂及学校等内部联网，其范围虽没有严格的定义，但一般认为距离为 0.1~25km。而广域网的分布是一个地区、一个国家，乃至全球范围。

② 传输速率和误码率低。局域网传输速率一般为 10~1000Mb/s，其误码率一般在 10^{-9}~10^{-1} 之间。

③ 局域网一般为一个单位所建。局域网在单位或部门内部控制管理和使用，而广域网往往是面向一个行业或全社会服务。局域网一般是采用同轴电缆、双绞线等建立单位内部专用线，而广域网则大多租用公用线路或专用线路，如公用电话线、光纤及卫星等。

局域网的主要功能与计算机网络的基本功能类似，但是局域网最主要的功能是实现资源共享和相互的通信交往。局域网通常可以提供以下主要功能。

① 资源共享。主要包括软件、硬件和数据等资源的共享。

● 软件资源共享：为了避免软件的重复投资和重复劳动，用户可以共享网络上的系统软件和应用软件。

● 硬件资源共享：在局域网上，为了减少或避免重复投资，通常将激光打印机、绘图仪、大型存储器及扫描仪等贵重的或较少使用的硬件设备共享给其他用户。
- 数据资源共享：为了便于处理、分析和共享分布在网络上各计算机用户的数据，一般可以建立分布式数据库；同时，网络用户也可以共享网络内的大型数据库。

② 信息传输（即通信）
- 数据及文件的传输：局域网所具有的最主要功能就是数据和文件的传输，它是实现办公自动化的主要途径。通常不仅可以传递普通的文件信息，还可以传递语音、图像等多媒体信息。
- 电子邮件：局域网邮局可以提供局域网内的电子邮件服务，它使得无纸办公成为可能。网上的各个用户可以接收、转发和处理来自单位内部和广域网中的电子邮件，还可以使用网络邮局收发传真。
- 视频会议：使用网络可以召开在线视频会议。例如召开教学工作会议，所有的会议参加者都可以通过网络面对面地参加会议，并开展讨论，节约了人力物力。

1.2.2 局域网传输介质

传输介质是为数据传输提供理想的通路，并通过它把网络中的各种设备互联在一起。在现有的计算机网络中，用于数据传输的物理介质有很多种，每一种介质的带宽、时延、抗干扰能力和费用，以及安装维护难度等特性都各不相同。本节将介绍计算机网络中常用的一些传输介质及其有关的通信特性。

① 双绞线 双绞线又称为双扭线，它由若干对铜导线（每对有两条相互绝缘的铜导线，按一定规则绞合在一起）组成。如图 1-5 所示。采用这种绞合起来的结构，是为了减少对邻近线对的电磁干扰，为了进一步提高双绞线的抗干扰能力，还可以在双绞线的外层再加上一个用金属丝编织成的屏蔽层。

根据是否外加屏蔽层，双绞线又可分为屏蔽双绞线 STP（Shield Twisted Pair）和非屏蔽双绞线 UTP（UnShield Twisted Pair）两类。非屏蔽双绞线的阻抗值为 100Ω，其传输性能适应大多数应用环境要求，应用十分广泛，是建筑内结构化布线系统主要的传输介质。屏蔽式双绞线的阻抗 150Ω，具有一

图 1-5 双绞线

个金属外套，对电磁干扰 EMI（Electromagnetic Interference）具有较强的抵抗能力。

双绞线既可用于模拟信号传输，也可用于数字信号传输，其通信距离一般为几公里到十几公里。导线越粗，通信距离越远，但导线价格也越高。由于双绞线的性能价格比相对其他传输介质要好，所以使用十分广泛。随着局域网上数据传输速率的不断提高，美国电子工业协会的远程通信工业会（EIA/TIA），在 1995 年颁布了最常用的 UTP 是 3 类线和 5 类线。5 类线与 3 类线的主要区别是：前者大大增加了每单位长度的绞合次数；其次，在线对间的绞合度和线对内两根导线的绞合度上都经过了精心的设计，并在生产中加以严格的控制，使干扰在一定程度上得以抵消，从而提高了线路的传输特性。目前，在结构化布线工程建设中，计算机网络线路普遍采用 100Ω 的 5 类或者超 5 类（5e）的非屏蔽双绞线系列产品，作为主要的传输介质。EIA/TIA—586 标准会随着技术的发展而不断修正和完善，例如，在 1998 年 4 月已有 6 类双绞线的草案问世。

在制作网线时，要用到 RJ-45 接头，俗称"水晶头"的连接头。在将网线插入水晶头前，要对每条线排序。根据 EIA/TIA 接线标准，RJ-45 接口制作有两种排序标准：EIA/TIA 568B 标准和 EIA/TIA 568A 标准，具体线序如图 1-6 所示。

568B 标准的线序为：白橙、橙、白绿、蓝、白蓝、绿、白棕、棕[（图1-6（a）]。
568A 标准的线序为：白绿、绿、白橙、蓝、白蓝、橙、白棕、棕[（图1-6（b）]。

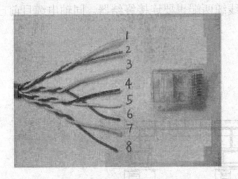 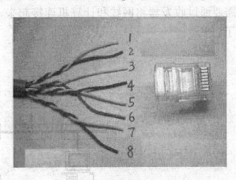

（a）EIA/TIA 568B 线序　　　　　　　　　（b）EIA/TIA 568A 线序

图 1-6　EIA/TIA 线序标准

② 同轴电缆　同轴电缆由最内层的中心铜导体、塑料绝缘层、屏蔽金属网和外层保护套所组成，如图 1-7 所示。同轴电缆的这种结构使其具有高带宽和较好的抗干扰特性，并且可在共享通信线路上支持更多的站点。按特性阻抗数值的不同，同轴电缆又分为两种：一种是 50 Ω 的基带同轴电缆；另一种是 75 Ω 的宽带同轴电缆。

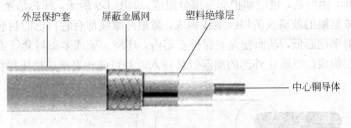

图 1-7　同轴电缆的结构

- 基带同轴电缆：一条电缆只支持一个信道，传输带宽为 1～20Mb/s。它可以 10Mb/s 的速率，把基带数字信号传输 1～1.2km 远。所谓"基带数字信号传输"，是指按数字信号位流形式进行的传输，无需任何调制。它是局域网中广泛使用的一种信号传输技术。
- 宽带同轴电缆：宽带同轴电缆支持的带宽为 300～350MHz，可用于宽带数据信号的传输，传输距离可达 100km。所谓"宽带数据信号传输"，是指可利用多路复用技术在宽带介质上进行多路数据信号的传输。它既能传输数字信号，也能传输诸如话音、视频等模拟信号，是综合服务宽带网的一种理想介质。同轴电缆的类型见表 1-1。

表 1-1　同轴电缆的类型

电缆类型	网络类型	电缆电阻/Ω
RG-8	10Base5 以太网	50
RG-11	10Base5 以太网	50
RG-58A/U	10Base2 以太网	50
RG-59/U	ARCnet 网，有线电视网	75
RG-62A/U	ARCnet 网	93

在使用同轴电缆组网时，细同轴电缆和粗同轴电缆的连接方法是不同的。细同轴电缆要通

过 T 型头和 BNC 头将细缆与网卡连接起来，同时需要在网线的两端连接终结器。细缆连接如图 1-8 所示。终结器的作用是吸收电缆上的电信号，防止信号发生反弹。而相同轴缆电缆在连接时，需要通过收发器将网线和计算机连接起来，线缆两端也要连接终结器。同轴电缆目前已很少使用了。

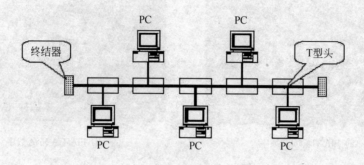

图 1-8 细缆连接图

③ 光纤 光纤就是利用光导纤维（简称光纤）传递光脉冲来进行通信。有光脉冲的出现表示"1"，不出现表示"0"。由于可见光的频率非常高，约为 10^8MHz 的量级，因此，一个光纤通信系统的传输带宽远远大于其他各种传输介质带宽，是目前最有发展前途的有线传输介质。

光纤呈圆柱形，由纤芯、包层和护套三部分组成，如图 1-9 所示。纤芯是光纤最中心的部分，它由一条或多条非常细的玻璃或塑料纤维线构成，每根纤维线都有它自己的封套。这一玻璃或塑料封套涂层的折射率比芯低，从而使光波保持在芯内。环绕一束或多束封套纤维的外套，由若干塑料或其他材料层构成，以防止外部的潮湿气体侵入，并可防止磨损或挤压等伤害。

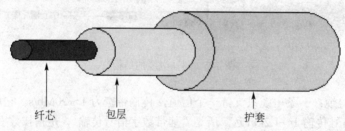

图 1-9 光纤的结构

- 纤芯（Core）：折射率较高，用来传送光。
- 包层（Coating）：折射率较低，与纤芯一起形成全反射条件。
- 护套（Jacket）：强度大，能承受较大冲击，保护光纤。
- 光纤的颜色：橘色（MMF），黄色（SMF）。

在数据传输中，最重大的突破之一就是实用光纤通信系统的成功开发。含有光纤的传输系统一般由三个部分组成：光源、光纤传输介质和检测器。其中，光源是发光二极管或激光二极管，它们在通电时都可发出光脉冲；检测器是光电二极管，遇光时将产生电脉冲，它的基本工作原理是：发送端用电信号对光源进行光强控制，从而将电信号转换为光信号，然后通过光纤介质传输到接收端，接收端用光检波检测器再把光信号还原成电信号。

实际上，如果不是利用一个有趣的物理原理，光传输系统会由于光纤的漏光而变得没有实际价值。当光线从一种介质穿过另一种介质时，如从玻璃到空气，光线会发生折射。当光线在玻璃上的入射角为 α_1 时，则在空气中的折射角为 β_1。折射的角度取决于两种介质的折射率。当光线在玻璃上的入射角大于某一临界值时,光纤将完全反射回玻璃,而不会漏入空气。这样,光纤将被完全限制在光纤中,而几乎无损耗地传播。

根据传输数据的模式不同,光纤可分为多模光纤和单模光纤两种。多模光纤是指光在光纤中的传播,可能是有多条不同入射角度的光线,在一条光纤中同时传播。这种光纤所含光芯的直径较粗。单模光纤是指光在光纤中的传播没有反射,沿直线传播。这种光纤的直径非常细,细到只有光的一个波长,就像一根波导那样,可使光线一直向前传播。这两种光纤的性能比较见表1-2。

表1-2 单模光纤与多模光纤的比较

项 目	单模光纤	多模光纤	项 目	单模光纤	多模光纤
距离	长	短	信号衰减	小	大
数据传输速率	高	低	端结	较难	较易
光源	激光	发光二极管	造价	高	低

光纤不易受电磁干扰和噪声影响,可进行远距离、高速率的数据传输,而且具有很好的保密性能。但是,光纤的衔接、分岔比较困难,一般只适应于点到点或环形连接。FDDI(光纤分布式数据接口)就是一种采用光纤作为传输介质的局域网标准。

在有线介质中,还有一种是架空明线。这是在20世纪初就已经大量使用的方法,即在电线杆上架设的一对对互相绝缘的明线,架空明线安装简单,但通信质量差,受气候环境等影响较大。所以,在发达国家中早已淘汰了架空明线,在许多发展中国家中也已基本停止了架设架空明线,但目前我国在一些农村和边远地区或受条件限制的地方,仍有不少使用架空明线的。

1.2.3 局域网拓扑结构

网络拓扑(Network Topology)指的是计算机网络的物理布局。简单地说,是指将一组设备以什么结构连接起来。连接的结构有多种,我们通常称为拓扑结构。网络拓扑结构主要有总线型拓扑、环形拓扑、星形拓扑和网状拓扑,有时是如上几种的混合模型。了解这些拓扑结构是设计网络和解决网络疑难问题的前提,目前常见的网络拓扑结构主要有以下四大类。

(1)星形结构

这种结构是目前在局域网中应用得最为普遍的一种,在企业网络中几乎都是采用这一方式。星形网络几乎是Ethernet(以太网)网络专用,它是将网络中的各工作站节点设备,通过一个网络中心设备(如集线器或者交换机)连接在一起,各节点呈星状分布而得名。这类网络目前用得最多的传输介质是双绞线,如常见的五类线、超五类双绞线等。

各站点通过点到点的链路与中心站相连,特点是很容易在网络中增加新的站点,数据的安全性和优先级容易控制,易实现网络监控,但中心节点的故障会引起整个网络瘫痪。这种拓扑结构网络示意图,如图1-10所示。

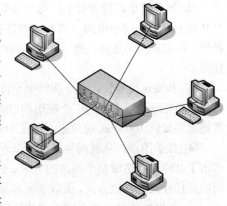

图1-10 星形拓扑结构

这种拓扑结构网络的基本特点主要有如下几点。

① 容易实现 它所采用的传输介质一般都是采用通用的双绞线,这种传输介质相对来说比较便宜,如目前正品五类双绞线每米也仅1.5元左右,而同轴电缆最便宜的也要2.00元左右1 m,光缆更贵。这种拓扑结构主要应用于IEEE 802.2、IEEE 802.3标准的以太局域网中。

② 节点扩展、移动方便 节点扩展时只需要从集线器或交换机等集中设备中拉一条线即可,

而要移动一个节点,只需要把相应节点设备移到新节点即可,而不会像环形网络那样"牵其一而动全局"。

③ 维护容易 一个节点出现故障不会影响其他节点的连接,可任意拆走故障节点。

④ 可靠性差 一旦中心节点出现问题,则整个网络就瘫痪了。

其实它的主要特点远不止这些,但因为后面我们还要具体讲解各类网络接入设备,而网络的特点主要是受这些设备的特点制约的,所以其他一些方面的特点等我们在后面讲到相应网络设备时再补充。

（2）环形结构

这种结构的网络形式主要应用于令牌网中,在这种网络结构中各设备是直接通过电缆来串接的,最后形成一个封闭的环形结构,整个网络发送的数据就是在这个环中传递的,但数据只能延一个方向（顺时针或逆时针）沿环运行,通常把这类网络称之为"令牌环网"。环网容易安装和监控,但容量有限,网络建成后,难以增加新的站点。这种拓扑结构网络示意图,如图 1-11 所示。

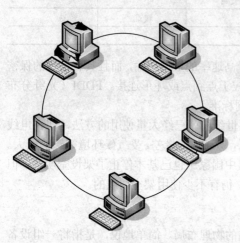

图 1-11 环形网络拓扑结构

图 1-11 所示只是一种示意图,实际上大多数情况下,这种拓扑结构的网络,不会是所有计算机真的要连接成物理上的环形,一般情况下,环的两端是通过一个阻抗匹配器来实现环的封闭的,因为在实际组网过程中,因地理位置的限制不方便真的做到环的两端物理连接。

这种拓扑结构的网络主要有如下几个特点。

① 只用于令牌环网：这种网络结构一般仅适用于 IEEE 802.5 的令牌环网（Token Ring Network）,在这种网络中,"令牌"是在环形连接中依次传递,所用的传输介质一般是同轴电缆或双绞线。

② 实现简单,投资最小：可以从其网络结构示意图中看出,组成这个网络除了各工作站就是传输介质——同轴电缆,以及一些连接器材,没有价格昂贵的节点集中设备,如集线器和交换机。但也正因为这样,所以这种网络所能实现的功能最为简单,仅能当作一般的文件服务模式使用。

③ 传输速度较快：在令牌网中允许有 16Mb/s 的传输速度,它比普通的 10Mb/s 以太网要快许多。当然随着以太网的广泛应用和以太网技术的发展,以太网的速度也得到了极大提高,目前普遍都能提供 100Mb/s 的网速,远比 16Mb/s 要高。

④ 维护困难：从其网络结构可以看到,整个网络各节点间是直接串联的,这样任何一个节点出了故障都会造成整个网络的中断、瘫痪,维护起来非常不便；另一方面,因为同轴电缆所采用的是插针式的接触方式,所以非常容易造成接触不良,网络中断,而且这样查找起来非常困难。

⑤ 扩展性能差：也是因为它的环形结构,决定了它的扩展性能远不如星形结构好,如果要新添加或移动节点,就必须中断整个网络,在环的两端做好连接器才能连接。

（3）总线结构

这种网络拓扑结构中所有设备都直接与总线相连,它所采用的介质一般也是同轴电缆（包括粗缆和细缆）,不过现在也有采用光缆作为总线型传输介质的,如后面将要讲解的 ATM 网、Cable Modem 所采用的网络等都属于总线型网络结构。

网络中所有的站点共享一条数据通道。总线型网络安装简单方便，需要铺设的电缆最短，成本低，某个站点的故障一般不会影响整个网络，但介质的故障会导致网络瘫痪，总线网安全性低，监控比较困难，增加新站点也不如星形网容易。组建总线结构的网络要注意在传输媒体的两端使用终结器，它可以防止线路上因为信号反射而造成干扰。它的结构示意图，如图1-12所示。

这种结构具有以下几个方面的特点。

① 组网费用低：这样的结构根本不需要另外的互联设备，它直接通过一条总线进行连接，所以组网费用较低。

② 传输速度会下降：这种网络因为各节点是共用总线带宽的，所以在传输速度上会随着接入网络的用户的增多而下降。

③ 网络用户扩展较灵活：需要扩展用户时只需要添加一个接线器即可，但所能连接的用户数量有限。

④ 维护较容易：单个节点失效不影响整个网络的正常通信，但是如果总线一断，则整个网络或者相应主干网段就断了。

⑤ 缺点：这种网络拓扑结构的缺点是所有用户需共享一条公共的传输媒体，在同一时刻只能有一个用户发送数据。

（4）树形结构

树形网络是星形网络的一种变体。它像星形网络一样，网络节点都连接到控制网络的中央节点上，但并不是所有的设备都直接接入中央节点，绝大多数节点是先连接到次级中央节点上，再连到中央节点上。其结构如图1-13所示。

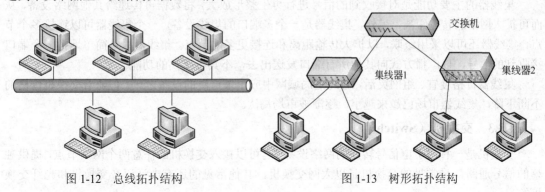

图1-12 总线拓扑结构　　　　　　　图1-13 树形拓扑结构

1.3 局域网常见的硬件设备

1.3.1 网络接口卡

网络接口卡（NIC，Network Interface Card）简称网卡，网卡是组成计算机网络最重要的物理连接设备之一，也是计算机中发送和接收数据的重要设备之一，网卡的性能对网络信息传输质量的好坏有重大影响。

网卡是工作在物理层的网络组件，是连接计算机与网络的硬件设备，它安装在主板的扩展槽中，通过传输介质与其他设备相连接，便于与其他设备交换数据，网卡外观如图1-14所示。

网卡在网络数据传输过程中发挥着重要的作用，具体来说主要有以下几方面。

① 将本地需要传送到网络上的数据封装成帧，通过网络线缆发送到网络上。

② 接收网络中其他设备传送过来的帧，并将帧重新还原成数据，发送到网卡所在的计算机中。

③ 地址识别，每一块网卡都有一个编号，用来标识这块网卡，这个编号称为 MAC 地址，即网卡的物理地址。由 48bit 组成，通常用 12 位十六进制数来表示，每两个十六进制数之间用冒号":"或横线"-"隔开，如"00-22-5A-17-99-42"或"00:23:5A:15:99:42"。每一块网卡的 MAC 地址在全球范围内是唯一的，网卡接收数据时，读出数据包中的目标 MAC 地址，并和自身的 MAC 地址核对，如果目标 MAC 地址和自身的 MAC 地址相匹配时，才确定接收该数据包。

1.3.2 集线器（Hub）

集线器是局域网的基本连接设备，它具有多个端口，可连接多台计算机。在局域网中常以集线器为中心，将所有分散的工作站与服务器连接在一起，形成星形结构的局域网系统，其外观形状如图 1-15 所示。

图 1-14 网卡

图 1-15 集线器

集线器的主要功能是对接收到的信号进行再生整形放大，将数据再传递给其他网络设备，从而可扩大网络的传输距离。另外，集线器是一个多端口的集线设备，一个集线器可以连接多个节点，集线器还可以采用级联，以扩大传输距离和连接更多的节点。集线器只是简单地把一个端口接收到的信号，以广播方式向其他所有端口发送出去，不具备交换的功能。

集线器价格便宜、组网灵活，曾经是局域网中应用最广泛的设备之一，但随着交换机价格的不断下降，集线器市场已越来越小，逐渐被市场淘汰。

1.3.3 交换机（Switch）

交换机是一种用于电信号转发的网络设备。它可以接入交换机的任意两个网络节点，提供独享的信号通路，最常见的交换机是以太网交换机，其他常见的还有电话语音交换机和光纤交换机等。

交换机是一种基于 MAC 地址识别、能够完成封装、转发数据包功能的网络设备，交换机工作在 OSI 参考模型的数据链路层，是集线器的升级换代产品，它与集线器外形上非常相似，如图 1-16 所示。但它们在传输数据时采用的方式有本质的不同，交换机的出现解决了传统以太网的缺点，以其更优越的性能在目前局域网中得到广泛的应用。

图 1-16 交换机

交换机的工作原理和 MAC 地址表是分不开的，MAC 地址表里存放了网卡的 MAC 地址与交换机相应端口的对应关系,当连接到交换机的一个网卡,向另外一个网卡发出数据到达交换机具后,交换机会在 MAC 地址表中查找目的 MAC 地址与端口的对应关系,从而将数据从对应的端口转发出去,而不是像集线器一样把所有数据广播到局域网。

以太网交换机工作在 OSI 模型的第二层,它们将网络分割成多个冲突域,第二层交换有 3 个主要功能:地址学习、转发/过滤数据包、消除回路。

① 地址学习功能 交换机的目标是分割网上通信量,使前往给定冲突域中主机的数据包不至于传播到另一个网段,这是交换机的"学习"功能完成的。下面简述交换机的学习和转发过程。

a. 当交换机首次送电初始化启动时,交换机 MAC 地址表是空的。

b. 当交换机的 MAC 地址表为空,交换机将该帧转发给初接收端口以外的所有端口。转发一个帧到所有连接端口称"泛洪"帧。

c. 数据泛洪时,交换机源主机的 MAC 地址与之相连的端口号,将填写到 MAC 地址表中。该记录被保存,如果记录在一定时间内没有新的帧传到交换机来刷新,则该记录将被删除。

② 转发/过滤决策 当交换机接收到一个数据帧,经查询交换机 MAC 地址表找到其目的地址时,它只被转发到连接该主机而不是所有主机的端口。

③ 消除回路 交换机第三个功能是消除回路。桥接网络,包括交换网络,通常设计有冗余链路和设备。这样设计可以避免由于某一点故障,导致整个交换网络功能损失。交换机采用生成树协议来解决这一问题。

1.3.4 路由器(Router)

(1)路由器的概述

路由器是一种多端口设备,它可以传输不同的速率,并运行于各种环境的局域网和广域网中,也可以采用不同的协议,工作在网络层。在互联网中路由器起着重要作用,是互联网中各种局域网、广域网互联的主要设备,网络之间的通信通过路由器进行,它会根据信道的情况自动选择和设定路由,以最佳路径,按前后顺序发送信号。它的功能有:

- 确定发送数据包的最佳路径;
- 将数据包转发到目的地。

路由器通过获知远程网络和维护路由信息来进行数据包转发,是多个 IP 网络的汇合点或结合部分。路由器主要依据目的 IP 地址来做出转发决定,使用路由表来查找数据包的目的 IP 与路由表中网络地址之间的最佳匹配。路由表最后会确定用于转发数据包的送出接口,然后路由器会将数据包封装为适合该送出接口的数据链路帧。路由表的主要用途是为路由器提供通往不同目的网络的路径。路由表中包含一组"已知"网络地址——即那些直接相连、静态配置以及动态获知的地址。

(2)路由器的基本组成

路由器是一台有特殊用途的专用计算机,专门用来做路由的计算机,它由硬件与软件组成。路由器的硬件主要由中央处理器、内存、接口、控制端口等物理硬件和电路组成;软件主要由路由器的 IOS 操作系统组成,硬件组成如图 1-17 所示。

路由器主要硬件组成及其功能如下。

① 中央处理器 CPU:CPU 是路由器的控制和执行部分,包括系统初始化、路由和交换功能等。

② 随机存取存储器 RAM:RAM 用来存放正在运行的配置或活动配置文件、路由表和数据包缓冲区。设备断电后,RAM 中的数据会丢失。

③ 只读存储器 ROM:用于存放通电自检程序和引导程序。

④ 闪存（Flash Memory）：闪存是一种可擦写的 ROM，用于存放路由器的操作系统（IOS）映像。

⑤ 非易失性随机存储器 NVRAM：用于存放路由器配置文件，设备断电后，NVRAM 中的数据仍然保存完好。

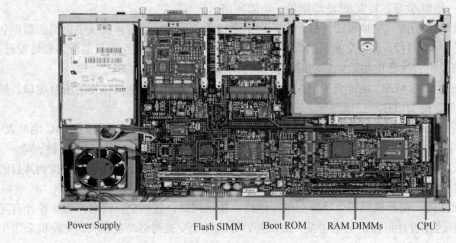

图 1-17 路由器硬件组成

⑥ 接口：路由器的作用就是从一个网络向另一个网络传递数据包，路由器通过接口连接到不同类型的网络上。路由器能支持的接口类型，体现路由器的通用性。路由器接口主要分为以下两组。

a. LAN 接口：如 Ethernet/FastEthernet 接口（以太网/快速以太网接口），用于连接不同 VLAN。路由器以太网接口通常使用支持 UTP 网线的 RJ-45 接口。

b. WAN 接口：如串行接口、ISDN 接口和帧中继接口，WAN 接口用于连接路由器与外部网络。这类接口一般要求速率非常高，通过该端口所连接的网络两端都要求实时同步。

路由器的背面板各种接口，如图 1-18 所示（以思科 2621 为例）。

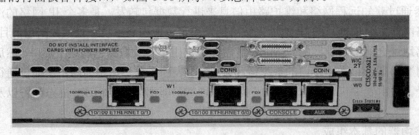

图 1-18 路由器背面板接口

一般情况，还会通过一个控制端口（Console）与路由器交互，它将路由器连接到本地终端。路由器还具有一个辅助端口，它经常用于将路由器连接到调制解调器上，在网络连接失效和控制台无法使用时，进行带外管理。

(3) 路由器的分类

路由器产品众多，按照不同的划分标准有多种类型。常见的分类方法有以下几种。

① 按照路由器性能档次划分：路由器可分为高、中、低档，通常将吞吐量大于 40Gb/s 的路由器称为高档路由器，吞吐量在 25~40Gb/s 的路由器称为中档路由器，而将吞吐量低于 25Gb/s 的看作低档路由器。这是一种笼统的划分标准，各厂家划分并不完全一致。

② 按路由器使用级别划分：可分为接入路由器、企业级路由器、骨干级路由器、双 WAN 路由器及太比特路由器等。

③ 按路由器功能划分：可分为宽带路由器、模块化路由器、虚拟路由器、核心路由器、无线路由器、智能流控路由器等。

1.4 IP 地址

编址是网络层协议的关键功能，可使位于同一网络或不同网络中的主机之间实现数据通信。Internet 协议第四版（IPv4）和第六版（IPv6）为传送数据的数据包提供分层编址。

1.4.1 IPv4 地址简介

Internet 上基于 TCP/IP 的网络中的每台设备，既有逻辑地址（即 IP 地址），也有物理地址（即 MAC 地址），物理地址和逻辑地址都是唯一标识一个节点的。

（1）IP 地址的结构

IP 地址是 32 位的二进制数。每个 IP 地址被分为两部分，网络号部分，称为网络 ID（net-id）；主机号部分，称为主机 ID（host-id）。如图 1-19 所示。

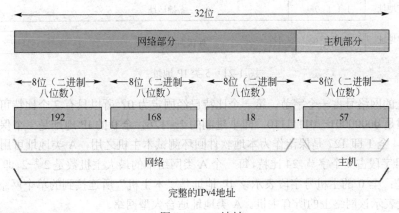

图 1-19　IP 地址

如同我们日常使用的电话号码，86-010-88246605 这个号码中，86 是国家代码，010 是城市区号，88246605 则是那个城市中具体的电话号码。IP 地址的原理与此类似。使用这种层次结构，易于实现路由选择，易于管理和维护。

（2）IP 地址的表示方法

在计算机内部，IP 地址是用二进制数表示的，共 32bit。

例如：11000000　10101000　00000101　00001000

这种表示方法，对于用户来说，是很不方便记忆的，通常把 32 位的 IP 地址分成 4 段，每 8 位为一组，分别转换成十进制数，使用点隔开，我们称为点分十进制记法。

上例的 IP 地址使用点分十进制记法为 192.168.5.8，如图 1-20 所示。

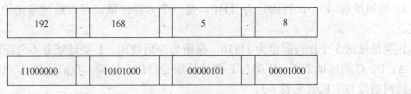

图 1-20　点分十进制表示方法

（3）IP 地址的分类

IP 地址由 32 位的二进制组成，分为网络号字段与主机号字段，那么，在这 32 位中，哪些代表网络号，哪些代表主机号？这个问题很重要，因为网络号字段将决定整个互联网中能包含多少个网络，主机号长度决定网络能容纳多少台主机。

为了适应各种网络规模的不同，IP 协议将 IP 地址分成 A、B、C、D、E 五类。如图 1-21 所示。

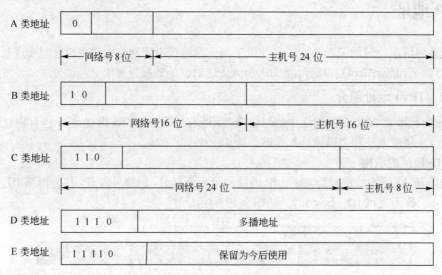

图 1-21 5 类 IP 地址

A 类地址的网络号占一个字节，第一个比特已经固定为 0，所以只有 7 个比特可供使用。网络地址的范围是 00000001～01111110，即十进制的 1～126，全 0 的 IP 地址是一个保留地址，表示"本网络"，全 1 即 127 是保留作为本地软件回环测试本主机之用，A 类地址可用的网络数为 126 个。主机号字段占 3 个字节，24 比特，每一个 A 类网络中的最大主机数是 $2^{24}-2$，即 16 777 214。减 2 的原因是：全 0 的主机号字段表示该 IP 地址是"本主机"所连接到的单个网络地址，全 1 的主机号字段表示该网络上的所有主机。A 类地址适合大型网络。

B 类地址的网络号占两个字节，24 比特，前 2 个比特已经固定为 10。网络地址的范围是 128.0～191.255，B 类地址可用的网络数为 2^{14} 个，即 16384。因为前 2 个比特已经固定为 10，所以不存在全 0 和全 1。主机号字段占 2 个字节，16 比特，每一个 B 类网络中的最大主机数是 $2^{16}-2$，即 65534。减 2 的原因是：全 0 的主机号字段表示该 IP 地址是"本主机"所连接到的单个网络地址，全 1 的主机号字段表示该网络上的所有主机。B 类地址适合中型网络。

C 类地址的网络号占三个字节，前 3 个比特已经固定为 110。网络地址的范围是 192.0.0～223.255.255，C 类地址可用的网络数为 2^{21} 个，即 2097 152。因为前 3 个比特已经固定为 110，所以也不存在全 0 和全 1。主机号字段占 1 个字节，8 比特，每一个 C 类网络中的最大主机数是 $2^{8}-2$，即 254。减 2 的原因是：全 0 的主机号字段表示该 IP 地址是"本主机"所连接到的单个网络地址，全 1 的主机号字段表示该网络上的所有主机。C 类地址适合小型网络。

D 类地址前 4 个比特固定为 1110，是一个多播地址。可以通过多播地址将数据发给多个主机。

E 类地址前 5 个比特固定为 11110，保留为今后使用。E 类地址并不分配给用户使用。

A、B、C 类地址常用，D 类与 E 类地址很少使用，这样，我们给出 A、B、C 三类地址可以容纳的网络数与主机数见表 1-3。

表 1-3　A、B、C 三类 IP 地址可以容纳的网络数与主机数

类 别	第一个可用的网络号	最后一个可用的网络号	最大网络数	最大主机数	使用的网络规模
A	1	126	126（2^7-2）	16777214（2^{24}-2）	大型网络
B	128.0	191.255	16384（2^{14}）	65534（2^{16}-2）	中型网络
C	192.0.0	223.255.255	2097152（2^{21}）	254（2^8-2）	小型网络

特殊用途的 IP 地址，见表 1-4。

表 1-4　特殊用途 IP 地址

网络号字段	主机号字段	源地址使用	目的地使用	地址类型	用　途
net-id	全"0"	不可以	可以	网络地址	代表一个网段
127	任何数	可以	不可以	回环地址	回环测试
net-id	全"1"	不可	可以	广播地址	特定网段的所有地址
全"0"		可以	不可	网络地址	在本网络上的本主机
全"1"		不可以	可以	广播地址	本网段所有主机

1.4.2　无类编址 CIDR

按照类划分 IP 地址在 1982 年被认为是一个好想法，因为类减少了用 IP 地址发送掩码信息的工作，但是因为现在我们正逐渐耗尽注册的 IP 地址，类将成为一个严重的致使 IP 地址浪费的问题。对那些有大量地址需求的大型组织，通常可以提供 2 种办法来解决：

① 直接提供一个 B 类地址；

② 提供多个 C 类地址。

但是，采用第一种方法，将会大量浪费 IP 地址，因为一个 B 类网络地址有能力分配 2^{16}=65535 个不同的本地 IP 地址。如果只有 3000 个用户，大约 62000 个 IP 地址被浪费了。采用第二种方法，虽然有助于节约 B 类网络 ID，但它也导致了一个新问题，那就是 Internet 上的路由器，在它们的路由表中必须有多个 C 类网络 ID 表项，才能把 IP 包路由到这个企业。这样就会导致 Internet 上的路由表迅速扩大，最后的结果可能是路由表将大到使路由机制崩溃。

为了解决这些问题，IETF 制定了短期和长期的两套解决方案。一种彻底的办法就是扩充 IP 地址的长度，开发全新的 IP 协议，该方案被称为 IP 版本 6（IPv6）；另一种则是解决当前燃眉之急，在现有 IPv4 的条件下，改善地址分类带来的低效率，以充分利用剩余不多的地址资源，CIDR 由此而产生。

CIDR（Classless Inter Domain Routing），意为无类别的域间路由。正如它的名称，它不再受地址类别划分的约束，任何有效的 IP 地址一律对待，区别网络 ID 仅仅依赖于子网掩码。采用 CIDR 后，可以根据实际需要合理地分配网络地址的空间。这个分配的长度可以是任意长度，而不仅仅是 A 类的 8 位，B 类的 16 位或 C 类的 24 位等预定义的网络地址空间中进行分割。

举例来说，202.125.61.8/24 按照类的划分，它属于 C 类地址，网络 ID 为 202.125.61.0。

主机 ID 为 0.0.0.80 使用 CIDR 地址，8 位边界的结构限制就不存在了，可以在任意处划分网络 ID。例如它可以将前缀设置为 20，202.125.61.8/20。前 20 位表示网络 ID，则网络 ID 为：202.125.48.0。

图 1-22 展示了这个地址被分割的情况。后 12 位用于主机识别，可支持 4094−2 个可用的主机地址。

CIDR 确定了三个网络地址范围，保留为内部网络使用，即公网上的主机不能使用这三个地址范围内的 IP 地址。这三个范围分别包括在 IPv4 的 A、B、C 类地址内，它们是：

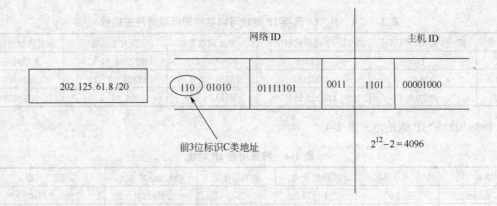

图 1-22　CIDR 地址分割情况

- 10.0.0.0～10.255.255.255
- 172.16.0.0～172.31.255.255
- 192.168.0.0～192.168.255.255

1.4.3　可变长子网的划分方法

可变长子网的划分方法（即 VLSM），是为了解决在一个网络系统中使用多种层次的子网化 IP 地址的问题而发展起来的。VLSM 允许一个组织在同一个网络地址空间中使用多个子网掩码。可变长子网掩码实际上是相对于标准的类的子网掩码来说的，利用 VLSM 可以使管理员"把子网继续划分为子网"，使寻址效率达到最高。

VLSM 其实就是相对于类的 IP 地址来说的。A 类的第一段是网络号（前 8 位），B 类地址的前两段是网络号（前 16 位），C 类的前三段是网络号（前 24 位）。而 VLSM 的作用就是在类的 IP 地址的基础上，从它们的主机号部分借出相应的位数来做网络号，也就是增加网络号的位数。各类网络可以用来再划分的位数为：A 类有 24 位可以借，B 类有 16 位可以借，C 类有 8 位可以借（可以再划分的位数就是主机号的位数。实际上不可以都借出来，因为 IP 地址中必须要有主机号的部分，而且主机号部分剩下一位是没有意义的，剩下 1 位的时候不是代表主机号就是代表广播号，所以在实际中可以借的位数是在那些数字中再减去 2）。

企业或组织网际网络中的每个网络都用于支持限定数量的主机，如点对点 WAN 链路最多只需要两台主机。而其他网络，如大型建筑或部门内的用户 LAN 却可能需要支持数百台主机。网络管理员需要设计网间编址方案，以满足每个网络的最大主机数量需求。每个部分的主机数量还应该支持主机数量的增长。下面利用如图 1-23 所示的拓扑来练习分配地址。

主机被分成 4 个网络，学生 LAN、教师 LAN、管理员 LAN 和 WAN。从网络管理员分配的地址和前缀（子网掩码）172.16.0.0 255.255.0.0 开始，建立网络文档。地址块 172.16.0.0/16（子网掩码 255.255.0.0）已经分配给整个网际网络，最大的子网是需要 460 个地址的学生 LAN，使用公式可用的主机数量=2n-2，借用 9 位作为主机号部分，得出 512-2=510 个可用的主机地址。此数量符合当前的要求，并有少量余地可供未来发展所需，我们使用最小的可用地址，得出子网地址 172.16.0.0/23。地址 172.16.0.0 的二进制表示：10101100.00010000.00000000.00000000，掩码 255.255.254.0 以二进制表示 23 位：11111111.11111111.11111110.00000000。在学生网络中，IPv4 主机地址的范围是 172.16.0.1～172.16.1.254，广播地址 172.16.1.255。由于这些地址已经分配给学生 LAN，因此就不能再分配给其余子网，包括教师 LAN、管理员 LAN 和 WAN。其他网络的 IP 地址分配方法与此类似，表 1-5 显示了 4 个不同网络及它们的地址范围。

第1章 计算机网络技术基础

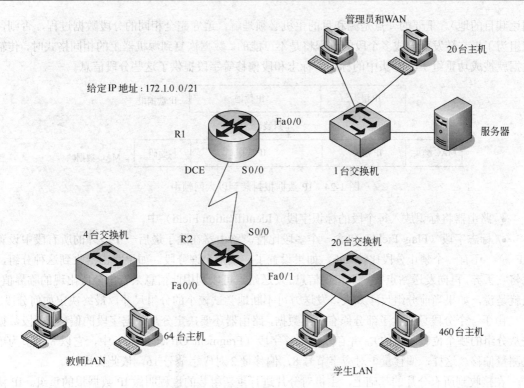

图 1-23 VLSM 网络拓扑

表 1-5 使用 VLSM 子网地址范围

网 络	IP 数量	子 网 地 址	主机地址的范围	广 播 地 址
学生 LAN	481	172.16.0.0/23	172.16.0.1～172.16.1.254	172.16.1.255
教师 LAN	69	172.16.2.0/25	172.16.2.1～172.16.2.126	172.16.2.127
管理员 LAN	23	172.16.2.128/27	172.16.2.129～172.16.2.158	172.16.2.159
WAN 网络	2	172.16.2.160/30	172.16.2.161～172.16.2.162	172.16.2.163

1.4.4 IP 封装、分片与重组

（1）IP 封装

一个网络帧携带一个数据报的这种传输方式叫做封装（Encapsulation）。对底层网络来说，数据报与其他任何要发送的报文是一样的。硬件并不识别数据报的格式，也不理解节目的网点的 IP 地址。因此，当一台机器把一个 IP 数据报发送到另一台机器时，整个数据报在网络帧的数据部分中传输。

IP 协议屏蔽下层各种物理网络的差异，向上层（主要是 TCP 层或 UDP 层）提供统一的 IP 数据报。相反，上层的数据经 IP 协议形成 IP 数据报。IP 数据报的投递利用了物理网络的传输能力，网络接口模块负责将 IP 数据报封装到具体网络的帧（LAN）或者分组（X25 网络）中的信息字段。如图 1-24 所示，将 IP 数据报封装到以太网的 MAC 数据帧。

（2）报文分片与重组

当 IP 报文在转发时，面临着一个问题，那就是不同的物理网络允许的最大帧长度（也叫做最大传输单元，Maximum Transfer Unit, MTU）各不相同。这时需要将 IP 报文分段成两个或更多的报文，以满足最大传输单元的要求。当分段发生时，IP 必须能重组报文（不管有多少个报文要到达其目的地)。重要的一点是源和目的主机必须理解，遵守完全相同的分段数据过程，否则，重组为了报文转发而分成多个段的过程将是不可能的。数据恢复到源机器上的相同格式时，传输数据就被成功重组了。IP 头中的标识、标志和段偏移等字段提供了这些分段信息。

图 1-24 IP 数据报封装到以太网帧中

- 路由器将标识放入每个段的标识字段（Identification Field）中。
- 标志字段（Flag Field）包含一个多段比特。路由器在除了最后一个段外的所有段中设置 MF 位。还有一个禁止分段比特 DF，如果设置了，就不允许分段。如果路由器收到这种分组，就将它丢弃，再向发送站点发一个错误信息。发送站点可以利用此信息来查出分段出现的临界值。也就是说，如果当前分组尺寸太大，发送方可不断地尝试较小的分组尺寸，最终决定如何分段。

由于一个分段只包含了部分原有分组数据，路由器还要决定分片数据字段的偏移（即段数据是从分组的哪个位置取出的），并存入段偏移字段（Fragment Offset Field）中，它以 8 字节为单位测量偏移。这样，偏移量 1 对应字节号 8，偏移量 2 对应字节号 16，依此类推。

在接收到所有分片的基础上，主机对分片进行重新组装的过程叫做 IP 数据报的重组。IP 协议规定，只有最终的目的主机才可以对分片进行重组。这样做有两大好处，首先，目的主机进行重组减少了路由器的计算量，当转发一个 IP 数据报时，路由器不需要知道它是不是一个分片；其次，路由器可以为每个分片独立选路，每个分片到达目的地所经过的路径可以不同。

1.4.5 IPv6 地址

（1）IPv6 地址表示

① IPv6 的首选格式   IPv6 的 128 位地址是每 16 位划分为一段，每段被转换为一个 4 位十六进制数，并用冒号隔开。这种表示方法叫冒号十六进制表示法。下面是一个二进制的 128 位 IPv6 地址。

```
00100000000000010000010000010000000000000000000000000000000000001
0000000000000000000000000000000000000000000000000100010111111111
```

将其划分为每 16 位一段：

```
0010000000000001 0000010000010000 0000000000000000 0000000000000001
0000000000000000 0000000000000000 0000000000000000 0100010111111111
```

将每段转换为十六进制数，并用冒号隔开：

```
2001:0410:0000:0001:0000:0000:45ff
```

这就是 RFC2373 中定义的首选格式。

② 压缩表示   上面的 IPv6 地址中有好多 0，有的甚至一段中都是 0，表示起来比较麻烦，其实可以将不必要的 0 去掉。对于"不必要的 0"，以上面的例子来看，在第二个段中的 0410 省掉的是开头的 0，而不是结尾的 0，所以在压缩表示后，这个段为 410，这是一个 IPv6 地址表示中的一个约定；对于一个段中中间的 0，如 2001，不做省略；对于一个段中全部数字为 0 的情况，保留一个 0。根据这些原则，上述地址可以表示为：

```
2001:410:0:1:0:0:0:45ff
```

这仍然比较麻烦,为了更方便书写,RFC2373 中规定:当地址中存在一个或多个连续的 16 比特为 0 字符时,为了缩短地址长度,可用一个::(双冒号)表示,但一个 IPv6 地址中只允许有一个::。要注意的是:使用压缩表示时,不能将一个段内的有效的 0 也压缩掉。例如,不能把 FF02:30:0:0:0:0:0:5 压缩表示成 FF02:3::5,而应该表示为 FF02:30::5。要确定::代表多少位零,可以计算压缩地址中的块数,用 8 减去此数,然后将结果乘以 16。例如,地址 FF02::2 有两个块("FF02"块和"2"块),这意味着其他 6 个 16 位块(总共 96 位)已被压缩。

根据这个规则下列地址是非法的(应用来多个 0):

```
::AAAA::1 (压缩前的地址为 0:0:AAAA:0:0:0:0:1)
3FFE::1010:2A2A::1 (压缩前的地址为 3FFE:0:0:1010:2A2A:0:0:1)
```

③ IPv6 地址前缀 前缀是地址的一部分,这部分或者是固定的值,或者是路由或子网的标示。用作 IPv6 子网或路由标识的前缀,其表示方法与 IPv4 中用 1 的个数表示子网掩码的表示法是相似的。IPv6 前缀用"地址/前缀长度"表示法来表示。

例如,23E0:0:A4::/48 是一个路由前缀,而 23E0:0:A4::/64 是一个子网前缀。在 IPv6 中,用于标识子网的位数总是 64,因此,64 位前缀用来表示节点所在的单个子网。对于任何少于 64 位的前缀,要么是一个路由前缀,要么就是包含了部分 IPv6 地址空间的一个地址范围。根据这个定义,FF00::/8 被用于表示一个地址范围,而 3FFE:FFFF::/32 是一个路由前缀。

(2) IPv6 地址类型(IPv6 有 3 种地址类型)

① 单播 单播地址用于从一个源到单个目标进行通信。一个单接口有一个单播地址标识符。发送给一个单播地址的包传递到由该地址标识的接口上。

② 组播 组播地址用于标识多个接口。组播地址用于从一个源到多个目标进行通信,数据会传送到多个接口。

③ 任播 任播地址标识多个接口。使用适当的路由拓扑,定址到任播地址的数据包将被传送到单个接口,即该地址标识的接口中最近的一个。"最近的"接口是指最近的路由距离。任播地址用于从一个源到多个目标之一进行通信,数据将传送到单个接口。

IPv6 地址总是标识接口,而不标识节点。节点由分配给其接口之一的某个单播地址标识。RFC3513 没有定义任何类型的广播地址,而换用了 IPv6 组播地址。例如,IPv4 的子网和有限的广播地址被保留的 IPv6 组播地址 FF02::1 取代。

(3) IPv6 的部署进程和过渡技术

IPv6 过渡技术大体上可以分为以下 3 类。

① 隧道技术 在 IPv6 网络流行于全球之前,总有一些网络首先具有 IPv6 的协议栈,但是这些 IPv6 网络被运行 IPv4 协议的骨干网络隔离开来。这时,这些 IPv6 网络就像 IPv4 海洋中的小岛,而连接这些孤立的"IPv6 岛"就必须使用隧道技术。隧道技术目前是国际 IPv6 试验床 6Bone 所采用的技术。利用隧道技术,可以通过现在运行 IPv4 协议的因特网骨干网络,将局部的 IPv6 网络连接起来,因而是 IPv4 向 IPv6 过渡初期最易于采用的技术。

② 双协议栈 指在单个节点同时支持 IPv4 和 IPv6 两种协议栈,由于 IPv6 和 IPv4 是功能相近的网络层协议,两者都应用于相同的物理平台,而且加载于其上的传输层协议 TCP 和 UDP 也没有任何区别,因此,支持双协议栈的节点,既能与支持 IPv4 协议的节点通信,又能与支持 IPv6 协议的节点通信。

③ 网络地址转换/协议转换技术 NAT-PT 该技术将协议转换、传统的 IPv4 下的动态地址翻译(NAT),以及适当的应用层网关(ALG)几种技术结合起来,将 IPv4 地址和 IPv6 地址分别看做

NAT 技术中的内部地址和全局地址，同时根据协议不同对分组做相应的语义翻译，从而实现纯 IPv4 和纯 IPv6 节点之间的相互通信。

NAT-PT 简单易行，它不需要 IPv4 或 IPv6 节点进行任何更换或升级，它唯一需要做的是在网络交界处安装 NAT-PT 设备，如图 1-25 所示。它有效地解决了 IPv4 节点与 IPv6 节点互通的问题。但该技术在应用上有一些限制，首先在拓扑结构上要求一次会话中所有报文的转换都在同一个路由器上，因此，地址/协议转换方法，适用于只有一个路由器出口的 Stub 网络(末梢网络)；其次一些协议字段在转换时不能完全保持原有的含义；另外，协议转换方法缺乏端到端的安全性。

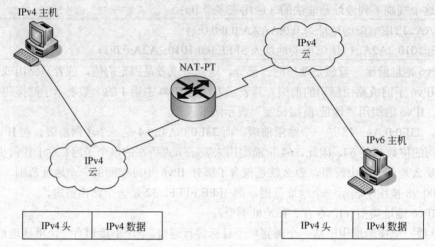

图 1-25　NAT-PT 技术示意图

本 章 小 结

数据网络是由终端设备、中间设备和连接设备的介质组成的系统，为以人为本的网络提供平台。由于这些设备以及设备上运行的服务都要遵守规则和协议，因此可以通过对用户透明的全局方式相互连接。

分层模型的抽象运用意味着可以分析和开发网络机制的工作方式，从而满足未来的通信服务需求。受到最广泛使用的网络模型是 OSI 和 TCP/IP。要确定当数据通过 LAN 和 WAN 中的特定点时应该采用哪些设备和服务，将设定数据通信规则的协议与不同的层相关联非常实用。

IPv4 地址是分层地址，包含网络部分、子网部分和主机部分。IPv4 地址可以表示一个完整的网络、一台特定主机或者该网络的广播地址。地址分配机构和 ISP 负责向用户分配地址范围，随后由用户静态或动态地将这些地址分配给自己的网络设备。通过计算和运用子网掩码，可以将分配的地址范围划分为子网。要对可用地址空间加以充分利用，必须仔细规划编址方案。IPv6 和 NAT-PT 技术解决了 IPv4 网址不够用的问题。

课 后 习 题

一、选择题

1. 在双绞线媒体情况下，每段最长传输距离可达（　　　）。
   A．100m　　　　　　　　　　　B．185m
   C．200m　　　　　　　　　　　D．205m

2. 对于一个没有经过子网划分的传统 C 类网络来说,允许安装( )台主机。
   A. 1024　　　　　　　　　　B. 65025
   C. 254　　　　　　　　　　 D. 16
3. 任意两个站之间通信均要通过公共中心的网络拓扑结构是( )。
   A. 星形　　　　　　　　　　B. 总线
   C. 树形　　　　　　　　　　D. 环形
4. 计算机网络建立的主要目的是实现计算机资源的共享。计算机资源主要指计算机( )。
   A. 软件与数据库　　　　　　B. 服务器、工作站与软件
   C. 硬件、软件与数据　　　　D. 通信子网与资源子网
5. 以下的网络分类方法中,哪一组分类方法有误( )。
   A. 局域网/广域网　　　　　 B. 对等网/城域网
   C. 环形网/星形网　　　　　 D. 有线网/无线网
6. 公司获得供应商分配的 IPv6 前缀 2001:0000:130F::/48,根据这个前缀,公司在创建子网时有( )位可以利用。
   A. 8　　　　　　　　　　　 B. 16
   C. 80　　　　　　　　　　　D. 128
7. 局部地区通信网络简称局域网,英文缩写为( )。
   A. WAN　　　　　　　　　　B. LAN
   C. SAN　　　　　　　　　　D. MAN
8. 双绞线线对绞合的目的是( )。
   A. 增大抗拉强度　　　　　　B. 提高传送速度
   C. 减少相互干扰　　　　　　D. 增大传输距离
9. IP 地址 204.13.12.6 的默认子网掩码有( )位。
   A. 8　　　　　　　　　　　 B. 16
   C. 24　　　　　　　　　　　D. 32
10. 某公司申请到一个 C 类 IP 地址,但要连接 5 个子公司,最大一个子公司有 28 台计算机,每个子公司在一个网段中,则子网掩码应设为( )。
    A. 255.255.255.0　　　　　B. 255.255.255.128
    C. 255.255.255.192　　　　D. 255.255.255.224

二、简答题

1. 局域网常见的传输介质有哪些?有什么区别?
2. 举例说明,目前计算机网络应用在哪些方面?
3. IP 地址分为几类?各如何表示?IP 地址的主要特点是什么?
4. IPv6 分组中没有首部校验和域,这样做有什么优缺点?
5. 试辨认以下 IP 地址的网络类别。
   ① 130.12.1.4　② 88.3.120.126　③ 189.210.34.253　④ 192.12.69.248　⑤ 89.3.0.1
   ⑥ 178.123.83.81

第 2 章 交换机的配置与应用

交换机是一种基于 MAC 地址识别，能完成封装、转发数据包功能的网络设备。交换机可以自动"学习"MAC 地址，并把其存放在内部的 MAC 地址表中，它通过在数据帧的始发者和接收者之间建立临时的交换路径，使数据帧直接由源地址送达到目的地址，避免了与其他端口发生碰撞，提高了网络的实际吞吐量。

2.1 交换机技术基础

2.1.1 交换机的分类

1993 年，局域网交换设备出现，1994 年，国内掀起了交换网络技术的热潮。其实，交换技术是一个具有简化、低价、高性能和高端口密集特点的交换产品，体现了桥接技术的复杂交换技术在 OSI 参考模型的第二层操作。与桥接器一样，交换机按每一个包中的 MAC 地址相对简单地决策信息转发，而这种转发决策一般不考虑包中隐藏的更深的其他信息。与桥接器不同的是，交换机转发延迟很小，操作接近单个局域网性能，远远超过了普通桥接互联网络之间的转发性能。

类似传统的桥接器，交换机提供了许多网络互联功能。交换机能经济地将网络分成小的冲突网域，为每个工作站提供更高的带宽。协议的透明性使得交换机在软件配置简单的情况下，直接安装在多协议网络中；交换机使用现有的电缆、中继器、集线器和工作站的网卡，不必做高层的硬件升级；交换机对工作站是透明的，这样管理开销低廉，简化了网络节点的增加、移动和网络变化的操作。

从外形上看，交换机和桥接器非常相似，两者均提供大量可供线缆连接的端口（交换机一般会比集线器的端口多一些），但它们在工作原理上有着根本的区别。交换机的外观形状，如图 2-1 所示。

图 2-1 交换机

交换机各个端口处于不同的冲突域中，终端主机独占端口的带宽，各个端口独立地发送和接收数据，互不干扰，因而交换机在同一时刻可进行多个端口之间的数据传输。交换机是当前局域网使用最广泛的网络设备。

2.1.2 交换机的工作原理

局域网交换机拥有许多端口，每个端口有自己的专用带宽，并且可以连接不同的网段。交换机各个端口之间的通信是同时的、并行的，这就大大提高了信息吞吐量。为了进一步提高性能，每个端口还可以只连接一个设备。

为了实现交换机之间的互联或与高档服务器的连接,局域网交换机一般拥有一个或几个高速端口,如100MB以太网端口、FDDI端口或155MB ATM端口,从而保证整个网络的传输性能。

(1) 交换机的特性

通过集线器共享局域网的用户,不仅是共享带宽,而且是竞争带宽。可能由于个别用户需要更多的带宽而导致其他用户的可用带宽相对减少,甚至被迫等待,因而也就耽误了通信和信息处理。利用交换机的网络微分段技术,可以将一个大型的共享式局域网的用户分成许多独立的网段,减少竞争带宽的用户数量,增加每个用户的可用带宽,从而缓解共享网络的拥挤状况。由于交换机可以将信息迅速而直接地送到目的地,能大大提高速度和带宽,能保护用户以前在介质方面的投资,并提供良好的可扩展性,因此交换机不但是网桥的理想替代物,而且是集线器的理想替代物。

交换机主要从提高连接服务器的端口的速率,以及相应的帧缓冲区的大小,来提高整个网络的性能,从而满足用户的要求。一些高档的交换机还采用全双工技术,进一步提高端口的带宽。以前的网络设备基本上都是采用半双工的工作方式,即当一台主机发送数据包的时候,它就不能接收数据包;当接收数据包的时候,就不能发送数据包。由于采用全双工技术,即主机在发送数据包的同时,还可以接收数据包,普通的10MB端口就可以变成20MB端口,普通的100MB端口就可以变成200MB端口,这样就进一步提高了信息吞吐量。

(2) 交换机的工作原理

传统的交换机本质上是具有流量控制能力的多端口网桥,即传统的(二层)交换机。把路由技术引入交换机,可以完成网络层路由选择,故称为三层交换,这是交换机的新进展。交换机(二层交换)的工作原理和网桥一样,是工作在链路层的联网设备,它的各个端口都具有桥接功能,每个端口可以连接一个LAN或一台高性能网站或服务器,能够通过自学习来了解每个端口的设备连接情况。所有端口由专用处理器进行控制,并经过控制管理总线转发信息。

同时可以用专门的网管软件进行集中管理。除此之外,交换机为了提高数据交换的速度和效率,一般支持多种方式。

2.1.3 第二层和第三层交换

第二层LAN交换机只根据OSI数据链路层(第二层)MAC地址执行交换和过滤。第二层交换机对网络协议和用户应用程序完全透明。第二层交换机建立了一张MAC地址表,它使用该表来作出转发决策。

第三层交换机的功能类似于第二层交换机,但是第三层交换机不仅使用第二层MAC地址信息来作出转发决策,而且还可以使用IP地址信息。第三层交换机不仅知道哪些MAC地址与其每个端口关联,而且还可以知道哪些IP地址与其接口关联。这样第三层交换机就能根据IP地址信息息来转发整个网络中的流量。第三层交换机还能够执行第三层路由功能,从而省去了LAN上对专用路由器的需要。由于第三层交换机有专门的交换硬件,因此通常它们路由数据的速度与交换数据一样快。第三层交换机可以像专用路由器一样在不同的LAN网段之间路由数据包,但是第三层交换机不能完全取代网络中的路由器。

路由器不仅可以执行第三层交换机无法完成的其他第三层服务,还能够执行第三层交换机所无法实现的一些数据包转发任务,例如建立与远程网络和设备的远程访问连接。专用路由器在支持WAN接口卡(WIC)方面更加灵活,这使得它成为用于连接WAN的首选设备,而且有时是唯一的选择。第三层交换机可以在LAN中提供基本路由功能,因此可以省去对专用路由器的需要,第三层交换机和路由器的功能对比关系,见表2-1。

表 2-1　第三层交换机和路由器的功能对比

功　能	第三层交换机	路　由　器
第 3 层路由	支持	支持
线速路由	支持	不支持
高级路由协议	不支持	支持
流量管理	支持	支持
支持 WIC	不支持	支持

2.1.4　交换机数据包转发方式

① 端口交换　端口交换技术最早出现在插槽式的集线器中，这类集线器的背板通常划分有多条以太网段（每条网段为一个广播域），不用网桥或路由器连接，网络之间是互不相通的。以太主模块插入后，通常被分配到某个背板的网段上，端口交换用于将以太模块的端口在背板的多个网段之间进行分配、平衡。根据支持的程度，端口交换还可细分为以下几类。

　　a. 模块交换：将整个模块进行网段迁移。

　　b. 端口组交换：通常模块上的端口被划分为若干组，每组端口允许进行网段迁移。

　　c. 端口级交换：支持每个端口在不同网段之间进行迁移。这种交换技术是基于 OSI 第一层上完成的，具有灵活性和负载平衡能力等优点。如果配置得当，还可以在一定程度上进行容错，但没有改变共享传输介质的特点，所以不能称之为真正的交换。

② 帧交换　帧交换是目前应用最广的局域网交换技术，它通过对传统传输媒介进行微分段，提供并行传送的机制，以减小冲突域，获得高的带宽。每个公司的产品的实现技术均会有差异，但对网络帧的处理方式一般有以下几种。

　　a. 直通交换：提供线速处理能力，交换机只读出网络帧的前 14 个字节，便将网络帧传送到相应的端口上。

　　b. 存储转发：通过对网络帧的读取进行验错和控制。

前一种方法的交换速度非常快，但缺乏对网络帧进行更高级的控制，缺乏智能性和安全性，同时也无法支持具有不同速率的端口的交换。因此，各厂商把后一种技术作为重点。有的厂商甚至对网络帧进行分解，将帧分解成固定大小的信元，该信元处理极易用硬件实现，处理速度快，同时能够完成高级控制功能（如美国 MADGE 公司的 LET 集线器），如优先级控制。

③ 信元交换　ATM 技术代表了网络和通信技术发展的未来方向，也是解决目前网络通信中众多难题的一剂"良药"，ATM 采用固定长度 53 个字节的信元交换。由于长度固定，因而便于用硬件实现。ATM 采用专用的非差别连接，并行运行，可以通过一个交换机同时建立多个节点，但并不会影响每个节点之间的通信能力。ATM 还容许在源节点和目标节点建立多个虚拟链接，以保障足够的带宽和容错能力。ATM 采用了统计时分电路进行复用，因而能大大提高通道的利用率。ATM 的带宽可以达到 25Mb、155Mb、622Mb 甚至数 Gb 的传输能力。

2.1.5　对称交换与非对称交换

根据带宽分配给交换机端口的方式，LAN 交换机可分为对称或非对称两类。

对称交换提供同带宽端口（例如全为 100Mb/s 端口或全为 1000Mb/s 端口）之间的交换连接。非对称 LAN 交换机提供不同带宽端口（例如 10Mb/s 端口、100Mb/s 端口和 1000Mb/s 端口）之间的交换连接。

① 非对称　非对称交换使更多带宽能专用于服务器交换机端口，以防止产生瓶颈。这实现了更平滑的流量传输，多台客户端可同时与服务器通信。非对称交换机上需要内存缓冲。为了使交换机匹配不同端口上的不同数据速率，完整帧将保留在内存缓冲区中，并根据需要逐个移至

端口。

② 对称　在对称交换机中，所有端口的带宽相同。对称交换可优化为合理分配流量负载，例如在点对点桌面环境中,网络管理员必须估计设备间的连接所需要的带宽量，以便能容纳基于网络的应用程序的数据流。大部分当前交换机都为非对称交换机，因为这类交换机提供了最大的灵活性。

2.2 交换机的启动与口令恢复

2.2.1 交换机的启动顺序

交换机加载启动加载器软件。启动加载器是存储在 NVRAM 中的小程序，并且在交换机第一次开启时运行。启动加载器执行低级 CPU 初始化，初始化 CPU 寄存器，寄存器控制物理内存的映射位置、内存量以及内存速度。执行 CPU 子系统通电自检 (POST)，启动加载器测试 CPU DRAM，以及构成闪存文件系统的闪存设备部分。初始化系统主板上的闪存文件系统，将默认操作系统软件映像加载到内存中，并启动交换机。启动加载器时，先在与 IOS 映像文件同名的目录（不包括.bin 扩展名）中查找交换机上的 IOS 映像，如果在该目录中未找到，则启动加载器软件搜索每一个子目录，然后继续搜索原始目录。

在操作系统配置文件 config.text（存储在交换机闪存中）中，找到 ISO 命令来初始化接口。启动加载器还可以在操作系统无法使用的情况下用于访问交换机。启动加载器有一个命令行工具，可用于在操作系统加载之前访问存储在闪存中的文件。从启动加载器命令行上，可以输入命令来格式化闪存文件系统，重新安装操作系统软件映像，或者在遗失或遗忘口令时进行恢复。

交换机从关闭状态到显示登录提示符的这段时间内，执行 IOS 命令的顺序如下：

① 交换机加载启动加载器软件。启动加载器是存储在 NVRAM 中的小程序，并且在交换机第一次开启时运行。

② 启动加载器，顺序如下：

● 执行低级 CPU 初始化。启动加载器初始化 CPU 寄存器，寄存器控制物理内存的映射位置、内存量以及内存速度；

● 执行 CPU 子系统的通电自检 (POST)。启动加载器测试 CPU DRAM，以及构成闪存文件系统的闪存设备部分；

● 初始化系统主板上的闪存文件系统；

● 将默认操作系统软件映像加载到内存中，并启动交换机。

③ 在操作系统配置文件 config.text（存储在交换机闪存中）中找到 ISO 命令，然后初始化接口。

2.2.2 命令行界面模式

交换机和路由器的命令行界面包括两个最基本的模式，即用户执行模式和特权执行模式。

① 用户执行：只允许用户访问有限量的基本监视命令。用户执行模式是在从 CLI 登录到 Cisco 交换机后所进入的默认模式。用户执行模式由 > 提示符标识。

② 特权执行：允许用户访问所有设备命令，如用于配置和管理的命令，特权执行模式可采用口令加以保护，使得只有获得授权的用户才能访问设备。特权执行模式由 # 提示符标识。

要从用户执行模式切换到特权执行模式，请输入 enable 命令。要从特权执行模式切换到用户执行模式，请输入 disable 命令。在实际网络中，交换机将提示输入口令。请输入正确的口令，默认情况下未配置口令。在交换机、路由器进入特权执行模式之后，就可以访问其他配置模式了。

IOS 软件的命令模式结构采用分层的命令结构。每一种命令模式支持与设备中某一类型的操作关联的特定 IOS 命令。配置模式还有很多种，例如：全局配置模式、接口配置模式、路由配置模式等。

① 全局配置模式：配置全局参数，例如：用于交换机管理的交换机主机名或交换机 IP 地址，应使用全局配置模式。要访问全局配置模式，需要在特权执行模式下输入 configure terminal 命令。提示符将更改为 (config)#。

② 接口配置模式：配置特定于接口的参数是常见的任务，要从全局配置模式下访问接口配置模式，需要输入 interface <interface name> 命令。提示符将更改为 (config-if)#。要退出接口配置模式，请使用 exit 命令。提示符恢复为 (config)#，当前已处于全局配置模式。要退出全局配置模式，需要再次使用 exit 命令。提示符切换为 #，表示已进入特权执行模式。

③ 路由配置模式：为路由器配置动态路由协议时，需要进入路由配置模式。首先从用户模式进入特权模式，然后从特权模式进入全局配置模式，在全局配置下进入路由模式令。提示符将更改为(config-router)#。

通过不用的命令语法和配置命令，可以切换多种常用的配置模式：用户模式、特权模式、全局配置模式、接口配置模式和路由模式，见表 2-2。

表 2-2 多种配置模式的相互转换

命 令 语 法	配 置 命 令
由用户模式切换至特权模式	Switch>enable
如果已设置特权密码，则需要输入特权密码	Password:password
当前已经处于特权模式	Switch#
由特权模式退至用户模式	Switch#disable 或 exit
当前已经处于用户模式	Switch>
由特权模式切换至全局配置模式	Switch#configure terminal
当前已经处于全局配置模式	Switch(config)#
由全局配置模式切换至接口配置模式	Switch(config)#interface f0/0
当前已经处于接口配置模式	Switch(config-if)#
由接口配置模式退至全局配置模式	Switch(config-if)#exit
当前已经处于全局配置模式	Switch(config)#
由全局配置切换至路由配置模式	Switch(config)#router rip
当前已经处于路由配置模式	Switch(config-router)#

2.2.3 交换机的基本配置

（1）使用帮助功能

IOS CLI 提供了两种类型的帮助：

① 词语帮助：配置设备时如果记不起完整命令，但是记得开头几个字符，则可以按顺序先输入这几个字符，然后再输入一个问号 (?)，问号前面不要加入空格，以输入的字符开头的一系列命令将随即显示。例如，输入 sh? 将返回以 sh 字符序列开头的所有命令的列表。

② 命令语法帮助：如果不熟悉在 IOS CLI 的当前上下文中可以使用哪些命令，或者不知道要使给定命令完整，需要哪些参数或可以使用哪些参数，则可以输入 ? 命令。当仅输入 ? 时，将显示可在当前上下文中使用的所有命令的列表。如果在特定命令后面输入 ? 命令，则会显示命令参数。如果显示 <cr>，则表示命令不需要任何其他参数即可执行。要确保在问号前面加入空格，以防止 Cisco IOS CLI 执行词语帮助，而不是命令语法帮助。例如，输入 show ? 将获得

show 命令所支持的命令选项的列表。

利用设置设备时钟的示例,了解一下如何使用 CLI 帮助。如果需要设置设备时钟,但又不知道 clock 命令的语法,则上下文敏感帮助可用于查看语法,具体方法见表 2-3。

表 2-3 上下文敏感帮助

命令语法	配置命令
帮助功能提供了当前模式下可用的以 cl 开头的命令的列表	switch#cl? clear clock
命令不完整的示例	switch#clock % Incomplete command.
符号翻译的示例	switch#colck % Unknown command or computer name, or unable to find computer address
帮助功能提供了一个与 clock 命令关联的子命令的列表	switch#clock ? set Set the time and date
帮助功能提供了一个 clock set 命令所需要的命令参数的列表	switch#clock set ? hh:mm:ss Current Time

上下文敏感帮助提供完整的命令,即使仅输入命令的前半部分,例如 cl?。如果在输入命令 clock 后按下 Enter 键,则会出现错误消息,指出命令不完整。要查看 clock 命令所需要的参数,请输入空格,再输入 ?。在 clock ? 示例中,帮助输出显示在 clock 后面需要关键字 set。如果现在输入命令 clock set,则会出现另一条错误消息指出命令仍然不完整。现在添加一个空格并输入 ? 命令,这将显示可在该给定命令后面使用的命令参数的列表。

当输入了不正确的命令时,控制台错误消息有助于确定问题。表 2-4 提供了示例错误消息、消息的含义,以及当这些消息显示时如何获得帮助。

表 2-4 控制台错误消息

示例错误消息	含义	如何获得帮助
switch#cl % Ambiguous command: "cl"	未输入足够的字符,设备无法识别命令	重新输入命令,后跟问号 (?),命令和问号之间不要有空格 可作为该命令输入的可能的关键字随即显示
switch#clock % Incomplete command.	未输入此命令所需要的所有关键字或值	重新输入命令,后跟问号 (?),命令和问号之间要有空格
switch#clock set aa:12:23 ^ % Invalid input detected at '^' marker.	输入的命令不正确。脱字符 (^) 标出了错误点	输入问号 (?) 以显示所有可用的命令或参数

(2)访问命令历史记录

如果要在交换机上配置很多接口,可使用 IOS 命令历史记录缓冲区,以节省重复输入命令的时间。CLI 提供已输入命令的历史记录,这种功能称为命令历史记录,它对于重复调用较长或较复杂的命令或输入项特别有用。

对于命令历史记录功能,可以完成以下任务:
- 显示命令缓冲区的内容;
- 设置命令历史记录缓冲区大小;
- 重新调用存储在历史记录缓冲区中的先前输入的命令,每一种配置模式都有相应的缓冲区。

默认情况下，命令历史记录功能启用，系统会在其历史记录缓冲区中记录最新输入的 10 条命令，可以使用 show history 命令来查看最新输入的执行命令，例如：

```
switch#show history
    enable
    configure terminal
    show run
    show history
```

命令历史记录功能默认启用，并且历史记录缓冲区中记录了最新输入的 10 个命令行。在用户执行模式或特权执行模式下使用 terminal no history 命令，可以只禁用当前终端会话的命令历史记录。禁用命令历史记录后，设备将不再保留任何先前输入的命令行。

要将终端历史记录大小恢复为默认值 10 行，可在特权执行模式下输入 terminal no history size 命令，具体命令语法与配置命令，见表 2-5。

表 2-5 历史记录缓冲区

命 令 语 法	配 置 命 令
启用终端历史记录	switch#terminal history
配置终端历史记录大小（0~256）	switch#terminal history size 50
将终端历史记录大小复位为默认值 10 条命令行	switch#terminal no history size
禁用终端历史记录	switch#terminal no history

（3）配置双工和速度

可以使用 duplex 接口配置命令来指定交换机端口的双工操作模式。可以手动设置交换机端口的双工模式和速度，以避免厂商间的自动协商问题。在将交换机端口双工设置配置为 auto 时可能出现问题，如图 2-2 所示，交换机 Switch1 和 Switch2 有着相同的双工设置和速度。交换机 Switch1 的 F0/2 端口配置如下：

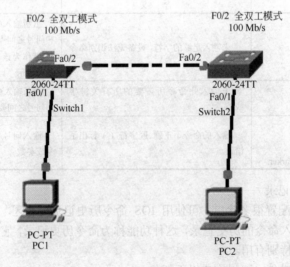

图 2-2 双工和速度

```
Switch1(config)#interface f0/2          （进入接口配置模式）
Switch1(config-if)#duplex full          （设置接口模式为全双工状态）
```

```
Switch1(config-if)#speed 100          （设置接口速率为100Mb/s）
Switch1(config-if)#end                （退至特权模式）
Switch1#copy running-config startup-config  （保存）
Destination filename [startup-config]?
Building configuration...
[OK]
```

（4）使用 Show 命令

执行初始交换机配置之后，应确认交换机已配置正确，可以使用 show 命令来验证交换机的相关配置，show 命令应从特权执行模式下执行。show 命令的某些关键选项，见表 2-6，它们可用于验证几乎所有可配置的交换机功能。

表 2-6 使用 show 命令

命令语法	配置命令
显示当前运行配置	show running-config
显示启动配置的内容	show startup-config
显示交换机上单个或全部可用接口的状态和配置	show interfaces [interface-id]
显示会话命令历史记录	show history
显示系统硬件和软件状态	show version
显示关于 flash：文件系统的信息	show flash:
显示 MAC 转发表	show mac-address-table
显示 IP 信息 interface 选项显示 IP 接口状态和配置 http 选项显示有关正在交换机上运行的设备管理器的 HTTP 信息 arp 选项显示 IP ARP 表	show ip {interface | http | arp}

比较重要的一条 show 命令是 show running-config 命令。此命令显示交换机上当前正在运行的配置。使用此命令可验证是否正确配置了交换机。下面显示了 show running-config 命令的缩略输出（省略号表示省略的内容）。

```
Switch1#show running-config
Building configuration...
Current configuration : 1102 bytes
version 12.2
no service timestamps log datetime msec
no service timestamps debug datetime msec
no service password-encryption
hostname Switch1
enable password class
（交换机的系统名为 Switch1，特权密码为 class）
interface FastEthernet0/1
!
interface FastEthernet0/2
 duplex full
 speed 100
```

（以太网接口 F0/2 设置为全双工，速率 100Mb/s）
……
interface FastEthernet0/24
!
interface Vlan1
 ip address 1.1.1.1 255.0.0.0
（交换机的管理地址为 1.1.1.1/8）
!
line con 0
 password cisco
 login
!
line vty 0 4
 password cisco
 login
line vty 5 15
 login
（控制台口令、VTY0-4 用户口令为 cisco）
!
end

另一条常用命令是 show interfaces，该命令显示交换机网络接口的状态信息和统计信息。在配置和监视网络设备时，经常会用到 show interfaces 命令。可以在命令提示符下输入部分命令，只要没有其他命令选项相同，IOS 软件就会正确解释命令。例如，可以使用 show int 来代替此命令。下面显示了 show interfaces f0/2 命令的输出。突出显示的第一行表示快速以太网接口 f0/2 已经启用并正在运行。下一个突出显示的行显示双工为全双工，速度为 100Mb/s。

Switch1#show interfaces f0/2
FastEthernet0/2 is down, line protocol is down (disabled)
  Hardware is Lance, address is 0040.0b71.d202 (bia 0040.0b71.d202)
  BW 100000 Kbit, DLY 1000 usec,
     reliability 255/255, txload 1/255, rxload 1/255
  Encapsulation ARPA, loopback not set
  Keepalive set (10 sec)
  Full-duplex, 100Mb/s
  input flow-control is off, output flow-control is off
  ARP type: ARPA, ARP Timeout 04:00:00
  Last input 00:00:08, output 00:00:05, output hang never
  Last clearing of "show interface" counters never
  Input queue: 0/75/0/0 (size/max/drops/flushes); Total output drops: 0
  Queueing strategy: fifo
  Output queue :0/40 (size/max)
  5 minute input rate 0 bits/sec, 0 packets/sec
  5 minute output rate 0 bits/sec, 0 packets/sec

```
         956 packets input, 193351 bytes, 0 no buffer
         Received 956 broadcasts, 0 runts, 0 giants, 0 throttles
         0 input errors, 0 CRC, 0 frame, 0 overrun, 0 ignored, 0 abort
         0 watchdog, 0 multicast, 0 pause input
         0 input packets with dribble condition detected
         2357 packets output, 263570 bytes, 0 underruns
         0 output errors, 0 collisions, 10 interface resets
         0 babbles, 0 late collision, 0 deferred
         0 lost carrier, 0 no carrier
         0 output buffer failures, 0 output buffers swapped out
```

（5）初始化交换机

如果准备将用过的交换机转交给客户或其他部门，并且希望交换机重新进行配置，就可能需要清除配置信息。如果删除了启动配置文件，则当交换机重新启动时，它将进入设置程序，这样就能为交换机重新配置新设置。

要清除启动配置的内容，需要使用 erase nvram: 或 erase startup-config 特权执行命令，然后使用 reload 命令重启交换机。

Switch#erase startup-config
```
Erasing the nvram filesystem will remove all configuration files!
Continue? [confirm]
[OK]
Erase of nvram: complete
%SYS-7-NV_BLOCK_INIT: Initialized the geometry of nvram
```
Switch1#reload

删除启动配置文件之后，便不可再将其恢复，因此请确保留有该配置的备份，以备以后需要时将其恢复。如果执行了一项很复杂的配置任务，并在闪存中存储了文件的很多备份副本，要从闪存中删除文件，需要使用 delete flash:filename 特权执行命令。根据 file prompt 全局配置命令的设置，系统可能在删除文件之前提示确认。默认情况下，在删除文件时，交换机都会提示确认。删除配置之后，即可重新加载交换机以启动交换机的新配置。

2.2.4 交换机的登录方式

网络管理员能够通过本地终端设备（或仿真终端）或 Telnet（带内管理）进入命令界面访问、配置和管理交换机。交换机提供了一个控制台命令行（CLI）管理界面，通过它对交换机进行配置和管理。进入这个控制台命令行管理界面，一个是通过终端设备（或仿真终端）；另一个是通过 TCP/IP 的 Telnet 功能登录。登录到控制台管理界面，可以进行许多最基本的网络管理操作。

（1）通过 Console 口登录交换机

用一根 RS-232 电缆，将一台兼容 VT-100 的终端，或者一台运行终端仿真程序[例如，Windows XP 操作系统中的"超级终端（Hyperterminal）"]的计算机，连接到交换机前面板上的"Console"端口，然后，在终端上采用相应的参数，就可以登录到控制台管理界面，见表 2-7。

表 2-7 登录参数

项　目	参　数	项　目	参　数
终端仿真	VT-100/ANSI	奇偶校验	无
波特率	9600	停止位	1
数据位	8	流量控制	无

第一步：如图 2-3 所示，建立本地配置环境，只需将微机（或终端）的串口，通过配置电缆与以太网交换机的 Console 口连接。

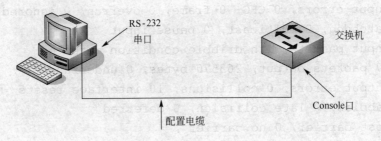

图 2-3　通过 Console 口搭建本地配置环境

第二步：在微机上运行终端仿真程序（如 Windows 9X 的超级终端等），设置终端通信参数为：波特率为 9600b/s、8 位数据位、1 位停止位、无校验和无流控，并选择终端类型为 VT100，如图 2-4 所示。

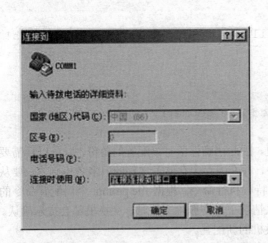
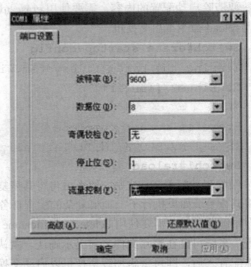

图 2-4　终端仿真程序

第三步：以太网交换机通电，终端上显示以太网交换机自检信息，自检结束后提示用户按回车，之后将出现命令行提示符（如 Switch>）。

第四步：输入命令，配置以太网交换机或查看以太网交换机运行状态。需要帮助可以随时输入"?"。

（2）通过 Telnet 登录交换机

如果用户已经通过 Console 口正确配置以太网交换机管理 VLAN 接口的 IP 地址（在 VLAN 接口视图下使用 ip address 命令），并已指定与终端相连的以太网端口属于该管理 VLAN（在 VLAN 视图下使用 port 命令），这时可以利用 Telnet 登录到以太网交换机，然后对以太网交换机进行配置。

第一步：在通过 Telnet 登录以太网交换机之前，需要通过 Console 口在交换机上配置欲登录的 Telnet 用户名和认证口令。

```
Switch>enable                    （从用户模式进入特权模式）
Switch#configure terminal        （从特权模式进入全局配置模式）
```

第 2 章 交换机的配置与应用

```
Switch(config)#hostname SW1          (将交换机命名为"SW1")
SW1(config)#interface  vlan 1        (进入交换机的管理VLAN)
SW1(config-if)#ip address 172.16.1.1  255.255.0.0
                                     (为交换机配置IP地址和子网掩码)
SW1(config-if)#no  shutdown          (激活该VLAN)
SW1(config-if)#exit                  (从当前模式退到全局配置模式)
SW1(config)#line  console 0          (进入控制台模式)
SW1(config-line)#password cisco      (设置控制台登录密码为"cisco")
SW1(config-line)#login               (登录时使用此验证方式)
SW1(config-if)#exit                  (从当前模式退到全局配置模式)
SW1(config)#line  vty 0 4            (进入Telnet模式)
SW1(config-line)#password cisco      (设置Telnet登录密码为"cisco")
SW1(config-line)#login               (登录时使用此验证方式)
SW1(config-if)#exit                  (从当前模式退到全局配置模式)
SW1(config)#enable secret class      (设置特权口令密码为"class")
SW1#copy  running-config startup-config
                          (将正在运行的配置文件保存到系统的启动配置文件)
Destination filename [startup-config]?
                                     (系统默认的文件名"startup-config")
Building configuration...
[OK]                                 (系统显示保存成功)
```

第二步：如图 2-5 所示，建立配置环境，只需将微机以太网口通过局域网与以太网交换机的以太网口连接。

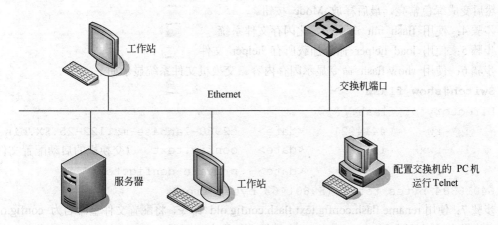

图 2-5 通过局域网搭建本地配置环境

第三步：在计算机上运行 Telnet 程序，输入与微机相连的以太网口所属 VLAN 的 IP 地址，如图 2-6 所示。

第四步：终端上显示"User Access Verification"，并提示用户输入已设置的登录口令，口令输入正确后则出现命令行提示符（如 Switch>）。如果出现"Too many users!"的提示，表示当前 Telnet 到以太网交换机的用户过多，则请稍候再连接（通常情况下以太网交换机最多允许 5 个 Telnet 用户同时登录）。

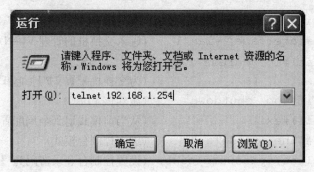

图 2-6 运行 Telnet 程序

第五步：使用相应命令配置以太网交换机或查看以太网交换机运行状态。需要帮助可以随时输入"？"。

通过 Telnet 配置交换机时，不要删除或修改对应本 Telnet 连接的交换机上 VLAN 接口的 IP 地址，否则会导致 Telnet 连接断开。Telnet 用户登录时，默认可以访问命令级别为 0 级的命令。

2.2.5 交换机口令恢复

在设置口令来控制对 IOS CLI 的访问之后，需要确保记住口令。万一遗失或遗忘了访问口令，系统提供了口令恢复机制，以便于管理员仍能访问其设备，口令恢复过程需要实际接触设备，但是并不能实际恢复设备上的口令，尤其是在已启用口令加密的情况下，不过可以将口令重设为新值。下面以思科交换机 S2960 为例，说明操作方法。

步骤 1：将终端或带终端仿真软件的 PC 连接到交换机控制台端口。

步骤 2：在仿真软件中将线路速度设置为 9600 b/s。

步骤 3：关闭交换机电源。将电源线重新连接到交换机，并在 15s 内，当 System（系统）LED 仍闪烁绿光时按下 Mode 按钮。一直按住 Mode 按钮，直到 System（系统）LED 短暂变成琥珀色，然后变成绿色常亮，最后释放 Mode 按钮。

步骤 4：使用 flash_init 命令初始化闪存文件系统。

步骤 5：使用 load_helper 命令加载所有 helper 文件。

步骤 6：使用 show flash 命令显示闪存内容。交换机文件系统显示如下：

```
Switch#show flash
Directory of flash:/
   1  -rw-     4414921    <date>   c2960-lanbase-mz.122-25.FX.bin
   1  -rwx-    1566       <date>   config.text      (交换机的启动配置文件)
   1  -rw-     28         <date>   private-config.text
64016384 bytes total (59601463 bytes free)
```

步骤 7：使用 rename flash:config.text flash:config.old 命令，将配置文件重命名为 config.old，这样交换机启动时就不读取 config.text，交换机也就没有密码了。

步骤 8：使用 boot 命令引导系统。

步骤 9：系统提示是否要启动设置程序。在提示符下输入 N，然后当系统提示是否继续配置对话时，输入 N。

步骤 10：在交换机提示符下，使用 enable 命令进入特权执行模式。

步骤 11：使用 rename flash:config.old flash:config.text 命令，将配置文件重命名为其原始名称。

步骤 12：使用 copy flash:config.text system:running-config 命令将配置文件复制到内存中。

步骤 13：为交换机设置新的密码。

```
Switch(config)#line con 0              (设置控制台用户密码为 cisco)
Switch(config-line)#password cisco
Switch(config-line)#login
Switch(config-line)#exit
Switch(config)#line vty 0 4            (设置远程登录用户密码为 cisco)
Switch(config-line)#password cisco
Switch(config-line)#login
Switch(config-line)#exit
Switch(config)#enable password class   (设置特权密码为 class)
```

步骤 14：使用 copy running-config startup-config 命令，将运行配置写入启动配置文件。

步骤 15：使用 reload 命令，重新加载交换机，测试新密码。

2.3 端口安全技术

2.3.1 常见的网络安全攻击与安全工具

（1）常见的安全攻击

① MAC 地址泛洪　MAC 地址泛洪是一种常见的攻击。交换机中的 MAC 地址表，包含交换机某个给定物理端口上可用的 MAC 地址，以及每个 MAC 地址关联的 VLAN 参数。当第 2 层交换机收到帧时，交换机在 MAC 地址表中查找目的 MAC 地址。所有 Catalyst 交换机型号，都使用 MAC 地址表进行第 2 层交换。当帧到达交换机端口时，交换机可获得源 MAC 地址，并将其记录在 MAC 地址表中。如果存在 MAC 地址条目，交换机将把帧转发到 MAC 地址表中指定的 MAC 地址端口。如果 MAC 地址不存在，则交换机的作用类似集线器，并将帧转发到交换机上的每一个端口。MAC 地址表溢出攻击也称为 MAC 泛洪攻击。

② Telnet 攻击　Telnet 协议可被攻击者用来远程侵入交换机。因此，交换机为 vty 线路配置了登录口令，并将这些线路设置为需要口令身份验证才能允许访问。这提供了必要的基本安全性，有助于使交换机免受未经授权的访问。但是，攻击者可以利用工具，对交换机的 vty 线路实施暴力密码破解攻击。

③ 暴力密码攻击　暴力密码攻击的第一阶段，是攻击者使用一个常用密码列表和一个专门设计的程序，这个程序使用字典列表中的每一个词来尝试建立 Telnet 会话。如果选择不使用字典中的词，那么此时仍然是安全的。在暴力攻击的第二阶段，攻击者又使用一个程序，这个程序创建顺序字母组合，试图"猜测"密码。只要有足够的时间，暴力密码攻击可破解几乎所有使用的密码。限制暴力密码攻击漏洞的最简单办法是频繁更改密码，并使用大小写字母和数字随机混合的强密码。

④ 拒绝服务（DoS）攻击　另一类 Telnet 攻击是 DoS 攻击。在 DoS 攻击中，攻击者利用了交换机上所运行的 Telnet 服务器软件中的一个缺陷，这个缺陷可使 Telnet 服务不可用。这种攻击极其令人头疼，因为它妨碍管理员执行交换机管理功能。

解决 Telnent 服务中的 DoS 攻击漏洞的常用办法,是使用 IOS 更新修订版中附带的安全补丁。如果遇到针对设备上的 Telnet 服务或任何其他服务的 DoS 攻击，请检查是否有更新的 IOS 修订版可用。

（2）常见的安全工具

配置好交换机安全性之后，需要确保不给攻击者留下任何可乘之机。网络安全是一个复杂而且不断变化的话题。本节中将介绍网络安全工具如何用于保护网络免遭恶意攻击。

网络安全工具可帮助测试网络中存在的各种弱点。这些工具可扮演黑客和网络安全分析师的角色。利用这些工具，可以发起攻击并审核结果，以确定如何调整安全策略来防止某种给定攻击。

网络安全工具所使用的功能一直在不断发展。例如，网络安全工具曾注重于在网络上进行侦听的服务，并检查这些服务的缺陷。而现在，由于邮件客户端和 Web 浏览器中存在的缺陷，病毒和蠕虫得以传播。现代网络安全工具不仅检测网络上的主机的远程缺陷，而且能确定是否存在应用程序级的缺陷，例如客户端计算机上缺少补丁。网络安全性不再仅局限于网络设备，而且一直延伸到了用户桌面。安全审计和渗透测试是网络安全工具所执行的两种基本功能。

① 网络安全审计　网络安全工具可用于执行网络的安全审计。安全审计可揭示攻击者只需监视网络流量就能收集到哪类信息。利用网络安全审计工具，可以用伪造的 MAC 地址来泛洪攻击 MAC 表，然后就可以在交换机开始从所有端口泛洪流量时审核交换机端口。因为合法 MAC 地址映射将老化，并被更多伪造的 MAC 地址映射所替代，这样就能确定哪些端口存在危险，并且未正确配置为阻止此类攻击。

计时是成功执行审计的重要因素。不同的交换机在其 MAC 表中支持不同数量的 MAC 地址，确定要在网络上去除的虚假 MAC 地址的理想数量可能需要技巧。此外，还必须对付 MAC 表的老化周期。如果在执行网络审计时，虚假 MAC 地址开始老化，则有效 MAC 地址将开始填充 MAC 表，这将限制利用网络审计工具可监视的数据。

② 网络渗透测试　网络安全工具还可用于对网络执行渗透测试。这可找出网络设备配置中存在的弱点，可以执行多种攻击，而且大多数工具套件都附带大量文档，其中详细说明了执行相应的攻击所需要的语法。由于这些类型的测试可能对网络有负面影响，因此需要在严格受控的条件下，遵循综合网络安全策略中详细说明的规程来执行。当然，如果网络仅仅是基于小教室，则可以安排在教师的指导下尝试网络渗透测试。

安全的网络其实是一个过程，而不是结果。不可仅仅是为交换机启用了安全配置就宣称安全工作大功告成。要实现安全的网络，需要有一套全面的网络安全计划，计划中需定义如何定期检验网络是否可以抵御最新的恶意网络攻击。安全风险不断变化的局面，意味着所需要的审计和渗透工具应能不断更新，以找出最新的安全风险。

2.3.2　端口-MAC 地址表的形成

交换机之所以能够直接对目的节点发送数据包，而不是像集线器一样以广播方式对所有节点发送数据包，关键的技术就是交换机可以识别连在网络上的节点的网卡 MAC 地址，并把它们放到一个叫做 MAC 地址表的地方。这个 MAC 地址表存放于交换机的缓存中，并记住这些地址，这样当需要向目的地址发送数据时，交换机就可在 MAC 地址表中查找这个 MAC 地址的节点位置，然后直接向这个位置的节点发送。所谓 MAC 地址数量，是指交换机的 MAC 地址表中，可以最多存储的 MAC 地址数量，存储的 MAC 地址数量越多，那么数据转发的速度和效率也就越高。

但是，不同档次的交换机每个端口所能够支持的 MAC 数量不同。在交换机的每个端口，都需要足够的缓存来记忆这些 MAC 地址，所以 Buffer（缓存）容量的大小，就决定了相应交换机所能记忆的 MAC 地址数多少。通常交换机只要能够记忆 1024 个 MAC 地址基本上就可以了，而一般的交换机通常都能做到这一点，所以，如果在网络规模不是很大的情况下，这参数无需太多考虑。当然，越是高档的交换机，能记住的 MAC 地址数就越多，这在选择时要视所连接网络的规模而定。

以太网交换机利用"端口-MAC 地址表"进行信息的交换，因此，端口-MAC 地址映射表的建立和维护显得相当重要。一旦地址映射表出现问题，就可能造成信息转发错误。那么，交换机中的地址映射表是怎样建立和维护的呢？这里有两个问题需要解决，一是交换机如何知道哪台计算机连接到哪个端口；二是当计算机在交换机的端口之间移动时，交换机如何维护地址映射表。显然，通过人工建立交换机的地址映射表是不切实际的，交换机应该自动建立地址映射表。

通常，以太网交换机利用"地址学习"法，动态建立和维护端口-MAC地址表。以太网交换机的地址学习，是通过读取帧的源地址，并记录帧进入交换机的端口进行的。当得到MAC地址与端口的对应关系后，交换机将检查地址映射表中是否已经存在该对应关系。如果不存在，交换机就将该对应关系添加到地址映射表；如果已经存在，交换机将更新该表项。因此，在以太网交换机中，地址是动态学习的。只要这个节点发送信息，交换机就能捕获到它的MAC地址与其所在端口的对应关系。

在每次添加或更新地址映射表的表项时，添加或更改的表项被赋予一个计时器。这使得该端口与MAC地址的对应关系能够存储一段时间。如果在计时器溢出之前，没有再次捕获到该端口与MAC地址的对应关系，则该表项将被交换机删除。通过移走过时的或老的表项，交换机维护了一个精确且有用的地址映射表。

交换机建立起端口-MAC地址表之后，它就可以对通过的信息进行过滤了。以太网交换机在地址学习的同时还检查每个帧，并基于帧中的目的地址，做出是否转发或转发到何处的决定。

两个以太网和两台计算机通过以太网交换机相互连接，通过一段时间的地址学习，交换机形成了如图2-7所示的端口-MAC地址表。

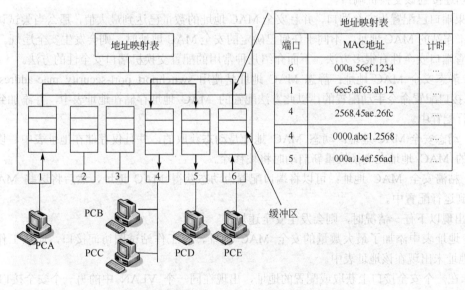

图 2-7　交换机端口-MAC地址表的形成过程

假设站点A需要向站点F发送数据，因为站点A通过集线器连接到交换机的端口1，所以，交换机从端口1读入数据，并通过地址映射表决定将该数据转发到哪个端口。在图2-7所示的地址映射表中，站点F与端口4相连。于是，交换机将信息转发到端口4，不再向端口1、端口2和端口3转发。

假设站点A需要向站点C发送数据，交换机同样在端口1接收该数据。通过搜索地址映射表，交换机发现站点C与端口1相连，与发送的源站点处于同一端口。遇到这种情况，交换机不再转发，简单地将数据抛弃，数据信息被限制在本地流动。

以太网交换机隔离了本地信息，从而避免了网络上不必要的数据流动。这是交换机通信过滤的主要优点，也是它与集线器截然不同的地方。集线器需要在所有端口上重复所有的信号，每个与集线器相连的网段都将听到局域网上的所有信息流。而交换机所连的网段只听到发给它们的信息流，减少了局域网上总的通信负载，因此提供了更多更好的带宽。

但是，如果站点 A 需要向站点 G 发送信息，交换机在端口 1 读取信息后检索地址映射表，结果发现站点 G 在地址映射表中并不存在。在这种情况下，为了保证信息能够到达正确的目的地，交换机将向除端口 1 之外的所有端口转发信息，当然，一旦站点 G 发送信息，交换机就会捕获到它与端口的连接关系，并将得到的结果存储到地址映射表中。

2.3.3 配置交换机的端口安全性

未提供端口安全性的交换机将让攻击者乘虚而入，连接到系统上未使用的已启用端口，并执行信息收集或攻击。交换机可被配置为像集线器那样工作，这意味着连接到交换机的每一台系统，都有可能查看通过交换机流向与交换机相连的所有系统的所有网络流量。因此，攻击者可以收集含有用户名、密码或网络上的系统配置信息的流量。

在部署交换机之前，应保护所有交换机端口或接口。端口安全性限制端口上所允许的有效 MAC 地址的数量。如果为安全端口分配了安全 MAC 地址，那么当数据包的源地址不是已定义地址组中的地址时，端口不会转发这些数据包。

如果将安全 MAC 地址的数量限制为一个，并为该端口只分配一个安全 MAC 地址，那么连接该端口的工作站将确保获得端口的全部带宽，并且只有地址为该特定安全 MAC 地址的工作站，才能成功连接到该交换机端口。

如果端口已配置为安全端口，并且安全 MAC 地址的数量已达到最大值，那么当尝试访问该端口的工作站的 MAC 地址，不同于任何已确定的安全 MAC 地址时，则会发生安全违规。

配置端口安全性有很多方法。下面介绍几种常用的配置交换机端口安全性的方法。

① 静态安全 MAC 地址：静态 MAC 地址是使用 switchport port-security mac-addressmac-address 接口配置命令手动配置的，以此方法配置的 MAC 地址存储在地址表中，并添加到交换机的运行配置中。

② 动态安全 MAC 地址：动态 MAC 地址是动态获取的，并且仅存储在地址表中，以此方式配置的 MAC 地址在交换机重新启动时将被移除。

③ 粘滞安全 MAC 地址：可以将端口配置为动态获得 MAC 地址，然后将这些 MAC 地址保存到运行配置中。

当出现以下任一情况时，则会发生安全违规。

a. 地址表中添加了最大数量的安全 MAC 地址，有工作站试图访问接口，而该工作站的 MAC 地址未出现在该地址表中。

b. 在一个安全接口上获取或配置的地址，出现在同一个 VLAN 中的另一个安全接口上。

根据出现违规时要采取的操作，可以将接口配置为三种违规模式之一。当端口上配置了以下某一安全违规模式时，将转发某种类型的数据流量。

① 保护：当安全 MAC 地址的数量达到端口允许的限制时，带有未知源地址的数据包将被丢弃，直至移除足够数量的安全 MAC 地址或增加允许的最大地址数，不会得到发生安全违规的通知。

② 限制：在此模式下，会得到发生安全违规的通知，将有 SNMP 陷阱发出、syslog 消息记入日志，以及违规计数器的计数增加。

③ 关闭：在此模式下，端口安全违规将造成接口立即变为错误禁用 (error-disabled) 状态，并关闭端口 LED。该模式还会发送 SNMP 陷阱，将 syslog 消息记入日志，以及增加违规计数

第 2 章 交换机的配置与应用

器的计数。当安全端口处于错误禁用状态时，先输入 shutdown，再输入 no shutdown，接口配置命令可使其脱离此状态。此模式为默认模式。

掌握静态端口和 MAC 地址绑定的配置方法，验证端口和 MAC 地址绑定的功能。MAC 地址绑定，可将用户的使用权限和机器的 MAC 地址绑定起来，限制用户只能在固定的机器上网，保障安全，防止账号盗用。由于 MAC 地址可以修改，因此这个方法可以起到一定的作用，但仍有漏洞。

假如你是某公司的网络管理员，公司要求对网络进行严格控制。为了防止公司内部用户的 IP 地址冲突，防止公司内部的网络攻击和破坏行为。为每一位员工分配了固定的 IP 地址，并且只允许公司员工的主机使用网络，不得随意连接其他主机。具体的绑定情况，见表 2-8。

表 2-8 端口-MAC 地址表的绑定情况

交换机的端口号	计算机的 MAC 地址	IP 地址
1	0040.0bdc.6622	1.1.1.1/8
2	000a.411e.949a	1.1.1.2/8
3	0001.c928.99a5	1.1.1.3/8

设备与配线：交换机一台、兼容 VT-100 的终端设备或能运行终端仿真程序的计算机（两台）、RS-232 电缆、RJ-45 接头的网线（若干），拓扑结构如图 2-8 所示。

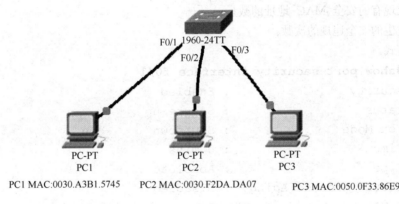

图 2-8 端口-MAC 地址绑定组网环境

具体的配置命令如下。

① 将 PC0 绑定于交换机的 6 口。

```
Switch>enable
Switch#configure terminal
Switch(config)#interface fastethernet 0/6
Switch(config-if)#switch mode access
Switch(config-if)#switchport port-security
Switch(config-if)#switchport port-security maximum 1
Switch(config-if)#switchport port-security violation shutdown
```
（违反规则就关闭端口）
```
Switch(config-if)#switch port port-security mac-address 0040.0bdc.6622
```
（将计算机 PC0 绑定于交换机的 6 口）

```
Switch(config)#interface range f0/1-3 （进入交换机 1-3 口）
Switch(config-if-range)#switchport mode access
```
（将交换机的端口设置为访问模式，即用来接入计算机）
```
Switch(config-if-range)#switchport port-security
```
（打开交换机的端口安全功能）
```
Switch(config-if-range)#switchport port-security maximum 30
```
（设置该端口下的 MAC 条目最大数量为 30，即最多允许接入 30 台设备。系统默认最大数为 1）
```
Switch(config-if-range)#switchport port-security mac-address sticky
```
（启动粘滞获取 PC 的 MAC 地址）
```
Switch(config-if-range)#switchport port-security violation shutdown
```
（违反规则就关闭端口）

② 验证交换机的端口安全性，为交换机配置端口安全性之后，需要验证配置是否正确。需要检查每一个接口，以确保端口安全性都已设置正确，还必须确保配置的静态 MAC 地址也都正确。要显示交换机或指定接口的端口安全性设置，需要使用 show port-security [interfaceinterface-id] 命令。

其输出将显示以下内容：
- 每个接口允许的安全 MAC 地址的最大数量；
- 接口上现有的安全 MAC 地址的数量；
- 已经发生的安全违规的次数；
- 违规模式。

```
Switch#show port-security interface f0/1
Port Security                : Enabled
Port Status                  : Secure-up
Violation Mode               : Shutdown
Aging Time                   : 0 mins
Aging Type                   : Absolute
SecureStatic Address Aging   : Disabled
Maximum MAC Addresses        : 50
Total MAC Addresses          : 1
Configured MAC Addresses     : 0
Sticky MAC Addresses         : 1
Last Source Address:Vlan     : 0030.A3B1.5745:1
Security Violation Count     : 0
Switch#show port-security address
              Secure Mac Address Table
-------------------------------------------------------------------
Vlan    Mac Address       Type           Ports              Remaining Age(mins)
----    -----------       ----           -----              -------------------
 1      0030.A3B1.5745    SecureSticky   FastEthernet0/1       -
 1      0030.F2DA.DA07    SecureSticky   FastEthernet0/2       -
 1      0050.0F33.86E9    SecureSticky   FastEthernet0/3       -
-------------------------------------------------------------------
```

```
Total Addresses in System (excluding one mac per port)      : 0
Max Addresses limit in System (excluding one mac per port)  : 1024
Switch#show mac-address-table
         Mac Address Table
-------------------------------------------

Vlan    Mac Address       Type         Ports
----    -----------       --------     -----
 1      0030.a3b1.5745    STATIC       Fa0/1
 1      0030.f2da.da07    STATIC       Fa0/2
 1      0050.0f33.86e9    STATIC       Fa0/3
```

本 章 小 结

本章介绍了交换机的数据包转发方式对 LAN 性能和延时的影响，内存缓冲在交换机转发、对称和非对称交换，以及多层交换中发挥作用。讲解了初始交换机配置，以及如何验证交换机配置，备份和恢复交换机配置是任何交换机管理人员的关键技能，交换机内置的帮助功能用于确定命令和命令选项。

交换机是一种基于 MAC 地址识别，能完成封装、转发数据包功能的网络设备，主要从提高连接服务器的端口的速率，以及相应的帧缓冲区的大小，提高整个网络的性能，从而满足用户的要求。为了保护交换机的访问安全，实施口令以保护控制台线路和虚拟终端线路；实施口令以限制对特权执行模式的访问；配置系统范围的口令加密以及启用 SSH。

课 后 习 题

一、选择题

1. 工作在数据链路层上的网络互联设备有（　　）。
   A．集线器　　　　B．交换机　　　　C．路由器　　　　D．防火墙
2. 交换机首次登录必须通过（　　）方式。
   A．超级终端　　　B．telnet　　　　C．WEB　　　　　D．网管软件
3. 交换机中无论当前处于何种状态，使用（　　）命令立即退回到用户视图。
   A．copy　　　　　B．reboot　　　　C．exit　　　　　D．ctrl+z
4. （　　）命令行界面(CLI)模式，允许用户配置诸如主机名和口令等交换机参数。
   A．用户执行模式　　　　　　　　　B．特权执行模式
   C．全局配置模式　　　　　　　　　D．接口配置模式
5. 下面显示了 showrunning-config 命令的部分输出。此交换机的使能口令是 student。从下面命令的输出可得出（　　）结论。
   Enable password 7 21540508A1 E1425
   A．默认情况下会加密使能口令
   B．所有加密口令均采用 MD5 哈希算法加密
   C．在此配置中，已配置的所有线路模式口令都会被加密
   D．此行代表最安全的特权执行模式口令
6. 可采用（　　）方法来使交换机不易受 MAC 地址泛洪、CDP 攻击和 Telnet 攻击等攻击

的影响。
  A．在交换机上启用 CDP B．定期更换口令
  C．在交换机上启用 HTTP 服务器 D．使用使能口令而非使能加密口令
7．如图 2-9 所示，如果 SW1 的 MAC 地址表为空，SW1 会对从 PC_A 发送到 PC_C 的帧采取（ ）操作。

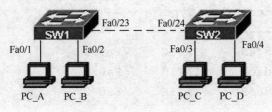

图 2-9 局域网拓扑图

  A．SW1 会丢弃该帧
  B．SW1 会将该帧从除端口 Fa0/1 之外的所有端口泛洪出去
  C．SW1 会将该帧从该交换机上除端口 Fa0/23 和 Fa0/1 之外的所有端口泛洪出去
  D．SW1 会采用 CDP 协议同步两台交换机的 MAC 地址表，然后将帧转发到 SW2 上的所有端口

8．当交换机接收帧时，如果在交换表中找不到源 MAC 地址，交换机会采取（ ）措施来处理该传入帧。
  A．交换机会请求发送节点重新发送该帧
  B．交换机会发出一个 ARP 请求以确认源设备是否存在
  C．交换机会将源 MAC 地址映射到收到帧的端口上
  D．交换机会向此传入帧的源 MAC 地址发送确认帧

9．如果网络管理员在交换机上输入以下命令，会有（ ）结果。
```
Switch1(config-line)#line console 0
Switch1(config-line)#password network
Switch1(config-line)#login
```
  A．采用口令 network 来保护控制台端口
  B．通过将可用的线路数指定为 0 来拒绝用户访问控制台端口
  C．通过提供所需的口令来访问线路配置模式
  D．配置用于远程访问的特权执行口令

二、填空题
1．交换机中恢复出厂设置使用（ ）命令。
2．10Mb/s 交换型以太网系统中，在交换机中连接了 10 台计算机，则每个计算机得到的平均带宽是（ ）Mb/s。
3．系统允许同时 telnet 到交换机中的用户共有（ ）个。
4．交换机的数据包转发方式包括端口交换、（ ）和（ ）。
5．交换机根据（ ）表转发数据，若查表找不到，就广播。

三、简答题
1．交换机有哪几种登录方式？这几种登录方式有什么区别？
2．常见的网络安全攻击有哪些？都有什么安全工具？
3．交换机的端口-MAC 地址表是如何形成的？为什么要手动配置端口-MAC 地址表？

第 3 章 虚拟局域网和 VLAN 传输协议（VTP）

网络性能对组织的效率以及能否及时交货的声誉有着一定程度的影响。VLAN 是一种能够极大改善网络性能的技术，它将大型的广播域细分成较小的广播域。较小的广播域能够限制参与广播的设备数量，并允许将设备分成各个工作组。

3.1 虚拟局域网简介

3.1.1 VLAN 的定义

在标准以太网出现后，同一个交换机下不同的端口，已经不再在同一个冲突域中，所以连接在交换机下的主机进行点到点的数据通信时，也不再影响其他主机的正常通信。但是，应用广泛的广播报文，仍然不受交换机端口的局限，而是在整个广播域中任意传播，甚至在某些情况下，单播报文也被转发到整个广播域的所有端口。这样，大大地占用了有限的网络带宽资源，使得网络效率低下。

以太网处于 TCP/IP 协议栈的第二层，二层上的本地广播报文是不能被路由器转发的，为了降低广播报文带来的影响，只有使用路由器减少以太网上广播域的范围，从而降低广播报文在网络中的比例，提高带宽利用率。虚拟局域网（VLAN）逻辑上把网络资源和网络用户按照一定的原则进行划分，把一个物理上的网络划分成多个小的逻辑网络。这些小的逻辑网络形成各自的广播域，也就是虚拟局域网 VLAN，如图 3-1 所示。几个部门都使用一个中心交换机，但是各个部门属于不同的 VLAN，形成各自的广播域，广播报文不能跨越这些广播域传送。

3.1.2 VLAN 的优点

VLAN 是一个逻辑上独立的 IP 子网，多个 IP 网络和子网可以通过 VLAN 存在于同一个交换网络上。为了让同一个 VLAN 上的计算机能相互通信，每台计算机必须具有与该 VLAN 一致的 IP 地址和子网掩码。其中的交换机必须配置 VLAN，并且必须将位于 VLAN 中的每个端口分配给 VLAN。VLAN 与传统的 LAN 相比，具有以下优势。

（1）安全性

含有敏感数据的用户组可与网络的其余部分隔离，从而降低泄露机密信息的可能性。一个 VLAN 的数据包不会发送到另一个 VLAN，这样，其他 VLAN 的用户的网络上收不到任何该 VLAN 的数据包，这就确保了该 VLAN 的信息不会被其他 VLAN 的人窃听，从而实现了信息的保密。

（2）可靠性

当网络规模增大时，部分网络出现问题往往会影响整个网络，引入 VLAN 之后，可以将一些网络故障限制在一个 VLAN 之内。

（3）有效地解决了广播风暴

一个 VLAN 形成一个小的广播域，同一个 VLAN 成员都在其所属 VLAN 确定的广播域内，那么当一个数据包没有路由时，交换机只会将此数据包发送到所有属于该 VLAN 的其他端口，而不是所有的交换机的端口,这样,数据包就限制到了一个 VLAN 内,在一定程度上可以节省带宽,如图 3-2 所示。

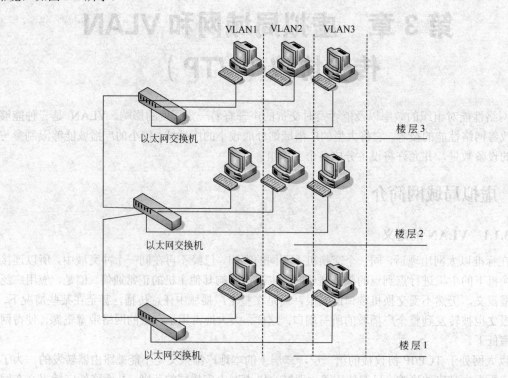

图 3-1 虚拟局域网

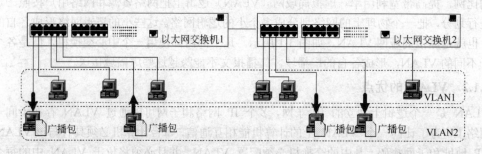

图 3-2 VLAN 限制广播报文

(4)简化项目管理或应用管理

VLAN 将用户和网络设备聚合到一起,以支持商业需求或地域上的需求。通过职能划分,项目管理或特殊应用的处理都变得十分方便,例如可以轻松管理教师的电子教学开发平台。此外,也很容易确定升级网络服务的影响范围。

3.1.3 VLAN 的划分方法

VLAN 从逻辑上对网络进行划分,组网方案灵活,配置管理简单,降低了管理维护的成本。VLAN 的划分方法有很多,下面介绍按交换端口号的划分方法。基于端口的 VLAN 划分方法是用以太网交换机的端口来划分广播域,也就是说,交换机某些端口连接的主机在一个广播域内,而另一些端口连接的主机在另一个广播域,VLAN 和端口连接的主机无关,按交换端口号进行划分 VLAN 的映射关系,见表 3-1。

表 3-1 按交换端口号进行 VLAN 划分

端口	VLAN ID	端口	VLAN ID
Port1	VLAN2	Port3	VLAN3
Port2	VLAN2	Port4	VLAN3
Port6	VLAN2	Port5	VLAN3
Port7	VLAN2		

假设指定交换机的端口 1、2、6 和端口 7 属于 VLAN2，端口 3、4 和端口 5 属于 VLAN3。此时，主机 A 和主机 C 在同一 VLAN，主机 B 和主机 D 在另一个 VLAN 下，如果将主机 A 和主机 B 交换连接端口，则 VLAN 表仍然不变，而主机 A 变成与主机 D 在同一 VLAN（广播域），而主机 B 和主机 C 在另一 VLAN 下。如果网络中存在多个交换机，还可以指定不同交换机的端口属于同一 VLAN，这样同样可以实现 VLAN 内部主机的通信，也可隔离广播报文的泛滥；如图 3-3 所示。这种 VLAN 划分方法的优点是定义 VLAN 成员非常简单，只要指定交换机的端口即可；但是，如果 VLAN 用户离开原来的接入端口，而连接到新的交换机端口，就必须重新指定新连接的端口所属的 VLAN ID。

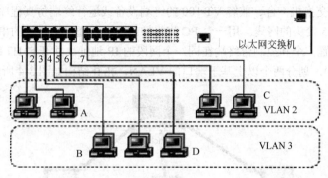

图 3-3 基于端口的 VLAN 的划分

接入 VLAN 分为普通范围和扩展范围，见表 3-2。普通范围的 VLAN 用于中小型商业网络和企业网络；扩展范围的 VLAN 可让服务提供商扩展自己的基础架构，以适应更多的客户。某些跨国企业的规模很大，从而需要使用扩展范围的 VLAN ID。

表 3-2 普通 VLAN 与扩展 VLAN

VLAN 类型	特 点
普通 VLAN	• VLAN ID 范围为 1～1005 • 1002～1005 的 ID 保留，供令牌环 VLAN 和 FDDI VLAN 使用 • ID 1 和 ID 1002～1005 是自动创建的，不能删除 • 配置存储在名为 vlan.dat 的 VLAN 数据库文件中，vlan.dat 文件则位于交换机的闪存中 • 用于管理交换机之间 VLAN 配置的 VLAN 中继协议 (VTP)，只能识别普通范围的 VLAN，并将它们存储到 VLAN 数据库文件中
扩展 VLAN	• VLAN ID 范围是 1006～4094 • 支持的 VLAN 功能比普通范围的 VLAN 更少 • 保存在运行配置文件中 • VTP 无法识别扩展范围的 VLAN

3.1.4 VLAN 的配置与应用

假如你是某公司的一位网络管理员，公司有技术部、销售部、财务部等部门，公司领导要求你组建公司的局域网。公司规模较小，只有一个路由器，且路由器接口有限，所有部门只能使用一台交换机互联，若将所有的部门组建成一个局域网，则网速很慢，最终可能导致网络瘫痪。各部门内部主机有一些业务往来，需要频繁通信，但部门之间为了安全并提高网速，禁止它们互相访问。要求你对交换机进行适当的配置来满足这一要求。

在公司的一台交换机中分别划分虚拟局域网，并且使每个虚拟局域网中的成员能够互相访问，两个不同的虚拟局域网成员之间不能互相访问，VLAN 的具体划分见表 3-3。

表 3-3 公司交换机的 VLAN 划分情况

VLAN 号	包含的端口	VLAN 分配情况
2	1～5	技术部
3	7～10	销售部
4	11～24	财务部

设备与配线：交换机一台、兼容 VT-100 的终端设备或运行终端仿真程序的计算机（两台）、RS-232 电缆、RJ-45 接头的网线。用一台 PC 作为控制终端，通过交换机的串口登录交换机（也可以给交换机先配置一个和控制台终端在同一个网段的 IP 地址，并开启 HTTP 服务，通过 Web 界面进行管理配置），划分两个以上基于端口的 VLAN，拓扑结构如图 3-4 所示。

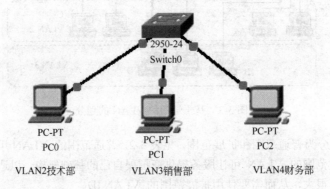

图 3-4 VLAN 划分组网环境

为了完成工作任务提出的要求，可以将交换机划分成三个 VLAN，使每个部门的主机在相同的 VLAN 中，其中财务部在 VLAN 2 中，包括 1～5 端口；销售部在 VLAN 3 中，包括 7～10 端口；技术部在 VLAN 4 中，包括 11～24 端口。在同一部门的用户可以相互访问，不同部门的用户不能相互访问，即可以达到公司的要求。

(1) 配置 VLAN

配置 VLAN 大致可以分为以下几个方面：

① 由用户模式进入特权模式；

② 创建 VLAN，并为其命名为：vlan vlan-id [name vlan-name]media Ethernet [state {active|suspend}]；

③ 进入交换机的以太网端口：interface ethernet unit/port ；

④ 指定端口类型：switch mode access/trunk （端口包括两种类型）；

⑤ 向 VLAN 中添加端口：switch access vlan id ；

⑥ 指定级联端口：switchport mode trunk；
⑦ 保存当前配置：copy running-config startup-config。

(2) 具体配置命令

公司各部门 VLAN 的配置情况如下：

```
Switch>enable
Switch#configure terminal
Switch(config)#vlan 2
```
（创建编号为 2 的 VLAN，通常 VLAN 的编号为 1-4096，其中 VLAN1 为系统默认的管理 VLAN）
```
Switch(config-vlan)#name jsb    (将该 VLAN 命名为"jsb")
Switch(config-vlan)#exit
Switch(config)#vlan 3
Switch(config-vlan)#name xsb
Switch(config-vlan)#exit
Switch(config)#vlan 4
Switch(config-vlan)#name cwb
Switch(config-vlan)#exit
Switch(config)#interface range fastEthernet 0/1-5
```
（进入交换机的 1～5 口，"range"表示连续进入多口）
```
Switch(config-if-range)#switch mode access
```
（将交换机的端口模式改为 access 模式，此端口用于连接计算机）
```
Switch(config-if-range)#switch access vlan 2 (把交换机的 1～5 口加入 VLAN2 中)
Switch(config-if-range)#exit
Switch(config)#interface range fastEthernet 0/7-10
Switch(config-if-range)#switch mode access
Switch(config-if-range)#switch access vlan 3
Switch(config-if-range)#exit
Switch(config)#interface range fastEthernet 0/11-24
Switch(config-if-range)#switch mode access
Switch(config-if-range)#switch access vlan 4
Switch(config-if-range)#end
Switch#copy running-config startup-config
```
（将正在运行的配置文件保存到系统的启动配置文件）
```
Destination filename [startup-config]?
```
（系统默认的文件名"startup-config"）
```
Building configuration...
[OK]    （系统显示保存成功）
Switch#show vlan
```
（查看交换机的 VLAN 信息，也可以使用 show vlan brief 命令查看 VLAN 的简要信息）

```
VLAN    Name        Status      Ports
1       default     active
2       jsb         active      Fa0/1, Fa0/2, Fa0/3, Fa0/4, Fa0/5
```

3	xsb	active	Fa0/6, Fa0/7, Fa0/8, Fa0/9, Fa0/10
4	cwb	active	Fa0/11, Fa0/12, Fa0/13, Fa0/14, Fa0/15, Fa0/16, Fa0/17, Fa0/18, Fa0/19, Fa0/20, Fa0/21, Fa0/22, Fa0/23, Fa0/24

3.1.5 管理 VLAN

（1）使用 show 命令校验配置

配置 VLAN 后，可以使用 show 命令检验 VLAN 配置。例如上面示例中使用 show vlan 命令后的输出显示如下。

```
Switch#show vlan
```

VLAN	Name	Status	Ports
1	default	active	
2	jsb	active	Fa0/1, Fa0/2, Fa0/3, Fa0/4, Fa0/5
3	xsb	active	Fa0/6, Fa0/7, Fa0/8, Fa0/9, Fa0/10
4	cwb	active	Fa0/11, Fa0/12, Fa0/13, Fa0/14, Fa0/15, Fa0/16, Fa0/17, Fa0/18, Fa0/19, Fa0/20, Fa0/21, Fa0/22, Fa0/23, Fa0/24

常见的管理 VLAN 的相关命令见表 3-4。

表 3-4 管理 VLAN 的相关命令

语法含义	具体命令
每行显示一个 VLAN 的 VLAN 名称、状态和端口	show vlan brief
显示由 VLAN ID 号标识的某个 VLAN 的相关信息（vlan-id 的范围是 1~4094）	show vlan vlan-id
显示由 VLAN 名称标识的某个 VLAN 的相关信息。VLAN 名称是介于 1~32 个字符之间的 ASCII 字符串	show vlan name vlan-name
显示 VLAN 摘要信息	show vlan summary
有效的接口包括物理端口（包括类型、模块和端口号）和端口通道。端口通道的范围是 1~6	show interfaces interface-id
VLAN 标识。范围是 1~4094	show interfaces vlan-id
显示交换端口的管理状态和运行状态，包括端口阻塞设置和端口保护设置	show interfaces interface-id switchport

（2）管理 VLAN 端口成员

管理 VLAN 和 VLAN 端口成员资格的方法有多种。例如，要重新将 F0/1 端口分配给 VLAN 1，可以在接口配置模式下使用 no switchport access vlan 命令。在 show interfaces f0/1 switchport 命令中，可以看到 F0/1 接口的接入 VLAN 已重置为 VLAN 1。

```
Switch(config)#interface f0/1
Switch(config-if)#no switchport access vlan
```

（删除交换机 F0/1 端口上分配的 VLAN，并还原为默认的 VLAN，即 VLAN 1。）

```
Switch#show interfaces f0/1 switchport
Name: Fa0/1
Switchport: Enabled
Administrative Mode: static access
Operational Mode: down
Administrative Trunking Encapsulation: dot1q
Operational Trunking Encapsulation: native
```

```
Negotiation of Trunking: Off
Access Mode VLAN: 1 (default)
Trunking Native Mode VLAN: 1 (default)
```

可以重新为 VLAN 分配其他端口，静态接入端口只能拥有一个 VLAN。不需要先将端口从 VLAN 中删除，即可将其分配给其他 VLAN。当将静态接入端口重新分配给现有的 VLAN 时，该 VLAN 会自动从原来的端口上删除。例如，端口 F0/2 原属于 VLAN2，现在需要被重新分配给 VLAN 3。

```
Switch(config)#interface f0/2
Switch(config-if)#switchport mode access
Switch(config-if)#switchport access vlan 3
Switch#show vlan
VLAN Name    Status  Ports
1    default active
2    jsb     active  Fa0/1, Fa0/3, Fa0/4, Fa0/5
3    xsb     active  Fa0/2,Fa0/6, Fa0/7, Fa0/8, Fa0/9, Fa0/10
4    cwb     active  Fa0/11, Fa0/12, Fa0/13, Fa0/14,Fa0/15, Fa0/16,
                     Fa0/17, Fa0/18, Fa0/19, Fa0/20, Fa0/21, Fa0/22,
                     Fa0/23, Fa0/24
```

删除 VLAN 的方法也很简单，在全局配置模式下使用命令 no vlan vlan-id，从系统中删除相应的 VLAN，然后使用 show vlan brief 命令进行校验。

```
Switch(config)#no vlan 2
Switch#show vlan
VLAN Name    Status  Ports
1    default active
3    xsb     active  Fa0/6, Fa0/7, Fa0/8, Fa0/9, Fa0/10
4    cwb     active  Fa0/11, Fa0/12, Fa0/13, Fa0/14, Fa0/15, Fa0/16,
                     Fa0/17, Fa0/18, Fa0/19, Fa0/20, Fa0/21, Fa0/22,
                     Fa0/23, Fa0/24
```

系统已经删除了 VLAN2，此时表明 VLAN 2 已从 vlan.dat 文件中删除。另外，也可以在特权执行模式下使用 delete flash:vlan.dat 命令删除整个 vlan.dat 文件。交换机重新加载后，先前配置的 VLAN 将不复存在。这种方法能有效地将交换机的 VLAN 配置还原为"出厂默认设置"。删除 VLAN 之前，务必先将所有的成员端口重新分配给其他 VLAN。在删除 VLAN 后，任何未转移到活动 VLAN 的端口，都将无法与其他站点通信。

3.2 跨交换机相同 VLAN 间通信

3.2.1 VLAN 中继

中继是两台网络设备之间的点对点链路，负责传输多个 VLAN 的流量。VLAN 中继可让 VLAN 扩展到整个网络上。交换机支持使用 IEEE 802.1Q 来协调快速以太网接口和千兆以太网接口。VLAN 中继不属于具体某个 VLAN，而是作为 VLAN 在交换机或路由器之间的管道。

使用中继前的网络如图 3-5 所示，现在看不到交换机 S1 和 S2 之间的 VLAN 中继，取而代之的是每个子网的单独链路。交换机 S1 和 S2 之间连接有四条单独的链路，从而留给最终用户设备的只有较少的三个端口。每次建立新的子网时，需要为网络中每台交换机设置一条新链路。

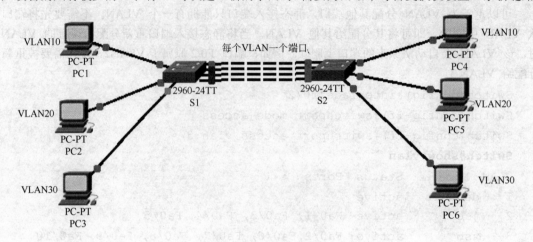

图 3-5 使用中继前的网络

传统方式中 VLAN 数量越多，需要的交换机端口数量就越多，会越浪费交换机的端口。如果网络中采用中继模式，就会大大提高网络性能，如图 3-6 所示，展示了 VLAN 中继仅通过一条物理链路，连接交换机 S1 和 S2，这才是配置网络的合理方式。

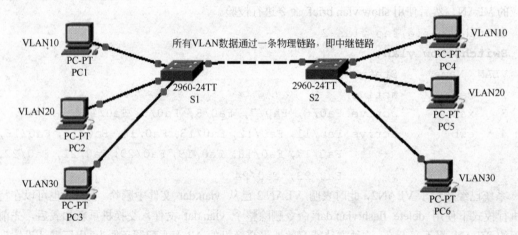

图 3-6 中继链路

3.2.2 中继的工作方式

IEE802.1Q 协议标准规定了 VLAN 技术，它定义同一个物理链路上承载多个子网的数据流的方法。为了保证不同厂家生产的设备能够顺利互通，802.1Q 标准规定了统一的 VLAN 帧格式以及其他重要参数。在此重点介绍标准的 VLAN 帧格式。802.1Q 标准规定在原有的标准以太网帧格式中，增加一个特殊的标志域——Tag 域，用于标识数据帧所属的 VLAN ID。

从两种帧格式可以知道，VLAN 帧相对标准以太网帧，在源 MAC 地址后面增加了 4 字节的 Tag 域。它包含了 2 字节的标签协议标识（TPID）和 2 字节的标签控制信息（TCI）。其中 TPID 是 IEEE 定义的新的类型，表示这是一个加了 802.1Q 标签的帧。TPID 包含了一个固定的 16 位 0x8100。TCI 又分为 Priority、CFI 和 VLAN ID 三个域。

当交换机中继端口收到无标记帧时,它会将这些帧转发给本征 VLAN。在配置 802.1Q 中继端口时,默认端口 VLAN ID (PVID) 会得到本征 VLAN ID 的值。所有出入 802.1Q 端口的无标记流量,都会根据 PVID 值来转发。例如,如果 VLAN 11 现在被配置为本征 VLAN,则 PVID 为 11,因此所有的无标记流量都被转发到 VLAN 11。但如果本征 VLAN 没有经过重新配置,则 PVID 值设置为 VLAN 1。本证 VLAN 的配置示例见表 3-5。

表 3-5 本证 VLAN 的配置示例

命 令 语 法	配 置 命 令
在交换机上进入全局配置模式	Switch#configure terminal
进入接口配置模式	Switch (config)#interface F0/1
将 F0/1 接口定义为 IEEE 802.1Q 中继	Switch (config-if)#switchport mode trunk
将 VLAN 11 配置为本征 VLAN	Switch(config-if)#switchport trunk native vlan11

3.2.3 跨交换机相同 VLAN 间通信的配置与应用

(1)案例描述

某公司有财务部、销售部、人力资源部和研发部,其中财务部和销售部门的计算机都分布在几座楼内,公司领导要求组建公司的局域网,使销售部内部计算机可以相互访问,而其他部门的计算机只有同办公室可以相互访问,不同办公室的计算机不能相互访问,为了安全部门之间禁止互访,要在交换机上做适当的配置来实现这一目标。

用计算机作为控制终端,通过交换机的串口登录交换机。注意,两台交换机的 VLAN 中所包含端口不必相同。具体的 VLAN 划分情况要求见表 3-6、表 3-7。

表 3-6 Switch A 的 VLAN 划分情况

VLAN 号	包含的端口	VLAN 分配情况
1	1	级联端口
2	2~5	财务部
3	6~10	销售部
4	11~24	技术部

表 3-7 Switch B 的 VLAN 划分情况

VLAN 号	包含的端口	VLAN 分配情况
1	1	级联端口
3	2~4	销售部
5	5~12	财务部
6	13~16	人力资源部
7	17~24	研发部

设备与配线:交换机两台、兼容 VT-100 的终端设备或能运行终端仿真程序的计算机(两台以上)、RS-232 电缆、RJ-45 接头的网线(若干)。以思科设备为例,拓扑结构如图 3-7 所示。

(2)配置过程

① 配置跨交换机相同 VLAN 间通信的具体步骤如下。
- 由用户模式进入特权模式;
- 创建 VLAN,并为其命名:vlan vlan-id [name vlan-name]media Ethernet [state {active|suspend}];
- 进入交换机的以太网端口:interface ethernet unit/port;

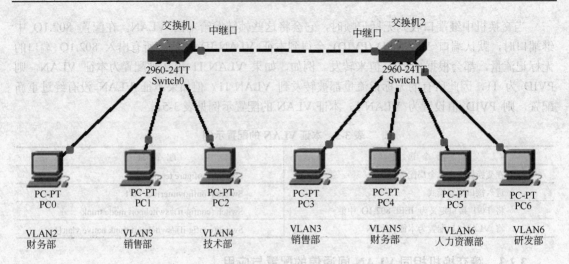

图 3-7 跨交换机相同 VLAN 间通信组网环境

- 指定端口类型：switch mode access/trunk （端口包括两种类型）；
- 向 VLAN 中添加端口：switch access vlan id ；
- 指定级联端口：switchport mode trunk;
- 保存当前配置：copy running-config startup-config。

② 具体的配置命令如下。

交换机 1 的配置情况：

- 配置交换机的系统名为"Switch1"：

Switch>enable

Switch#configure terminal

Switch(config)#hostname Switch1

- 在交换机上划分 VLAN2：

Switch1(config)#vlan 2

Switch1(config-vlan)#name cwb

Switch1(config-vlan)#exit

Switch1(config)#interface range fastEthernet 0/2-5

Switch1(config-if-range)#switch mode access

Switch1(config-if-range)#switch access vlan 2

Switch1(config-if-range)#exit

- 在交换机上划分 VLAN3：

Switch1(config)#vlan 3

Switch1(config-vlan)#name xsb

Switch1(config-vlan)#exit

Switch1(config)#interface range fastEthernet 0/6-10

Switch1(config-if-range)#switch mode access

Switch1(config-if-range)#switch access vlan 3

Switch1(config-if-range)#exit

- 在交换机上划分 VLAN4：

Switch1(config)#vlan 4

```
Switch1(config-vlan)#name jsb
Switch1(config-vlan)#exit
Switch1(config)#interface range fastEthernet 0/11-24
Switch1(config-if-range)#switch mode access
Switch1(config-if-range)#switch access vlan 4
Switch1(config-if-range)#exit
```
- 设置级联端口：
```
Switch1(config)#interface fastEthernet 0/1        （进入交换机的 1 口）
switch1(config-if)#switchport mode trunk
```
（设置接口模式为 "trunk"，交换机两端的级联口都要进行这样的配置）
- 保存：
```
Switch1(config-if)#end                    （由任何模式直接退到特权模式）
Switch1#copy running-config startup-config
```
（将正在运行的配置文件保存到系统的启动配置文件）
```
Destination filename [startup-config]?
```
                      （系统默认的文件名 "startup-config"）
```
Building configuration...
[OK]
```
（系统显示保存成功）
- 查看 VLAN 信息：使用 Switch#show vlan 命令，如图 3-8 所示。

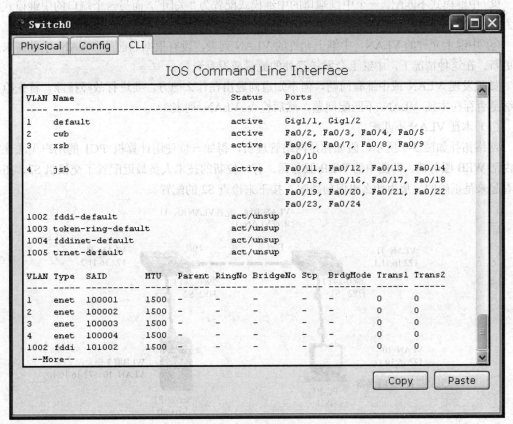

图 3-8 查看 VLAN 信息

● 校验中继端口：校验交换机 S1 上的中继端口 F0/1 的配置，使用的命令是 show interfaces interface-ID switchport 命令。

S1#show interfaces f0/1 switchport
Name: Fa0/1
Switchport: Enabled
Administrative Mode: trunk
Operational Mode: trunk
Administrative Trunking Encapsulation: dot1q
Operational Trunking Encapsulation: dot1q
Negotiation of Trunking: On
Access Mode VLAN: 1 (default)
Trunking Native Mode VLAN: 1 (default)

3.2.4 VLAN 故障排除

用户应该了解常见的 VLAN 和中继问题，这些问题通常都与不正确的配置有关。当在交换式的基础架构上配置 VLAN 和中继时，这些类型的配置错误通常以下列顺序出现。

① 本征 VLAN 不匹配。中继端口配置了不同的本征 VLAN，例如，一个端口将 VLAN 99 定义为本征 VLAN，而另一个中继端口将 VLAN 100 定义为本征 VLAN。这种配置错误会产生控制台通知，造成控制流量或管理流量传输至错误的地方，这还可能导致安全风险。

② 中继模式不匹配。一个中继端口的中继模式配置为"关闭"，而另一个端口的中继模式配置为"开启"。这种配置错误会导致中继链路停止工作。

③ 中继上允许的 VLAN。中继上允许的 VLAN 列表，没有根据当前的 VLAN 中继需求进行更新。在这种情况下，中继上会发送意外的流量或没有流量。

如果发现 VLAN 或中继有问题，但不知道问题出在什么地方，要进行故障排除。首先检查中继是否存在本征 VLAN 不匹配问题，然后检查 VLAN 列表。

（1）本征 VLAN 不匹配

网络拓扑如图 3-9 所示，假如你是网络管理员，得知一位使用计算机 PC1 的用户无法连接到内部 WEB 服务器，即图中的 WEB 服务器。有一位新的技术人员最近配置了交换机 S2，拓扑图看起来是正确的，那为什么出现问题呢？接下来检查 S2 的配置。

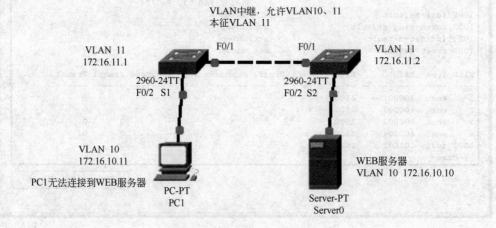

图 3-9 本征 VLAN 不匹配

第 3 章 虚拟局域网和 VLAN 传输协议（VTP）

```
S2#
%CDP-4-NATIVE_VLAN_MISMATCH: Native VLAN mismatch discovered on
FastEthernet0/1 (100), with Switch FastEthernet0/1 (11).
S2#show interfaces f0/1 switchport
Name: Fa0/1
Switchport: Enabled
Administrative Mode: trunk
Operational Mode: trunk
Administrative Trunking Encapsulation: dot1q
Operational Trunking Encapsulation: dot1q
Negotiation of Trunking: On
Access Mode VLAN: 1 (default)
Trunking Native Mode VLAN: 100 (Inactive)
……
Trunking VLANs Enabled: 10、11
……
```

只要连接到交换机 S2，控制台窗口中就会出现图 3-9 顶部灰色突出显示的区域中所显示的错误消息。接下来使用 show interfaces f0/1 switchport 命令查看中继端口的配置情况。输出显示本征 VLAN（图 3-9 第二处突出显示的区域）已设置为 VLAN 100，并且为不活动状态。进一步向下查看输出内容，发现允许的 VLAN 是 10 和 11，如底部的突出显示区域所示。

要想解决 PC1 无法连接到 WEB 服务器的问题，需要将交换机 S2 快速以太网 F0/1 中继端口的本征 VLAN 重新配置为 VLAN11。在图 3-9 中，顶部的突出显示区域显示了用于将本征 VLAN 配置为 VLAN11 的命令。接下来的两处突出显示区域表明快速以太网 F0/3 中继端口的本征 VLAN 已重置为 VLAN11。

```
S2(config)#interface f0/1
S2(config-if)#switchport trunk native vlan 11
S2(config-if)#end
S2#show interfaces f0/1 switchport
Name: Fa0/1
Switchport: Enabled
Administrative Mode: trunk
Operational Mode: trunk
……
Access Mode VLAN: 1 (default)
Trunking Native Mode VLAN: 11 (management)
……
Trunking VLANs Enabled: 10、11
……
PC1>ping 172.16.10.10
Pinging 172.16.10.10 with 32 bytes of data:
Reply from 172.16.10.10: bytes=32 time=16ms TTL=128
Reply from 172.16.10.10: bytes=32 time=15ms TTL=128
```

```
Reply from 172.16.10.10: bytes=32 time=15ms TTL=128
Reply from 172.16.10.10: bytes=32 time=16ms TTL=128
Ping statistics for 172.16.10.10:
    Packets: Sent = 4, Received = 4, Lost = 0 (0% loss),
Approximate round trip times in milli-seconds:
    Minimum = 15ms, Maximum = 16ms, Average = 15ms
```

计算机 PC1 的屏幕输出表明，已找到 WEB 服务器的 IP 地址为 172.16.10.10，并恢复了与该服务器的连接。

（2）中继模式不匹配

如果中继链路上的端口所配置的中继模式与另一个中继端口不兼容，则两台交换机之间不能形成中继链路。

如图 3-10 所示，出现同样的问题，使用计算机 PC1 的用户无法连接到内部 WEB 服务器，这次的拓扑也显示出配置是正确的，出现问题的原因是什么？

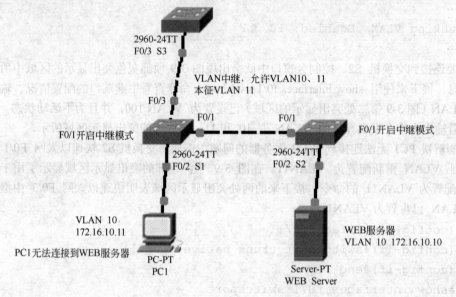

图 3-10 中继模式不匹配

首先，使用 show interfaces trunk 命令检查交换机 S1 的中继端口的状态。

```
S1#show interfaces trunk
Port      Mode          Encapsulation    Status         Native vlan
Fa0/1     on            802.1q           trunking       11
Fa0/3     on            802.1q           trunking       11

Port      Vlans allowed on trunk
Fa0/1     10、11
Fa0/3     10、11

Port      Vlans allowed and active in management domain
Fa0/1     10、11
Fa0/3     10、11

Port      Vlans in spanning tree forwarding state and not pruned
```

```
Fa0/1        10、11
Fa0/3        10、11
S1#show interfaces f0/1 switchport
Name: Fa0/1
Switchport: Enabled
Administrative Mode: dynamic auto
……
S2#show interfaces f0/1 switchport
Name: Fa0/1
Switchport: Enabled
Administrative Mode: dynamic auto
……
```

输出显示的结果表明,交换机 S1 的接口 F0/1 没有中继。查看 F0/1 接口后发现,交换机端口为动态自动模式,如图 3-10 第一处突出显示的区域所示。检查交换机 S2 上的中继后表明没有活动的中继端口。进一步检查后发现,F0/1 端口也处于动态自动模式,这就是中继故障的原因。

然后,需要重新配置交换机 S1 和 S2 上的快速以太网 F0/1 端口的中继模式。

```
S1(config)#interface f0/1
S1(config-if)#switchport mode trunk
S1(config-if)#end
```
S1#show interfaces f0/1 switchport
```
Name: Fa0/1
Switchport: Enabled
Administrative Mode: trunk
……
S2(config)#interface f0/1
S2(config-if)#switchport mode trunk
S2(config-if)#end
```
S2#show interfaces f0/1 switchport
```
Name: Fa0/1
Switchport: Enabled
Administrative Mode: trunk
……
```
S2#show interfaces trunk
```
Port         Mode       Encapsulation    Status       Native vlan
Fa0/1        on         802.1q           trunking     11
Port         Vlans allowed on trunk
Fa0/1        10、11
Port         Vlans allowed and active in management domain
Fa0/1        10、11
Port         Vlans in spanning tree forwarding state and not pruned
Fa0/1        10、11
```
PC1>ping 172.16.10.10

```
Pinging 172.16.10.10 with 32 bytes of data:
Reply from 172.16.10.10: bytes=32 time=16ms TTL=128
......
```

如上所示，突出显示区域表明，端口现在处于中继状态，而交换机 S2 的输出显示了用于重新配置端口的命令，以及 show interfaces trunk 命令的结果，结果表明，接口 F0/1 已重新配置为中继状态。计算机 PC1 的屏幕输出表明，已找到 WEB 服务器的 IP 地址为 172.16.10.10，并恢复了与该服务器的连接。

（3）不正确的 VLAN 列表

来自 VLAN 的流量若要在中继上传输，必须能够在中继上访问 VLAN，可以使用 switchport access trunk allowed vlan add vlan-id 命令。如图 3-11 所示，VLAN 20 和计算机 PC2 已加入网络。

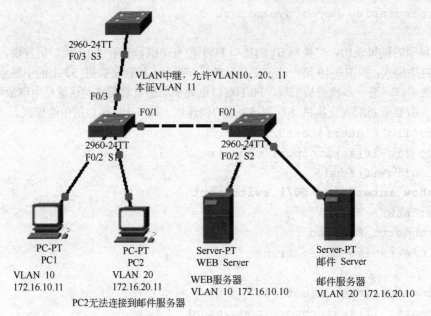

图 3-11 不正确的 VLAN 列表

在本例中，使用计算机 PC2 的用户无法连接到电子邮件服务器，可以使用 show interfaces trunk 命令，检查交换机 S1 上的中继端口。

```
S1#show interfaces trunk
Port      Mode        Encapsulation   Status         Native vlan
Fa0/1     on          802.1q          trunking       11
Fa0/3     on          802.1q          trunking       11

Port      Vlans allowed on trunk
Fa0/1     10、11
Fa0/3     10、11

Port      Vlans allowed and active in management domain
Fa0/1     10、11
Fa0/3     10、11

Port      Vlans in spanning tree forwarding state and not pruned
Fa0/1     10、11
```

第 3 章 虚拟局域网和 VLAN 传输协议（VTP）

```
Fa0/3          10、11
S2#show interfaces trunk
Port    Mode        Encapsulation      Status           Native vlan
Fa0/1   on          802.1q             trunking         11
Port    Vlans allowed on trunk
Fa0/1   10、20、11
Port    Vlans allowed and active in management domain
Fa0/1   10、20、11
Port    Vlans in spanning tree forwarding state and not pruned
Fa0/1   10、20、11
```

命令的结果表明，交换机 S2 上的接口 F0/3 已经过正确配置，并允许 VLAN 10、20 和 11。检查交换机 S1 接口后发现，F0/1 和 F0/3 接口只允许 VLAN 10 和 11。需要使用 switchport trunk allowed vlan 10,20,11 命令，重新配置交换机 S1 上的 F0/1 和 F0/3 端口。

```
S1(config)#interface range f0/1,f0/3
S1(config-if-range)#switchport trunk allowed vlan 10,20,11
S1#show interfaces trunk
Port    Mode        Encapsulation      Status           Native vlan
Fa0/1   on          802.1q             trunking         11
Fa0/3   on          802.1q             trunking         11
Port    Vlans allowed on trunk
Fa0/1   10、20、11
Fa0/3   10、20、11
Port    Vlans allowed and active in management domain
Fa0/1   10、20、11
Fa0/3   10、20、11
Port    Vlans in spanning tree forwarding state and not pruned
Fa0/1   10、20、11
Fa0/3   10、20、11
PC1>ping 172.16.10.10
Pinging 172.16.10.10 with 32 bytes of data:
Reply from 172.16.10.10: bytes=32 time=16ms TTL=128
……
```

上面的输出表明，VLAN 10、20 和 11 现已添加到交换机 S1 的 F0/1 和 F0/3 端口上。show interfaces trunk 命令是揭示常见中继问题的有力工具。Ping 命令的输出表明，已找到邮件服务器的 IP 地址为 172.16.20.10，并恢复了与该服务器的连接。

（4）VLAN 和 IP 子网

每个 VLAN 必须对应唯一的 IP 子网。如果同一个 VLAN 中的两台设备具有不同的子网地址，它们将无法通信。这种不正确的配置是比较常见的问题，但也很容易解决，只需找出违规的设备，然后将子网地址更改为正确的地址。在本例中，使用计算机 PC2 的用户无法连接到 WEB 服务器，如图 3-12 所示。

```
PC2>ipconfig
IP Address......................: 172.172.10.12
```

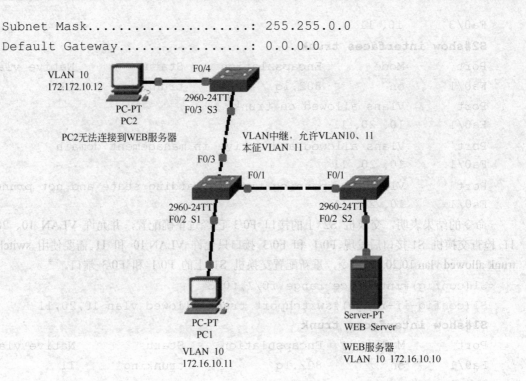

图 3-12　VLAN 和 IP 子网

检查完 PC2 的 IP 配置设置后，发现配置 VLAN 时犯了最常见的错误，IP 地址配置不正确。计算机 PC2 配置的 IP 地址为 172.172.10.12，但是正确的配置应该是 172.16.10.12。

3.3　VTP

3.3.1　VTP 概述

随着中小型企业网络规模的增长，维护网络所需的管理工作也在不断增加。前面已经学习了如何使用命令创建和管理 VLAN 及中继，其中的重点在于管理单台交换机上的 VLAN 信息，随着中小型企业网络中交换机数量的增加，全局统筹管理网络中的多个 VLAN 和中继成为一个难题。下面介绍如何使用交换机的 VLAN 中继协议(VTP)，简化多台交换机的 VLAN 数据库管理。

VTP 允许网络管理员配置交换机，使之将 VLAN 配置传播到网络中的其他交换机。交换机可以配置为 VTP 服务器或 VTP 客户端。VTP 仅获知普通范围内的 VLAN（VLAN ID 为 1～1005）。VTP 不支持此范围以外的 VLAN（即 ID 大于 1005 的 VLAN）。VTP 允许网络管理员对作为 VTP 服务器的交换机进行更改。VTP 服务器会向整个交换网络中启用 VTP 的交换机分发和同步 VLAN 信息，从而最大限度减少由错误配置和配置不一致而导致的问题。VTP 在 vlan.dat 的 VLAN 数据库里存储 VLAN 配置。

3.3.2　VTP 的操作模式

（1）VTP 要素

● VTP 域——由一台或多台相互连接的交换机组成。域中所有的交换机通过 VTP 通告共享 VLAN 配置的详细信息。路由器或第 3 层交换机定义了每个域的边界。

● VTP 模式——交换机可以配置为以下三种模式中的一种：服务器、客户端或透明模式。

- VTP 服务器——VTP 服务器会向相同 VTP 域中其他启用 VTP 的交换机，通告 VTP 域的 VLAN 信息。VTP 服务器将整个域的 VLAN 信息存储在 NVRAM 中。域的 VLAN 即是在此服务器上创建、删除或重命名。
- VTP 客户端——VTP 客户端与 VTP 服务器的工作方式相同，但不可以在 VTP 客户端上创建、更改或删除 VLAN。VTP 客户端仅在交换机工作时，储存整个域的 VLAN 信息。重置交换机会删除这些 VLAN 信息。必须经过配置，交换机才能处于 VTP 客户端模式。
- VTP 透明——透明交换机 VTP 通告转发到 VTP 客户端和 VTP 服务器。透明交换机不参与 VTP，在透明交换机上创建、重命名或删除的 VLAN 仅对该交换机有效。
- VTP 修剪——VTP 修剪通过限制泛洪流量来增加网络可用带宽，它会将泛洪流量限制在那些为到达目的设备所必须使用的中继链路上。如果不使用 VTP 修剪，交换机会在 VTP 域内的所有中继链路上，泛洪广播、组播和未知单播流量，即便接收交换机可能丢弃这些流量。

VTP 的优点在于它可以在网络上自动分发和同步域，以及 VLAN 配置。不过，也有其不便之处，那就是只能添加使用默认 VTP 配置的交换机。当添加启用 VTP 的交换机时，如果该交换机使用的不是默认 VTP 设置，则其中的设置变动会自动传播到整个网络，要进行修正非常困难。因此必须确保仅添加使用默认 VTP 配置的交换机。

（2）VTP 版本

VTP 有 3 个版本，包括第 1 版、第 2 版和第 3 版。在一个 VTP 域中仅允许使用一个 VTP 版本。默认版本为 VTP 第 1 版。使用命令 show VTP status 可显示 VTP 的状态。输出显示交换机默认为 VTP 服务器模式，并且没有分配 VTP 域名。此输出还显示该交换机的最高可用 VTP 版本是第 2 版，并且 VTP 第 2 版被禁用。在网络中配置和管理 VTP 时，会经常用到 show VTP status 命令。

```
Switch#show vtp status
VTP Version                     : 2
Configuration Revision          : 0
Maximum VLANs supported locally : 255
Number of existing VLANs        : 5
VTP Operating Mode              : Server
VTP Domain Name                 :
VTP Pruning Mode                : Disabled
VTP V2 Mode                     : Disabled
VTP Traps Generation            : Disabled
MD5 digest                      : 0x7D 0x5A 0xA6 0x0E 0x9A 0x72 0xA0 0x3A
Configuration last modified by 0.0.0.0 at 0-0-00 00:00:00
Local updater ID is 0.0.0.0 (no valid interface found)
```

（3）VTP 域

VTP 允许将网络划分成更小的管理域，以减轻 VLAN 管理工作。配置 VTP 域还有一个好处，如果发生配置更改错误，它可以限制该错误在网络中的传播范围。VTP 域如图 3-13 所示，包含两个 VTP 域（student 和 teacher）的网络，VLAN 信息只在同一个域内传播。

VTP 域包括一台交换机，或者共享相同 VTP 域名的多台互联交换机。一台交换机每次只能成为一个 VTP 域的成员。在指定 VTP 域名之前，则无法在 VTP 服务器上创建或修改 VLAN，并且 VLAN 信息不会在网络上传播。VTP 服务器或客户端交换机若要参与启用了 VTP 的网络，它们必须处于相同的域中。当交换机处于不同的 VTP 域时，它们无法交换 VTP 消息。

VTP 服务器将 VTP 域名传播到所有交换机。域名传播需要使用三个 VTP 要素：服务器、客户端和通告。

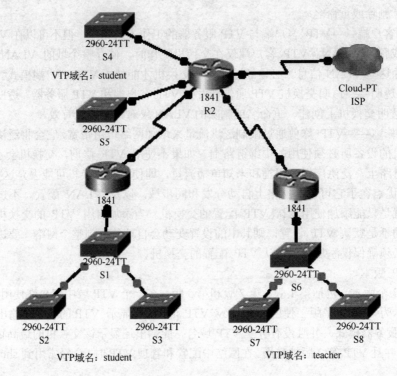

图 3-13　VTP 域

（4）VTP 修订版号

配置修订版号代表 VTP 帧的修订级别，它是一个 32 位的数字。交换机的默认配置号为 0，每次添加或删除 VLAN 时，配置修订版号都会递增。每个 VTP 设备会跟踪分配给自己的 VTP 配置修订版号，VTP 域名改变，不会导致修订版号递增，此操作会将修订版号重置为 0。配置修订版号用于确定从另一台启用 VTP 的交换机上收到的配置信息，是否比储存在本交换机上的版本更新。

```
S1#show vtp status
VTP Version                     : 2
Configuration Revision          : 3
Maximum VLANs supported locally : 255
Number of existing VLANs        : 8
VTP Operating Mode              : Server
VTP Domain Name                 : student
VTP Pruning Mode                : Disabled
VTP V2 Mode                     : Disabled
VTP Traps Generation            : Disabled
MD5 digest                      : 0x7D 0x5A 0xA6 0x0E 0x9A 0x72 0xA0 0x3A
Configuration last modified by 0.0.0.0 at 3-1-93 00:23:06
Local updater ID is 0.0.0.0 (no valid interface found)
```

3.3.3 VTP 的配置

要成功配置 VTP，请遵守以下步骤和相关原则。

① 确认将要配置的所有交换机都已设置为默认设置。

② 将配置过的交换机添加到 VTP 域之前，务必重置配置修订版号。不重新配置修订版号，可能导致 VTP 域中其余交换机上的 VLAN 配置损坏。

③ 在网络中配置至少两台 VTP 服务器交换机。因为只有服务器交换机可以创建、删除和修改 VLAN，所以应该配置一台备用 VTP 服务器，以防主要 VTP 服务器被禁用。如果网络中的所有交换机都配置为 VTP 客户端模式，将无法在网络中创建新的 VLAN。

④ 在 VTP 服务器上配置 VTP 域。在第一台交换机上配置 VTP 域后，VTP 将开始通告 VLAN 信息。其他通过中继链路相连的交换机，会自动接收 VTP 通告中的 VTP 域信息。

⑤ 如果已经有 VTP 域，请确保名称精确匹配。VTP 域名区分大小写。

⑥ 如果要配置 VTP 口令，请确保对域内需要交换 VTP 信息的所有的交换机上设置相同的口令。没有口令或口令错误的交换机将拒绝 VTP 通告。

⑦ 请确保所有的交换机都配置为使用相同的 VTP 协议版本。VTP 第 1 版与第 2 版并不兼容。默认情况下，大部分交换机运行第 1 版，但它能够运行第 2 版。当 VTP 版本设置为第 2 版时，域中所有能够运行第 2 版的交换机，都会通过 VTP 通告过程自动配置为使用第 2 版。此后，所有仅支持第 1 版的交换机将不能加入 VTP 域。

⑧ 在 VTP 服务器上启用 VTP 之后，再创建 VLAN。在启用 VTP 之前创建的 VLAN 会被删除。务必确保为域中互联的交换机配置了中继端口。VTP 信息仅可通过中继端口交换。

下面通过具体实例讲解 VTP 的配置与应用，拓扑结构如图 3-14 所示。

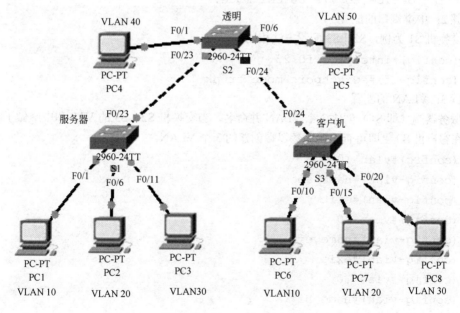

图 3-14 VTP 配置拓扑结构

步骤 1：VTP 的相关配置

通过使用 show vtp status 命令的输出，确认了所有交换机默认为 VTP 服务器。因为尚未配置任何 VLAN，所以修订版号仍然设置为 0，并且所有交换机不属于任何 VTP 域。

具体配置命令以交换机 S1 为例（VTP 服务器），如果交换机尚未配置为 VTP 服务器，可以使用 vtp mode server 命令进行配置。

```
S1(config)#vtp mode server
Device mode already VTP SERVER.
```

使用 vtp domain domain-name 命令配置域名。将交换机 S1 的域名配置为 student。

```
S1(config)#vtp domain student
Changing VTP domain name from NULL to student
```

大多数交换机可以支持 VTP 第 1 版和第 2 版。通常默认设置为第 1 版。当在交换机上输入 vtp version 1 命令时，它会告知该交换机已经配置为第 1 版。

```
S1(config)#vtp version 2
```

出于安全原因，可以使用 vtp password password 命令配置口令，将交换机 S1 的口令配置为 network。

```
S1(config)#vtp password network
Setting device VLAN database password to network
```

交换机 S2（VTP 透明模式）和交换机 S3（VTP 客户机）配置方法与交换机 S1 类似，只需要修改相应模式，例如：交换机 S2 修改为透明模式，交换机 S3 修改为客户机模式，所有交换机默认模式为服务器，所以需要修改相应模式。

```
S2(config)#vtp mode transparent
Setting device to VTP TRANSPARENT mode.

S3(config)#vtp mode client
Setting device to VTP CLIENT mode.
```

步骤 2：中继端口的配置

以交换机 S1 为例，S2、S3 配置方法相同。

```
S1(config)#interface f0/23
S1(config-if)#switchport mode trunk
```

步骤 3：VLAN 的配置

在服务器端（即 S1）创建 3 个 VLAN 并命名，当交换机 S2、S3 的 VTP 和中继做了相应配置后，在客户机 S3 上即可查看到服务器端创建的 3 个 VLAN。

```
S1(config)#vlan 10
S1(config-vlan)#name abc
S1(config-vlan)#exit
S1(config)#vlan 20
S1(config-vlan)#name efg
S1(config-vlan)#exit
S1(config)#vlan 30
S1(config-vlan)#name hij
S1#show vlan
VLAN Name        Status    Ports
---- ----------- --------- ------------------------------------
1    default     active    Fa0/1, Fa0/2, Fa0/3, Fa0/4, Fa0/5, Fa0/6, Fa0/7,
                           Fa0/8, Fa0/9, Fa0/10, Fa0/11, Fa0/12, Fa0/13, Fa0/14,
                           Fa0/15, Fa0/16, Fa0/17, Fa0/18, Fa0/19, Fa0/20,
```

```
                         Fa0/21, Fa0/22,Fa0/23,Fa0/24, Gig1/1, Gig1/2
10    abc         active
20    efg         active
30    hij         active
S3#show vlan
VLAN Name       Status    Ports
---- --------   --------  -------------------------------
1    default    active    Fa0/1, Fa0/2, Fa0/3, Fa0/4, Fa0/5,Fa0/6, Fa0/7,
                          Fa0/8,Fa0/9, Fa0/10,Fa0/11,Fa0/12, Fa0/13,Fa0/14,
                          Fa0/15,Fa0/16,Fa0/17,Fa0/18, Fa0/19,Fa0/20,
                          Fa0/21, Fa0/22,Fa0/23,Fa0/24, Gig1/1, Gig1/2
10    abc         active
20    efg         active
30    hij         active
```

在开始配置接入端口之前，请先确认已更新了修订版模式和 VLAN 数量，配置接入端口。当交换机处于 VTP 客户端模式时，不能添加新的 VLAN，仅可将接入端口指定到现有 VLAN。在服务器 S1 和客户机 S3 中，向已有的 VLAN 添加相应端口，在透明模式 S2 中创建 VLAN 并添加端口，透明模式中的 VLAN 与服务器和客户机无关。VLAN 配置命令见本章 3.1 节，这里就不再赘述了。配置完 VLAN 后，使用 show vlan 命令检验配置结果。

```
S1#show vlan
VLAN Name       Status    Ports
---- --------   --------  -------------------------------
1    default    active    Fa0/2, Fa0/3,Fa0/4, Fa0/5, Fa0/7, Fa0/8,Fa0/9,
                          Fa0/10, Fa0/12, Fa0/13,Fa0/14, Fa0/15,Fa0/16,
                          Fa0/17,Fa0/18, Fa0/19,Fa0/20,Fa0/21, Fa0/22,
                          Fa0/23,Fa0/24, Gig1/1, Gig1/2
10    abc         active   Fa0/1
20    efg         active   Fa0/6
30    hij         active   Fa0/11

S2#show vlan
VLAN Name       Status    Ports
---- --------   --------  -------------------------------
1    default    active    Fa0/2, Fa0/3,Fa0/4, Fa0/5, Fa0/7, Fa0/8,Fa0/9,
                          Fa0/10,Fa0/11,Fa0/12, Fa0/13,Fa0/14,Fa0/15
                          Fa0/16,Fa0/17,Fa0/18,Fa0/19,Fa0/20,Fa0/21,Fa0/22,
                          Fa0/23,Fa0/24, Gig1/1, Gig1/2
40    klm         active   Fa0/1
50    nop         active   Fa0/6
S3#show vlan
```

```
VLAN Name              Status    Ports
---- -------------------------------------------------------------
1    default           active    Fa0/1, Fa0/2, Fa0/3,Fa0/4, Fa0/5, Fa0/6, Fa0/7,
                                 Fa0/8,Fa0/9, Fa0/11,Fa0/12, Fa0/13,Fa0/14,
                                 Fa0/16, Fa0/17,Fa0/18, Fa0/19, Fa0/21, Fa0/22,
                                 Fa0/23,Fa0/24, Gig1/1, Gig1/2
10   abc               active    Fa0/10
20   efg               active    Fa0/15
30   hij               active    Fa0/20
```

步骤4：校验 VTP 的工作情况

有一条命令可用于确认 VTP 域和 VLAN 配置是否已经传输到交换机 S2。使用 show VTP status 命令确认以下内容：

- S1、S3 配置修订版号已经增加到 7。
- S1、S3 现有 VLAN 数量显示为 8，表明现在有三个新 VLAN。
- 域名已更改为 student。

```
S1#show vtp status
VTP Version                     : 2
Configuration Revision          : 7
Maximum VLANs supported locally : 64
Number of existing VLANs        : 8
VTP Operating Mode              : Server
VTP Domain Name                 : student
VTP Pruning Mode                : Disabled
VTP V2 Mode                     : Enabled
VTP Traps Generation            : Disabled
MD5 digest                      : 0xFC 0xE8 0xBD 0xF2 0x56 0x4C 0xC2 0x77
Configuration last modified by 0.0.0.0 at 3-1-93 00:29:51
Local updater ID is 0.0.0.0 (no valid interface found)
S2#show vtp status
VTP Version                     : 2
Configuration Revision          : 0
Maximum VLANs supported locally : 64
Number of existing VLANs        : 7
VTP Operating Mode              : Transparent
VTP Domain Name                 : student
VTP Pruning Mode                : Disabled
VTP V2 Mode                     : Enabled
VTP Traps Generation            : Disabled
MD5 digest                      : 0xDD 0x7D 0xF7 0x5E 0x72 0x50 0x3D 0x92
Configuration last modified by 0.0.0.0 at 3-1-93 00:23:06
S3#show vtp status
```

```
VTP Version                         : 2
Configuration Revision              : 7
Maximum VLANs supported locally     : 64
Number of existing VLANs            : 8
VTP Operating Mode                  : Client
VTP Domain Name                     : student
VTP Pruning Mode                    : Disabled
VTP V2 Mode                         : Enabled
VTP Traps Generation                : Disabled
MD5 digest                          : 0xFC 0xE8 0xBD 0xF2 0x56 0x4C 0xC2 0x77
Configuration last modified by 0.0.0.0 at 3-1-93 00:29:51
```

3.3.4 VTP 的故障排除

下面将介绍常见的 VTP 配置问题，这些信息再结合 VTP 的配置技能，将有助于排除 VTP 配置故障。

（1）VTP 版本不兼容

VTP 第 1 版和第 2 版互不兼容。现在的交换机默认配置为使用 VTP 第 1 版，然而，较早的交换机仅支持 VTP 第 1 版。如果 VTP 域包含使用第 2 版的交换机，那么仅支持第 1 版的交换机不能加入该域。如果网络中包含仅支持第 1 版的交换机，那就需要手动配置第 2 版交换机，使其工作在第 1 版模式下。

（2）VTP 口令问题

忘记设置 VTP 口令是非常常见的问题，当使用 VTP 口令控制交换机能否参与 VTP 域时，请确保在 VTP 域中的所有交换机上设置正确的口令。如果已使用口令，则必须在域中每台交换机上配置该口令。

（3）VTP 域名不正确

VTP 域名是交换机上设置的关键参数。错误配置的 VTP 域名将影响交换机之间的 VLAN 同步。如果交换机接收到错误的 VTP 通告，则交换机将丢弃该消息。如果丢弃的消息中包含合法的配置信息，则交换机将无法按照预期同步其 VLAN 数据库。为避免错误配置 VTP 域名，请仅在一台 VTP 服务器交换机上设置域名。相同 VTP 域中所有其他交换机将在接收到第一个 VTP 总结通告时，接受并自动配置其 VTP 域名。

（4）不小心将所有交换机设置为 VTP 客户端模式

有可能不小心将所有交换机的工作模式更改为 VTP 客户端模式，此时将无法在网络环境中创建、删除和管理 VLAN。因为 VTP 客户端交换机不会在 NVRAM 中存储 VLAN 信息，所以它们在重新加载之后需要刷新 VLAN 信息。为避免由于意外将域中唯一的 VTP 服务器重新配置为 VTP 客户端，因而导致丢失 VTP 域中的所有 VLAN 配置，可以在相同域中再配置一台交换机为 VTP 服务器。对于使用 VTP 的小型网络来说，将所有交换机配置为 VTP 服务器模式并不少见。如果该网络由几个网络管理员共同管理，这样可以避免出现 VLAN 配置冲突的情况。

本 章 小 结

本章介绍了 VLAN 及 VTP 的配置。VLAN 用于在交换式 LAN 中细分广播域。这样便能提高 LAN 的性能和易管理性。VLAN 让网络管理员能够更灵活地控制LAN中设备的关联流量。VLAN 中继成就了不同 VLAN 的交换机间通信。与不同 VLAN 关联的以太网帧，在经过公共的中继链路时，IEEE 802.1Q 帧标记功能可以区分这些帧。VTP 用于通过中继链路交换 VLAN 信息，减少 VLAN 管理和配置错误。利用 VTP，只需在 VTP 域内创建 VLAN 一次，然后 VLAN 便会传播到 VTP 域中的所有其他交换机。VTP 有三种工作模式：服务器模式、客户端模式和透明模式。VTP 客户端模式交换机在大型网络中较为常见，它有助于减少 VLAN 信息的管理工作。在小型网络中，网络管理员可以更容易地跟踪网络变化，因此交换机通常保持默认的 VTP 服务器模式。

课后习题

一、选择题

1. 网络管理员将快速以太网端口 fa0/1，从 VLAN10 中删除，并将其分配给 VLAN20（　　）。
   A. 在全局配置模式下输入 novlan10 和 vlan20 命令
   B. 在接口配置模式下输入 switchportaccessvlan20 命令
   C. 在接口配置模式下输入 switchporttrunknativevlan20 命令
   D. 在接口配置模式下输入 noshutdown 使其恢复默认配置，然后为 VLAN20 配置该端口
2. 正确描述了 VLAN 中主机的通信方式是（　　）。
   A. 不同 VLAN 中的主机使用 VTP 来协商中继链路
   B. 不同 VLAN 中的主机通过路由器通信
   C. 不同 VLAN 中的主机应位于同一个 IP 网络中
   D. 不同 VLAN 中主机在帧标记过程中，通过检查 VLANID 来确定该帧是否发往其所在网络
3. 当删除 VLAN 时，该 VLAN 的成员端口会发生（　　）变化。
   A. 这些端口将无法与其他端口通信
   B. 这些端口会默认返回到管理 VLAN 中
   C. 这些端口会自动成为 VLAN1 的成员
   D. 这些端口仍然保持该 VLAN 的成员身份，直到交换机重新启动后，它们将成为管理 VLAN 的成员
4. 默认交换机配置中的 VLAN1 有（　　）特点。
   A. VLAN1 应重命名
   B. 所有交换机端口都是 VLAN1 的成员
   C. 仅交换机端口 0/1 被分配给 VLAN1
   D. 交换机之间的链路不能是 VLAN1 的成员
5. 当包含 VLAN 的交换网络中配置了 VTP 时，下列说法正确的是（　　）。
   A. VTP 仅与 802.1Q 标准兼容
   B. VTP 增大了管理交换网络的复杂性
   C. 通过 VTP 可将交换机配置为多个 VTP 域的成员
   D. VTP 会向同一 VTP 域内的所有交换机动态通知 VLAN 更改情况。

二、填空题

1. 将某端口从 VLAN 中删除，在以太网接口模式下使用（　　）命令。
2. 使用（　　）命令可以查看交换机中 VLAN10 包括哪些端口。

3. 同一个域中的交换机之间通过（　　　　）方式发送 VTP 消息。
4. 交换机必须处于（　　　　）VTP 模式，才能在管理中删除或添加 VLAN。
5. 两台交换机通过 802.1Q 中继链路相连，且运行 VTP，其中一台交换机不能获得 VLAN 更新信息，可能的原因是（　　　　）。

三、实践题

1. 某公司人力资源部门准备在新的公司办事处，增加专用应用程序工作站 PC4。公司还将新增一台交换机 S3，通过中继链路连接到另一台交换机 S2。出于安全原因，新 PC 位于 HRVLAN，即 VLAN2 中。新办事处使用子网 192.168.11.0/24，现办事处的 VLAN 划分情况及 IP 地址如图 3-15 所示，按照拓扑图完成网络配置，实现新办事处与现办事处的正常通信。

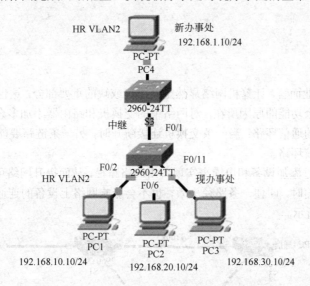

图 3-15　某公司网络拓扑图

2. 如图 3-16 所示，交换机 S1 处于 VTP 服务器模式，交换机 S2 和 S3 处于客户端模式。PC1、PC2、PC3 属于相同 VLAN，按照拓扑图完成网络配置，实现所有 PC 相互通信。

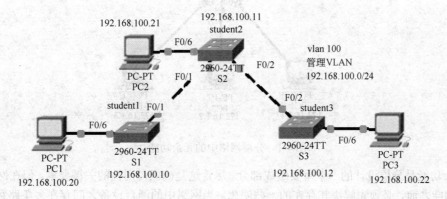

图 3-16　VTP 拓扑图

第4章 生成树协议（STP）和无线局域网（WLAN）的组建

为了解决冗余链路引起的问题，IEEE 通过了 IEEE802.1D 协议，即生成树协议。生成树协议的根本目的，是将一个存在物理环路的交换网络，变成一个没有环路的逻辑树形网络。

4.1 STP 简介

4.1.1 冗余功能

对大多数中小型企业而言，计算机网络显然是其不可或缺的重要部分，这也是网络管理员需要在分层网络中设置冗余功能的原因所在。对网络中的交换机和路由器添加冗余的链路，会在网络中引入需要动态管理的通信环路；当一条交换机连接断开时，另一条链路要能迅速取代它的位置，同时不造成新的通信环路。

第二层冗余功能通过添加设备和电缆来实现备用网络路径，从而提升网络可用性。当有多条网络路径可用于数据传输时，即使一条路径失效，也不会影响网络上设备的连通性，分层网络中的冗余功能，如图 4-1 所示。

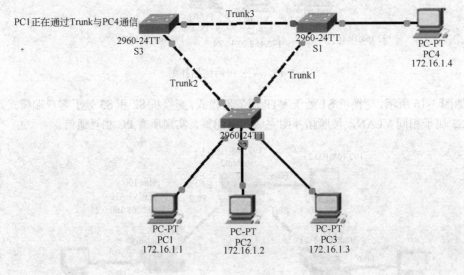

图 4-1 分层网络中的冗余功能

冗余功能是分层设计的一个重要组成部分。尽管这是确保可用性的关键要素，但在网络中部署冗余功能之前，必须先解决其存在的一些隐患。当网络中的两台设备之间存在多条路径时，如果其间的交换机上禁用了 STP，则可能出现第二层环路。如果交换机上启用了 STP（这是默认设置），则不会发生第二层环路。

与通过路由器传递的 IP 数据包不同，以太网帧不含生存时间（TTL）。因此，如果交换网络中的帧没有正确终止，它们就会在交换机之间无休止地传输，直到链路断开或环路解除为止。

4.1.2 STP 算法实现的具体过程

每个生成树实例（交换 LAN 或广播域）都有一台交换机被指定为根桥。根桥是所有生成树计算的参考点，用以确定哪些冗余路径应被阻塞。如图 4-2 所示，广播域中的所有交换机都会参与选举过程。交换机启动后，会每 2 秒向外发送 BPDU 帧，其中包含根 ID 以及自己的 BID。对网络中的所有交换机而言，默认情况下，此根 ID 与其本地 BID 相同。根 ID 用于标识网络中的根桥。最开始，每台交换机在刚启动时都将自己视为根桥。

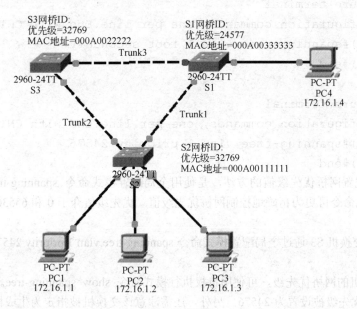

图 4-2 根桥

随着交换机开始发送 BPDU 帧，广播域中的邻接交换机，从 BPDU 帧中读取到根 ID 信息。如果收到的 BPDU 中包含的根 ID，比接收方交换机的根 ID 更小，接收方交换机会更新自己的根 ID，将邻接交换机作为根桥。注意：也可能不是邻接交换机，而是广播域中的任何其他交换机。交换机然后将含有较小根 ID 的新 BPDU 帧，发送给其他邻接交换机。最终，具有最小 BID 的交换机被公认为生成树实例中的根桥。

如果要将特定交换机作为根桥，必须对其网桥优先级值加以调整，以确保该值低于网络中所有其他交换机的网桥优先级值。要对交换机配置网桥优先级值，可通过两种配置方法来实现。

① 为确保该交换机具有最低的网桥优先级值，在全局配置模式下使用 spanning-tree vlan vlan-id root primary 命令。该交换机的优先级即被设置为预定义的值 24576，或者是比网络中检测到的最低网桥优先级低 4096 的值。

如果需要设置一台备用根桥，可使用全局配置模式命令 spanning-tree vlan vlan-id root secondary。此命令将交换机的优先级设置为预定义的值 28672。这可确保在主根桥失败的情况下，该交换机能在新一轮的根桥选举中成为根桥（假设网络中的所有其他交换机均使用默认的优先级值 32768）。

如图 4-3 所示，交换机 S1 被全局配置模式命令 spanning-tree vlan 1 root primary 指定为主根桥，交换机 S2 被全局配置模式命令 spanning-tree vlan 1 root

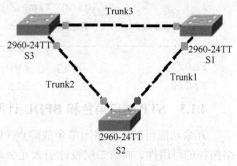

图 4-3 配置并检验 BID

secondary 配置为次根桥。

方法一：

```
S1#configure terminal
Enter configuration commands, one per line.End with CNTL/Z.
S1(config)#spanning-tree vlan 1 root primary
S1(config)#end
S2#configure terminal
Enter configuration commands, one per line.End with CNTL/Z.
S2(config)#spanning-tree vlan 1 root secondary
S2(config)#end
```

方法二：

```
S3#configure terminal
Enter configuration commands, one per line.End with CNTL/Z.
S3(config)#spanning-tree vlan 1 priority 24576
S3(config)#end
```

② 另一种配置网桥优先级值的方法，是使用全局配置模式命令 spanning-tree vlan vlan-id priority value。此命令可更为精确地控制网桥优先级值。优先级值介于 0 和 65536 之间，增量为 4096。

在示例中，交换机 S3 通过全局配置模式命令 spanning-tree vlan 1 priority 24576，获得了网桥优先级值 24576。

要检验交换机的网桥优先级，可使用特权执行模式命令 show spanning-tree。在下面的输出中，该交换机的优先级被设置为 24576。另外，还需注意该交换机被指定为生成树实例的根桥。

```
S1#show spanning-tree
VLAN0001
  Spanning tree enabled protocol ieee
  Root ID     Priority    24577
              Address     00D0.BC57.4C55
              This bridge is the root
              Hello Time 2 sec  Max Age 20 sec  Forward Delay 15 sec
  Bridge ID   Priority    24577  (priority 24576 sys-id-ext 1)
              Address     00D0.BC57.4C55
              Hello Time 2 sec  Max Age 20 sec  Forward Delay 15 sec
              Aging Time 20
Interface        Role    Sts    Cost    Prio.Nbr    Type
------------     ----    ---    ----    --------    ----
Fa0/1            Desg    FWD    19      128.1       P2p
Fa0/2            Altn    BLK    19      128.2       P2p
```

4.1.3　STP 端口角色和 BPDU 计时器

冗余功能可防止网络因单个故障点（例如网络电缆或交换机故障）而无法运行，以此提升网络拓扑的可用性。向第二层设计引入冗余功能时，环路和重复帧现象也可能随之出现，环路和重复帧对网络有着极为严重的影响，生成树协议 (STP)可解决这些问题。

（1）STP 端口角色

STP 会特意阻塞可能导致环路的冗余路径，以确保网络中所有目的地之间只有一条逻辑路径。当一个端口阻止流量进入或离开时，该端口便视为处于阻塞状态。不过 STP 用来防止环路的网桥协议数据单元 (BPDU) 帧仍可继续通行。阻塞冗余路径对于防止网络环路非常关键。为了提供冗余功能，这些物理路径实际依然存在，只是被禁用以免产生环路。一旦需要启用此类路径来抵消网络电缆或交换机故障的影响时，STP 就会重新计算路径，将必要的端口解除阻塞，使冗余路径进入活动状态，STP 拓扑结构，如图 4-4 所示。

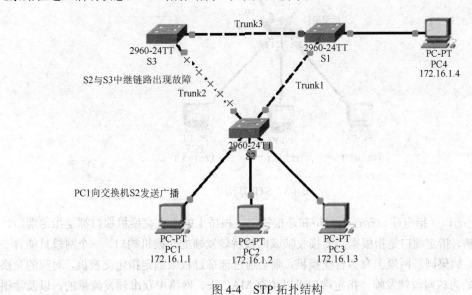

图 4-4　STP 拓扑结构

STP 使用生成树算法 (STA) 计算网络中，哪些交换机端口应配置为阻塞才能防止环路形成。STA 会将一台交换机指定为根桥，然后将其用作所有路径计算的参考点。在图 4-4 中，交换机 S1 在选举过程中被选为根桥，所有参与 STP 的交换机互相交换 BPDU 帧，以确定网络中哪台交换机的网桥 ID (BID) 最小。BID 最小的交换机将自动成为 STA 计算中的根桥。

BPDU 是运行 STP 的交换机之间交换的消息帧。每个 BPDU 都包含一个 BID，用于标识发送该 BPDU 的交换机。BID 内含有优先级值、发送方交换机的 MAC 地址，以及可选的扩展系统 ID。BID 值的大小由这三个字段共同决定。

确定根桥后，STA 会计算到根桥的最短路径。每台交换机都使用 STA 来确定要阻塞的端口。当 STA 为广播域中的所有目的地确定到达根桥的最佳路径时，网络中的所有流量都会停止转发。STA 在确定要开放的路径时，会同时考虑路径开销和端口开销。路径开销是根据端口开销值计算出来的，而端口开销值与给定路径上的每个交换机端口的端口速度相关联。端口开销值的总和决定了到达根桥的路径总开销。如果可供选择的路径不止一条，STA 会选择路径开销最低的路径。

STA 确定了哪些路径要保留为可用之后，它会将交换机端口配置为不同的端口角色。端口角色描述了网络中端口与根桥的关系，以及端口是否能转发流量。

① 根端口　根端口存在于非根桥上，该端口具有到根桥的最佳路径。根端口向根桥转发流量，可以使用所接收帧的源 MAC 地址填充 MAC 表。一个网桥只能有一个根端口，即最靠近根桥的交换机端口。如图 4-5 所示的 STP 算法中，交换机 S2 的根端口是 F0/1，该端口位于交换机 S2 与 S1 之间的中继链路上。交换机 S3 的根端口是 F0/1，该端口位于交换机 S3 与 S1

之间的中继链路上。

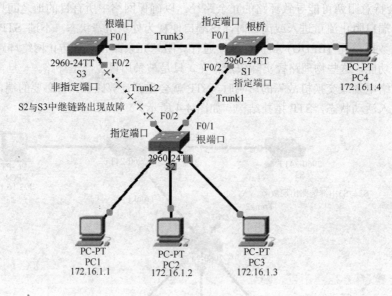

图 4-5 STP 算法

② 指定端口 指定端口存在于根桥和非根桥上。根桥上的所有交换机端口都是指定端口。而对于非根桥，指定端口是指根据需要接收帧或向根桥转发帧的交换机端口。一个网段只能有一个指定端口。如果同一网段上有多台交换机，则会通过选举过程来确定指定交换机，对应的交换机端口即开始为该网段转发帧。指定端口可以填充 MAC 表。网络中获准转发流量的，以及除根端口之外的所有端口。在示例中，交换机 S1 上的端口 F0/1 和 F0/2 都是指定端口，交换机 S2 的 F0/2 端口也是指定端口。

③ 非指定端口 非指定端口是被阻塞的交换机端口，此类端口不会转发数据帧，也不会使用源地址填充 MAC 地址表。非指定端口不是根端口或指定端口。在某些 STP 的变体中，非指定端口称为替换端口。为防止环路而被置于阻塞状态的所有端口。在示例中，STA 将交换机 S3 上的端口 F0/2 配置为非指定端口，交换机 S3 上的 F0/2 端口处于阻塞状态。

④ 禁用端口 禁用端口是处于管理性关闭状态的交换机端口。禁用端口不参与生成树过程。本例中没有禁用端口。

（2）设置端口优先级

可使用接口配置模式命令 spanning-tree port-priority value 来配置端口优先级值。端口优先级值的范围为 0～240（增量为 16）。默认的端口优先级值是 128。与网桥优先级一样，端口优先级值越低，代表优先级越高。如图 4-6 所示，端口 F0/1 的端口优先级设置为 112，低于默认端口优先级 128。这可确保该端口在与其他端口竞争特

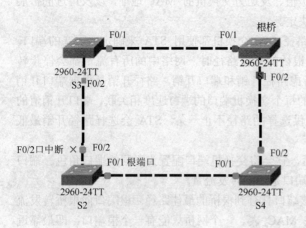

图 4-6 端口优先级

定端口角色时，能够成为首选端口。

第4章 生成树协议（STP）和无线局域网（WLAN）的组建

```
S2#configure terminal
Enter configuration commands, one per line.End with CNTL/Z.
S2(config)#interface f0/1
S2(config)#spanning-tree port-priority 112
S2(config)#end
```

当交换机将两个端口中的一个选为根端口时，落选端口会被配置为非指定端口，以防止形成环路。

（3）检查端口的角色和优先级

在生成树确定逻辑无环网络拓扑后，可能想要确认网络中各个交换机端口所扮演的角色及其具备的端口优先级。要检查交换机端口的端口角色和端口优先级，可使用特权执行模式命令 show spanning-tree。show spanning-tree 的输出显示了所有交换机端口及其定义的角色。交换机端口 F0/1 和 F0/2 被配置为指定端口。输出还显示了每个交换机端口的端口优先级。交换机端口 F0/1 的端口优先级是 128.1。

```
S2#show spanning-tree
VLAN0001
  Spanning tree enabled protocol ieee
  Root ID     Priority    24577
              Address     00D0.BC57.4C55
              This bridge is the root
              Hello Time 2 sec  Max Age 20 sec  Forward Delay 15 sec
  Bridge ID   Priority    24577  (priority 24576 sys-id-ext 1)
              Address     00D0.BC57.4C55
              Hello Time 2 sec  Max Age 20 sec  Forward Delay 15 sec
              Aging Time 20
Interface        Role     Sts     Cost      Prio.Nbr     Type
------------     -------  ------  --------  -----------  --------
Fa0/1            Desg     FWD     19        128.1        P2p
Fa0/2            Altn     BLK     19        128.2        P2p
```

4.1.4 STP 的收敛过程

收敛是生成树过程的一个重要环节。收敛是指网络在一段时间内确定作为根桥的交换机，经过所有不同的端口状态，并且将所有交换机端口设置为其最终的生成树端口角色，而所有潜在的环路都被消除。收敛过程需要耗费一定时间，这是因为其使用各种不同的计时器来协调整个过程。

为了便于更好地解收敛过程，将其划分为以下三个步骤。

步骤 1：选举根桥

生成树收敛的第一个步骤是选举根桥。根桥是所有生成树路径开销计算的基础，用于防止环路的各种端口角色也是基于根桥而分配的。

根桥选举在交换机完成启动时，或者网络中检测到路径故障时触发。一开始，所有交换机端口都配置为阻塞状态，此状态默认情况下会持续 20 s。这样做可以确保 STP 有时间来计算最佳根路径，并将所有交换机端口配置为特定的角色，避免在完成这一切之前形成环路。当交换机端口处于阻塞状态时，它们仍可以发送和接收 BPDU 帧，以便继续执行生成树根选举。生成树允许网络的端与端之间最多有 7 台交换机。这样整个根桥选举过程能够在 14s 内完成，此时间短于交换机端口处于阻塞状态的时间。

一旦交换机启动完成，它们便立即开始发送 BPDU 帧来通告自己的 BID，试图成为根桥。一开始，网络中的所有交换机都会假设自己是广播域内的根桥。交换机在网络上泛洪的 BPDU 帧包含的根 ID 与自己的 BID 字段匹配，这表明每台交换机都将自己视为根桥。系统会根据默认的 hello 计时器值，每 2s 发送一次 BPDU 帧。

每台交换机从邻居交换机收到 BPDU 帧时，都会将所收到 BPDU 帧内的根 ID，与本地配置的根 ID 进行比较。如果来自所接收 BPDU 帧的根 ID 比其目前的根 ID 更小，那么根 ID 字段会更新，以便指示竞选根桥角色的新的最佳候选者。交换机上的根 ID 字段更新后，交换机随后将在所有后续 BPDU 帧中包含新的根 ID。这可确保最小的根 ID 始终能传递给网络中的所有其他邻接交换机。一旦最小的网桥 ID 传播到广播域内所有交换机的根 ID 字段，根桥选举便告完成。

虽然根桥选举过程已结束，交换机仍然会继续每 2s 转发一次 BPDU 帧来通告根桥的根 ID。每台交换机都配置有最大老化时间计时器，用于确定在交换机停止从邻居交换机接收更新时，当前 BPDU 配置会在交换机中保留多久。最大老化时间计时器默认为 20s。因此，如果交换机连续 10 次没有收到某邻居的 BPDU 帧，该交换机会假设生成树中的一条逻辑路径断开，该 BPDU 信息已不再有效。这将触发新一轮生成树根桥选举。根桥选举完成后，可使用特权执行模式命令 show spanning-tree 来检验根桥的身份。

步骤 2：选举根端口

确定根桥后，交换机开始为每一个交换机端口配置端口角色。需要确定的第一个角色是根端口角色。生成树拓扑中的每台交换机（根桥除外）都需具有一个根端口。根端口是到达根桥的路径开销最低的交换机端口。一般情况下，只根据路径开销来确定根端口。不过，当同一交换机上有两个以上的端口到根桥的路径开销相同时，就需依靠其他端口特征来确定根端口。当没有使用 EtherChannel 配置时，如果通过冗余链路，将一台交换机连接到另一台交换机，就可能出现此情况。

到根桥的路径开销相同的交换机端口，使用可配置的端口优先级值，它们使用端口 ID 来做出抉择。当交换机从具有等价路径的多个端口中选择一个作为根端口时，落选的端口会被配置为非指定端口，以避免环路。

确定根端口这一过程发生在根桥选举 BPDU 交换期间。当含有新的根 ID 或冗余路径的 BPDU 帧到达时，路径开销会立即更新。路径开销更新时，交换机进入决策模式，以确定是否需要更新端口配置。系统并不会等到所有交换机在根桥上达成一致后才确定端口角色。因此，收敛期间给定交换机端口的端口角色可能会多次改变，直到根 ID 最终确定后，才会稳定在自己的最终端口角色上。根桥选举完成后，可使用特权执行模式命令 show spanning-tree 来检验根端口配置。

步骤 3：选举指定端口和非指定端口

当交换机确定了根端口后，还必须将剩余端口配置为指定端口 (DP) 或非指定端口（非DP），以完成逻辑无环生成树。交换网络中的每个网段只能有一个指定端口。当两个非根端口的交换机端口连接到同一个 LAN 网段时，会发生竞争端口角色的情况。这两台交换机会交换 BPDU 帧，以确定哪个交换机端口是指定端口，哪一个是非指定端口。

一般而言，交换机端口是否配置为指定端口由 BID 决定，首要条件是具有到根桥的最低路径开销。只有当端口开销相等时，才考虑发送方的 BID。当两台交换机交换 BPDU 帧时，它们会检查收到的 BPDU 帧内的发送方 BID，以了解其是否比自己的更小。BID 较小的交换机会赢得竞争，其端口将配置为指定角色。失败的交换机将其交换机端口配置为非指定角色，该端口最终会进入阻塞状态，以防止生成环路。

确定端口角色的过程与根桥选举和根端口指定同时发生。因此，指定角色和非指定角色，在收敛过程中可能多次改变，直到确定最终根桥后才稳定下来。选举根桥、确定根端口，以及确定指定和非指定端口的整个过程，发生在端口处于阻塞状态的 20s 内。收敛时间为此值的前提，是 BPDU 帧传输的 hello 计时器为 2s，而且网络使用的是 STP 支持的 7 台交换机。对此类网络而言，20s 的最大老化时间延迟提供了充足的时间。

指定根端口后，交换机需要确定余下的端口应配置为指定端口还是非指定端口。可使用特权执行模式命令 show spanning-tree，确认指定和非指定端口的配置。

4.2 PVST+、RSTP 和快速 PVST+

4.2.1 STP 变体

与许多网络标准类似，随着专有协议成为事实标准，要求制定相应行业规范的呼声也越来越高，从而推动了 STP 的发展。当专有协议被广泛采用时，市场中的所有竞争对手都不得不提供对该协议的支持，随着 IEEE 之类的机构介入，制定出了 STP 公共规范。STP 的发展及变体也遵循了相同的模式，STP 变体见表 4-1。

表 4-1 STP 变体

协议标准	协议特点
Cisco 专利	PVST • 使用 Cisco 专利的 ISL 中继协议 • 每个 VLAN 拥有一个生成树实例 • 能够在第 2 层对流量执行负载均衡 • 包括 BackboneFast、UplinkFast 和 PortFast 扩展
Cisco 专利	PVST+ • 支持 ISL 和 IEEE802.1Q 中继 • 支持 Cisco 专有的 STP 扩展 • 添加 BPDU 防护和根防护增强功能
Cisco 专利	快速 PVST+ • 基于 IEEE802.1w 标准 • 比 802.1D 的收敛速度更快
IEEE 标准	RSTP • 于 1982 年引入，比 802.1D 收敛速度更快 • 融合了通用版本的 Cisco 专有 STP 扩展 • IEEE 将 RSTP 并入 802.1D，将该规范命名为 IEEE802.1D-2004
IEEE 标准	MSTP • 多个 VLAN 可映射到相同的生成树实例 • 受 Cisco 多实例生成树协议（MSTP）的启发 • IEEE802.1Q-2003 现在包括 MSTP

（1）Cisco 专利

① 每 VLAN 生成树协议（PVST） 为网络中配置的每个 VLAN 维护一个生成树实例。其使用 Cisco 专有的 ISL 中继协议，该协议允许 VLAN 中继为某些 VLAN 转发流量，对其他 VLAN 则呈阻塞状态。由于 PVST 将每个 VLAN 视为一个单独的网络，因此它能够分批在不同的中继链路上转发 VLAN，从而实现第 2 层负载均衡，且不会形成环路。对于 PVST，Cisco 在原始 IEEE 802.1D STP 的基础上，添加了一系列专有的扩展技术，例如 BackboneFast、

UplinkFast 和 PortFast。

② 增强型 VLAN 生成树协议（PVST+） Cisco 开发 PVST+ 的目的是支持 IEEE 802.1Q 中继。PVST+的功能与 PVST 相同，其中也含有 Cisco 专有的 STP 扩展。非 Cisco 设备不支持 PVST+。PVST+ 包含称为"BPDU 防护"的 PortFast 增强技术以及根防护。

③ 快速 VLAN 生成树协议（快速 PVST+）基于 IEEE 802.1w 标准，收敛速度比 STP（标准 802.1D）更快。快速 PVST+ 含有 Cisco 专有的扩展，例如 BackboneFast、UplinkFast 和 PortFast。

（2）IEEE 标准

① 快速生成树协议（RSTP） STP（802.1D 标准）的一种演变形式，于 1983 年首次推行。该协议能够在拓扑更改后执行更快速的生成树收敛。RSTP 在公共标准中融入了 Cisco 专有的 STP 扩展：BackboneFast、UplinkFast 和 PortFast。到 2004 年，IEEE 将 RSTP 整合到了 802.1D 中，将新的规范命名为 IEEE 802.1D-2004。

② 多重 STP（MSTP） 允许将多个 VLAN 映射到同一个生成树实例，以降低支持大量 VLAN 所需的实例数。MSTP 借鉴了 Cisco 专有的多实例 STP (MISTP)，是 STP 和 RSTP 的扩展。此标准于 IEEE 802.1S 中引入，是 802.1Q（1998 版）的修正版。标准 IEEE 802.1Q-2003 现在包含 MSTP。MSTP 可为数据流量提供多条转发路径，而且支持负载均衡。

（3）RSTP

RSTP(IEEE 802.1w) 是 802.1D 标准的一种发展。802.1W STP 的术语大部分都与 IEEE 802.1D STP 术语一致。RSTP 能够在第 2 层网络拓扑变更时，加速重新计算生成树的过程。若网络配置恰当，RSTP 能够达到相当快的收敛速度，有时甚至只需几百毫秒。RSTP 重新定义了端口的类型及端口状态。如果端口被配置为替换端口或备份端口，则该端口可以立即转换到转发状态，而无需等待网络收敛。

要防止交换网络环境中形成第 2 层环路，最好选择 RSTP 协议。其许多变化都是由 Cisco 专有的 802.1D 增强技术所带来的。这些增强功能（例如承载和发送端口角色信息的 BPDU 仅发送给邻居交换机）不需要额外配置，而且通常执行效果比早期的 Cisco 专有版本更佳。此类功能现在是透明的，已集成到协议的运行当中。

Cisco 专有的 802.1D 增强功能（例如 UplinkFast 和 BackboneFast）与 RSTP 不兼容。RSTP (802.1W)用于取代 STP (802.1D)，但仍保留了向下兼容的能力。大量 STP 术语仍继续使用，大多数参数都未变动。此外，802.1W 能够返回到 802.1D，以基于端口与传统交换机互操作。例如，RSTP 生成树算法选举根桥的方式与 802.1D 完全相同。

RSTP 使用与 IEEE 802.1D 相同的 BPDU 格式，不过其版本字段被设置为 2，以代表是 RSTP，并且标志字段用完所有的 8 位。RSTP 能够主动确认端口是否能安全转换到转发状态，而不需要依靠任何计时器来作出判断。

4.2.2 配置原则

快速 PVST+命令控制着 VLAN 生成树实例的配置。将接口指定给一个 VLAN 时生成树实例即会创建，而将最后一个接口移到其他 VLAN 时，生成树实例即被删除。可以在创建生成树实例之前，配置 STP 交换机和端口参数。这些参数会在形成环路或创建生成树实例时应用。不过，务必确保 VLAN 上每个环路中，至少有一台交换机在运行生成树，否则可能形成广播风暴，PVST+拓扑结构如图 4-7 所示，配置与校验命令见表 4-2。

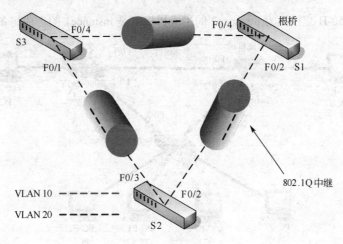

图 4-7 PVST+拓扑结构图

表 4-2 配置与校验命令

命令语法	配置命令
进入全局配置模式	Configure terminal
配置快速 PVST+生成树模式	Spanning-tree mode rapid-pvst
指定要配置的接口并进入接口配置模式	interface
将此端口的链路类型指定为点对点	Spanning-tree link-type point-to-piont
返回特权执行模式	end
清除所有检测到的 STP	Clear spanning-tree detected-protocols

4.2.3 STP 配置案例

（1）案例描述

① 案例一 某公司的财务部与销售部计算机，分别通过两台交换机接入到公司总部，这两个部门平时经常有业务往来，要求保持两个部门的网络畅通。为了提高网络的可靠性，网络管理员用两条链路将交换机互联，分别使用交换机的 1、2 口进行互联，交换机 1 为根交换机，如图 4-8 所示。现在要求在交换机上配置 STP 或 RSTP 协议，使网络既有冗余又避免环路。

② 案例二 某企业网络组建网络拓扑如图 4-9 所示，公司包括销售部、财务部、人力资源部、技术部共 4 个部门，分别对应了 VLAN11、VLAN12、VLAN13、VLAN14 共 4 个 VLAN，通过交换机 Switch3 进行互联，汇聚和核心层使用两台交换机 Switch1 和 Switch2，为了保证网络的可靠性，要求在交换机上配置 MSTP 协议来实现。配置要求如下。

a. 配置 MSTP 协议，创建两个 MSTP 实例：Instance1、Instance2；其中，Instance1 包括：VLAN11、VLAN12；而 Instance2 包括：VLAN13、VLAN14。

b. 设置 S3750-A 交换机为 instance1 的生成树根，是 instance2 的生成树备份根。

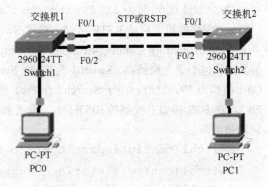

图 4-8 案例一的网络拓扑结构图

c. 设置 S3750-B 交换机为 instance2 的生成树根，是 instance1 的生成树备份根。

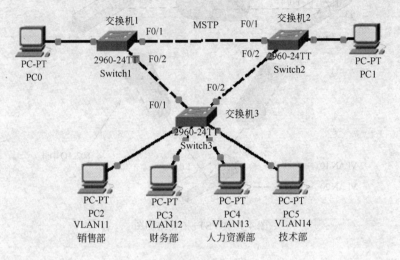

图 4-9　案例二的网络拓扑结构图

（2）配置过程

案例一的实施过程如下。

① Switch 1 的配置

a. 配置交换机的系统名、管理 IP 地址和 Trunk。

```
Switch>enable
Switch#configure terminal
Switch(config)#hostname Switch1                  （更改系统名）
Switch1(config)#interface vlan 1                 （设置管理 IP 地址）
Switch1(config)#ip address 192.168.1.1 255.225.255.0
Switch1(config)#no shutdown
Switch1(config)#interface fastEthernet 0/1
Switch1(config-if)#switchport mode trunk         （设置级联端口）
Switch1(config-if)#exit
Switch1(config)#interface fastEthernet 0/2
Switch1(config-if)#switchport mode trunk         （设置级联端口）
```

b. 在交换机上启动 RSTP 协议，设置 Switch1 为根桥。

Switch1(config)#spanning-tree vlan 1 priority 4096（默认优先级为 32768，其中取值为 1024 的倍数，值越小优先级越高。Switch1 为根桥，Switch2 要选取到达 Switch1 的根路径，有两条路径，Cost 值都为 19，这时，由于 Switch2 在 F0/1 接口上收到的 BPDU 中，发送者 Switch1 端口号为 F0/1；在 F0/2 接口上收到的 BPDU 中，发送者端口号为 F0/2，所有 F0/1 被选举为根口，F0/2 则只能被阻断）。

```
Switch1(config)#spanning-tree mode rapid-pvst   （设置使用 RSTP 协议）
Switch1(config)#interface range fastethernet 0/1-2
Switch1(config-if-range)#duplex full            （指定接口为全双工模式）
Switch1(config-if-range)#spanning-tree link-type point-to-point
```
（将链路类型标识为点到点模式）

c. 查看快速生成树协议的状态。
```
Switch1#show spanning-tree
VLAN0001
  Spanning tree enabled protocol rstp
  Root ID    Priority    4097
             Address     0040.0B7D.4393
             This bridge is the root
             Hello Time  2 sec  Max Age 20 sec  Forward Delay 15 sec
  Bridge ID Priority    4097  (priority 4096 sys-id-ext 1)
             Address     0040.0B7D.4393
             Hello Time  2 sec  Max Age 20 sec  Forward Delay 15 sec
             Aging Time  20
Interface         Role    Sts   Cost    Prio.Nbr   Type
Fa0/1             Desg    FWD   19      128.3      P2p
```
② Switch2 的配置方法与 Switch1 类似，但不用设置生成树协议的优先级，默认为 32768。

案例二的配置过程如下。

① Switch 1 的配置

a. 设置交换机的系统名、VLAN。
```
Switch>enable
Switch#configure terminal
Switch(config)#hostname Switch1
Switch1(config)#vlan 11
Switch1(config-vlan)#exit
Switch1(config)#vlan 12
Switch1(config-vlan)#exit
Switch1(config)#vlan 13
Switch1(config-vlan)#exit
Switch1(config)#vlan 14
Switch1(config-vlan)#exit
```
b. 设置级联端口。
```
Switch1(config)#interface fastethernet 0/1
Switch1(config-if)#switchport mode trunk
Switch1(config-vlan)#exit
Switch1(config)#interface fastethernet 0/2
Switch1(config-if)#switchport mode trunk
Switch1(config-if)# exit
```
c. 配置 MSTP 协议。
```
Switch1(config)#spanning-tree mode mst(配置 MSTP 协议，默认为 PVST)
Switch1(config)#spanning-tree mst configuration(进入 MST 的配置模式)
Switch1(config-mst)#name TEST-MST
```
(对 MST 进行命名，Switch1 与 Switch2 的命名要相同)
```
Switch1(config-mst)#revision 1
```

(配置MST的revision编号,只有名字和revision编号相同的交换机才能位于同一个MST区域)
Switch1(config-mst)#instance 1 vlan 11-12(把VLAN11、VLAN12映射到实例1)
Switch1(config-mst)#instance 2 vlan 13-14
(把VLAN13、VLAN14映射到实例2,一共3个MST实例,实例0是系统实例)
Switch1(config-mst)#exit
Switch1(config)#spanning-tree mst 1 priority 8192
(设置Switch1为MST实例1的根桥)
Switch1(config)#spanning-tree mst 2 priority 12288
(设置Switch1为MST实例2的备份根)

d. 查看快速生成树协议的状态。
Switch1#show spanning-tree
MST00
  Spanning tree enabled protocol mstp
  Root ID   Priority   32768
             Address   0040.0B7D.4393
             This bridge is the root
             Hello Time 2 sec Max Age 20 sec Forward Delay 15 sec
  Bridge ID Priority   32768 (priority 32768 sys-id-ext 0)
             Address   0040.0B7D.4393
             Hello Time 2 sec Max Age 20 sec Forward Delay 15 sec
             Aging Time 20
Interface   Role   Sts   Cost   Prio.Nbr   Type
Fa0/1   Root   FWD   200000   128.15   P2p
Fa0/2   Altn   BLK   200000   128.17   P2p Bound(PVST)

② Switch 2 的配置
Switch2(config)#spanning-tree mode mst(配置MSTP协议,默认为PVST)
Switch2(config)#spanning-tree mst configuration(进入MST的配置模式)
Switch2(config-mst)#name TEST-MST
(对MST进行命名,Switch1与Switch2的命名要相同)
Switch2(config-mst)#revision 1
(配置MST的revision编号,只有名字和revision编号相同的交换机才能位于同一个MST区域)
Switch2(config-mst)#instance 1 vlan 11-12(把VLAN11、VLAN12映射到实例1)
Switch2(config-mst)#instance 2 vlan 13-14
(把VLAN13、VLAN14映射到实例2,一共3个MST实例,实例0是系统实例)
Switch2(config-mst)#exit
Switch2(config)#spanning-tree mst 1 priority 12288
(设置Switch2为MST实例1的备份根)
Switch2(config)#spanning-tree mst 2 priority 8192
(设置Switch2为MST实例2的根桥)

③ Switch 3 的配置
a. 设置交换机的系统名、VLAN。
Switch>enable

```
Switch#configure terminal
Switch(config)#hostname Switch3
```
b. 创建 VLAN。
```
Switch3(config)#vlan 11
Switch3(config-vlan)#exit
Switch3(config)#vlan 12
Switch3(config-vlan)#exit
Switch3(config)#vlan 13
Switch3(config-vlan)#exit
Switch3(config)#vlan 14
Switch3(config-vlan)#exit
```
c. 向 VLAN 中添加端口。
```
Switch3(config)#interface range fastethernet 0/3~5
Switch3(config-if-range)#switch  mode access
Switch3(config-if-range)#switchport access vlan 11
Switch3(config)#interface range fastethernet 0/7-10
Switch3(config-if-range)#switch  mode access
Switch3(config-if-range)#switchport access vlan 12
Switch3(config)#interface range fastethernet 0/11-15
Switch3(config-if-range)#switch  mode access
Switch3(config-if-range)#switchport access vlan 13
Switch3(config)#interface range fastethernet 0/17-20
Switch3(config-if-range)#switch  mode access
Switch3(config-if-range)#switchport access vlan 14
```
d. 设置交换机的级联端口。
```
Switch3(config)#interface range fastethernet 0/1-2
Switch3(config-if-range)#switch  mode trunk
```

4.2.4 STP 故障排除

没有系统化的过程可用于排除 STP 故障，大多数步骤适用于排除一般的桥接环路。对于导致连接断开的 STP 故障，则可使用更为常规的方法来进行排查。出现桥接环路时可能无法进行带内访问。例如，广播风暴期间或许无法通过 Telnet 连接到基础设备。此时，就需要使用带外连接，例如控制台访问。

在排除桥接环路故障之前，至少需要知道网桥网络的拓扑、根桥的位置、阻塞端口和冗余链路的位置，这些信息都是必需的。对网络的了解有助于专注关键设备的重要端口，要了解需要修正的问题是什么，必须知道网络在正常工作时的结构。大多数故障排除步骤都是使用 show 命令来尝试找出错误。

（1）PortFast 配置错误

PortFast 一般只对连接到主机的端口或接口启用。当此类端口上的链路开始工作时，网桥会跳过 STA 的第一个阶段，直接转换到转发模式。不要对连接到其他交换机、集线器或路由器的交换机端口或接口使用 PortFast，否则可能形成网络环路。如图 4-10 所示，交换机 S1 上的端口 F0/1 已处于转发状态。端口 F0/2 上错误配置了 PortFast 功能。因此，当交换机 S2 再使用一条链路连接到 S1 上的 F0/2 时，该端口会自动转换到转发模式并生成环路。

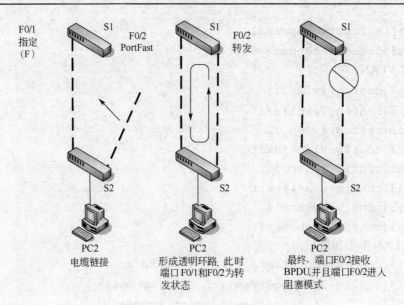

图 4-10 PortFast 配置错误

然而，这种临时环路存在一个问题，如果环路上的流量非常密集，交换机便很难通过传输 BPDU 来停止环路。此问题将显著减慢收敛速度，在某些极端情况下甚至可能导致网络瘫痪。

即使配置了 PortFast，端口或接口仍可能参与 STP。如果网桥优先级低于当前活动根桥的交换机，连接到配置了 PortFast 的端口或接口，该交换机可能被选举为根桥。由于根桥发生改变，活动 STP 拓扑也会受到影响，致使网络性能下降。为防止发生这种情况，大多数交换机都具有一种称为"BPDU 防护"的功能，BPDU 防护可在配置了 PortFast 的端口或接口接收 BPDU 时将其禁用。

（2）网络间距问题

STP 计时器的默认值将最大网络间距保守地限制为 7。如图 4-11 所示，显示了一个间距为 8 的网络，最大网络间距限制了网络中的交换机之间的最大距离。因此，两台不同交换机之间的距离不能超过七跳。造成此限制的部分原因是 BPDU 携带的老化时间字段。

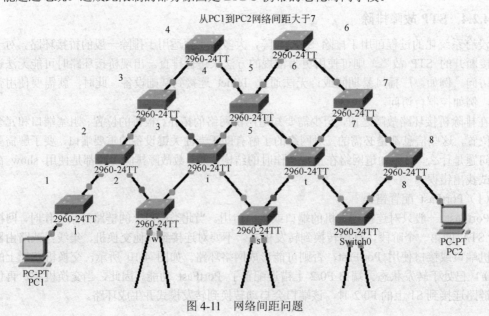

图 4-11 网络间距问题

当 BPDU 从根桥传播到树的枝叶时，BPDU 每经过一台交换机，BPDU 携带的老化时间字段就会递增一次。最后，如果老化时间字段超出了最大老化时间值，交换机就会丢弃该 BPDU。如果根距离网络中的某些交换机太远，BPDU 就会被丢弃。此问题会影响到生成树的收敛。

打算更改 STP 计时器的默认值时务必非常小心，试图通过此方法来获得更快的收敛速度，可能会带来一定危险，STP 计时器变动会影响网络的间距以及 STP 的稳定性。可以更改交换机优先级来选举根桥，也可更改端口开销或优先级参数来控制冗余性和负载均衡。

4.3 无线局域网技术

无线局域网是计算机网络与无线通信技术相结合的产物，它利用空间无线电波作为传输介质，构成局域网。

4.3.1 无线基础架构组件

（1）传输介质

无线传输介质利用空间中传播的电磁波传送数据信号。无线局域网常用的传输技术包括扩频技术和红外技术。扩频技术的主要工作原理是在比正常频带宽的频带上扩展信号，目的是提高系统的抗干扰能力和可用性。红外传输技术通常采用漫散射方式，发送方和接收方不必互相对准，也不需要清楚地看到对方。

无线传输介质是一种人的肉眼看不到的传输介质，它不需要铺设线缆，不受节点布局的限制，既能使用固定网络节点的接入，也能适应移动网络节点的接入，具有安装简单、使用灵活、易于扩展的特点。

但是，与有线介质中传输信息相比，无线介质中传输信息的出错率比较高，因为空间中的电磁波不但在穿过墙壁、家具等不同物体时，强度将有所减弱，而且容易受到同一频段其他信号源的干扰。

（2）无线交换机

交换机和路由器的界限在现在已经被淡化了，有的产品一般都是两者结合在一起的。无线交换机的接入方式是无线的，还是起交换作用的。无线交换所带来的，不仅是提升无线网络的可管理性、安全性和部署能力，还降低了组网成本，由此成为无线局域网领域一种新的发展趋势。

传统的企业级无线局域网，采用的是以太网交换机+企业级 AP（Access Point）的 2 级模式，由 AP 来实现无线局域网和有线网络之间的桥接工作。整个网络的无线部分，是以 AP 为中心的一片片覆盖区域组合而成的。这些区域各自独立工作，AP 作为该区域的中心节点，承担着数据的接收、转发、过滤、加密，以及客户端的接入、断开、认证等任务。所有的管理工作，比如 channel 管理和安全性设置，都必须针对每一台 AP 单独进行。当企业的无线局域网规模较大时，这就成了网络管理员相当繁重的负担。

新出现的无线交换机通过集中管理、简化 AP 来解决这个问题。在这种构架中，无线交换机替代了原来二层交换机的位置，轻量级 AP，（也称智能天线）取代了原有的企业级 AP。通过这种方式，就可以在整个企业范围内，把安全性、移动性、QoS 和其他特性集中起来管理。

（3）无线接入点

无线接入点即无线 AP，它是用于无线网络的无线交换机，也是无线网络的核心。无线 AP 是移动计算机用户进入有线网络的接入点，主要用于宽带家庭、大楼内部以及园区内部，典型距离覆盖几十米至上百米，目前主要技术为 802.11 系列。大多数无线 AP 还带有接入点客户端模式（AP client），可以和其他 AP 进行无线连接，延展网络的覆盖范围。

无线AP是一个包含很广的名称，它不仅包含单纯性无线接入点（无线AP），也同样是无线路由器（含无线网关、无线网桥）等类设备的统称。它主要是提供无线工作站对有线局域网，以及从有线局域网对无线工作站的访问，在访问接入点覆盖范围内的无线工作站，可以通过它进行相互通信。

单纯性无线AP就是一个无线的交换机，仅仅是提供一个无线信号发射的功能。单纯性无线AP的工作原理，是将网络信号通过双绞线传送过来，经过AP产品的编译，将电信号转换成为无线电信号发送出来，形成无线网的覆盖。根据不同的功率，其可以实现不同程度、不同范围的网络覆盖，一般无线AP的最大覆盖距离可达300 m。多数单纯性无线AP本身不具备路由功能，包括DNS、DHCP、Firewall在内的服务器功能，都必须有独立的路由或是计算机来完成。目前大多数的无线AP都支持多用户（30~100台电脑）接入，数据加密，多速率发送等功能，在家庭、办公室内，一个无线AP便可实现所有电脑的无线接入。

（4）无线网卡

无线网卡是终端无线网络的设备，可在无线局域网的无线覆盖下，通过无线连接网络进行上网使用。有了无线网卡还需要一个可以连接的无线网络，如果有无线路由器或者无线AP的覆盖，就可以通过无线网卡，以无线的方式连接无线网络即可上网。

无线网卡的作用、功能跟普通电脑网卡一样，是用来连接到局域网上的。它只是一个信号收发的设备，只有在找到互联网的出口时，才能实现与互联网的连接，所有无线网卡只能局限在已布有无线局域网的范围内。无线网卡就是不通过有线连接，采用无线信号进行连接的网卡。无线网卡根据接口不同，主要有PCMCIA无线网卡、PCI无线网卡、MiniPCI无线网卡、USB无线网卡、CF/SD无线网卡几类产品。

无线网卡按照接口的不同可以分为多种：一种是台式机专用的PCI接口无线网卡；另一种是笔记本电脑专用的PCMCIA接口网卡；还有一种是USB无线网卡，这种网卡不管是台式机用户，还是笔记本用户，只要安装了驱动程序，都可以使用。只有采用USB2.0接口的无线网卡，才能满足802.11g或802.11g+的需求。在USB无线网卡中，还有笔记本电脑中应用比较广泛的MINI-PCI无线网卡。MINI-PCI为内置型无线网卡，其优点是无需占用PC卡或USB插槽，并且免去了随时身携一张PC卡或USB卡的麻烦。目前这几种无线网卡在价格上差距不大，在性能和功能上也差不多，按需而选即可。

4.3.2 无线局域网标准

无线局域网的主要技术标准包括IEEE 802.11b、IEEE 802.11g、IEEE 802.11a和IEEE 802.11n。各种无线LAN标准的数据传输速度主要受调制技术的影响。无线LAN主要采用两种调制技术，分别是直接序列扩频（DSSS）和正交频分复用（OFDM）。使用OFDM的标准的数据传输速度较高。此外，DSSS比OFDM简单，因此实施成本较低。发布第一版802.11时，该标准规定2.4 GHz频段下的数据传输速度为1~2 Mb/s。当时，有线LAN的运行速度为10 Mb/s，因此新的无线技术并没有获得广泛的应用。自那以后，随着IEEE 802.11a、IEEE 802.11b、IEEE 802.11g及802.11n草案的相继发布，无线LAN标准已经有了长足的改进。

（1）IEEE 802.11b

IEEE 802.11b是最基本、应用最早的无线局域网标准，它支持的最大数据传输速度为11Mb/s，基本上能够满足办公用户的需要，因此得到了广泛的应用。802.11b使用DSSS，其指定的数据传输速度为1、2、5.5和11（Mb/s）（2.4 GHz ISM频段）。

（2）IEEE 802.11g

IEEE 802.11g支持的最大数据传输速度为54Mb/s。802.11g通过使用OFDM调制技术可在该频段上实现更高的数据传输速度。为向后兼容 IEEE 802.11b 系统，IEEE 802.11g 也规定了 DSSS 的使用。支持的 DSSS 数据传输速度为 1、2、5.5 和 11(Mb/s)，而 OFDM 数据传输速度为 6、9、12、18、24、48 和 54 (Mb/s)。

（3）IEEE 802.11a

IEEE 802.11a 采用 OFDM 调制技术并使用 5 GHz 频段。802.11a 设备的运行频段是 5 GHz，由于使用 5 GHz 频段的电器较少，因此与运行频段为 2.4 GHz 的设备相比，802.11a 设备出现干扰的可能性更小。此外，由于频率更高，因此所需的天线也更短。

然而，使用 5 GHz 频段也有一些严重的弊端。首先，无线电波的频率越高，也就越容易被障碍物（例如墙壁）所吸收，因此，在障碍物较多时，802.11a 很容易出现性能不佳的问题。其次，这么高的频段，其覆盖范围会略小于 802.11b 或 802.11g。此外，包括俄罗斯在内的部分国家禁止使用 5 GHz 频段，这也导致 802.11a 的应用受到限制。

使用 2.4 GHz 频段也有一些优势。与 5GHz 频段的设备相比，2.4 GHz 频段设备的覆盖范围更广。此外，此频段发射的信号不像 802.11a 那样容易受到阻碍。然而，使用 2.4 GHz 频段有一个严重的弊端，因为许多电器也使用 2.4 GHz 频段，从而导致 802.11b 和 802.11g 设备容易相互干扰。

（4）IEEE 802.11n

IEEE 802.11n 草案标准旨在不增加功率或 RF 频段分配的前提下，提高 WLAN 的数据传输速度，并扩大其覆盖范围。802.11n 在终端使用多个无线电发射装置和天线，每个装置都以相同的频率广播，从而建立多个信号流。多路输入/多路输出 (MIMO) 技术，可以将一个高速数据流分割为多个低速数据流，并通过现有的无线电发射装置和天线，同时广播这些低速数据流。这样，使用两个数据流时的理论最大数据传输速度可达 248 Mb/s。

通常根据数据传输速度来选择使用何种 WLAN 标准。例如，802.11a 和 802.11g 至多支持 54 Mb/s，而 802.11b 至多支持 11 Mb/s，这让 802.11b 成为"慢速"标准，而 802.11a 和 802.11g 则成为首选的标准。第 4 版 WLAN 草案 802.11n 的数据传输速度则比现有的任何无线标准都更快。无线 LAN 的标准，见表 4-3。

表 4-3 无线 LAN 标准

标准	802.11b	802.11g	802.11a	802.11n
频段/GHz	2.4	2.4	5.7	2.4 和 5
信道	3	3	最多 23	
调制	OFDM	DSSS	OFDM	OFDM	MIMO-OFDM
最高传输速度/ (Mb/s)	11	11	54	54	248
优点	距离高达 35m，成本低，覆盖范围广	距离高达 35m，速度快，范围广，不容易受阻拦	距离高达 35m，速度更快，不易受干扰	距离高达 70m，很高的数据传输速度，扩大的覆盖范围
缺点	速度慢，容易受干扰	容易受 2.4GHz 频段上运行的设备干扰	成本高，范围小	

（5）Wi-Fi 联盟

Wi-Fi 联盟（Wi-Fi Alliance，无线保真联盟）是一个致力于改善无线局域网产品之间互通性的组织。Wi-Fi 联盟是由一群供应商组成的协会，联盟的目标是通过对遵守行业规范、合乎标准的供应商颁发证书，强化 802.11 标准的执行，从而提高产品之间的互操作性。通过 Wi-Fi 认证的产品，通常具有很好的互通性和兼容性。因此，无线局域网有时也被称为 Wi-Fi 网。目前，通过 Wi-Fi 认证的无线局域网产品一般符合 802.11b 或 802.11g 标准。

4.3.3 无线局域网的拓扑结构

根据所使用的无线局域网设备情况和与有线局域网的不同结合形式,可以构建多种类型的局域网。

（1）无线对等网模式

无线对等网模式的网络设备只有无线网卡,通过在一组客户机上安装无线网卡,实现计算机之间的直接通信,无需基站或网络基础架构干预,即可构建最简单的无线局域网,如图 4-12 所示,其中任何一台计算机都可以兼做文件服务器、打印服务器,以及共享 Internet 时的代理服务器。这种模式只用于只有少数几个用户的网络,实际组网中较少使用。

（2）AP 模式

AP（Access Point）模式又称为基础框架模式,是最被广泛采用的无线局域网组网模式,如图 4-13 所示。

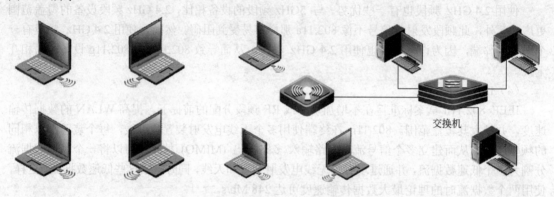

图 4-12 无线对等网模式　　　　图 4-13 无线 AP 模式

在实际的组网工作中,单纯独立的无线局域网并不多见,一般是在现有的有线局域网中接入一个 AP。AP 起两个作用,一是构建无线网络；二是在无线网络的工作站和有线 LAN 之间起网桥的作用,实现优先于无线的无缝集成,即允许无线工作站访问有线网络资源,也允许有线网络共享无线工作站中的信息。当然,也可以不用交换机与 AP 直接相连,而是在任何一台有线 LAN 的工作站上加装一块无线网卡,通过 Windows 内置的软路由器,来实现桥接器的功能。

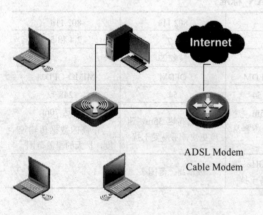

图 4-14 无线宽带路由器连接模式

AP 模式的一个变化,就是用无线宽带路由器来代替 AP。无线宽带路由器集成了三种功能:一是 AP 功能,它是无线网络的一个访问节点；二是集线器功能,无线宽带路由器一般都有 4 个以太网接口与有线局域网连接；三是路由器功能,无线宽带路由器有一个广域网接口,连接 ADSL Modem/Cable Modem 或其他广域网,无线宽带路由器连接模式如图 4-14 所示。目前,无线宽带路由器在家庭用户、网吧和中小型企业组网中得到了广泛的应用。

（3）点对点桥接模式

当网络规模较大,或者两个有线局域网相隔较远,布线困难时,可以采用点对点的无线网络连接方案。采用点对点桥接时,必须在两个互联的网段之间各安装一个 AP 设备,将一个 AP 设置为 Master（主节点），另一个设置为 Slave（从节点）。由于点对点连接一般距离较远，为了提高通信质量，最好安装无线天线，且采用定向天线。点对点的桥接既可以实现两个网段之间的互联，也可以实现有线主干的扩展。

（4）点对多点桥接模式

随着网络规模的扩大，当一个公司拥有两三个，甚至更多的分布式局域网办公网络，且局域网分布在不易布线，距离较远的多栋建筑物中时，可采用点多对点桥接模式互联网络。点对多点的无线网桥能够把多个离散的远程网络连成一体，在每个网段中都安装一个 AP 和无线，天线通常以一个网络为中心点，以星形方式与其他网络互联，中心点的 AP Master 的节点必须采用全向无线天线，Salve 节点最好采用定向天线。

（5）AP Client 客户端模式

该模式看起来比较特别，中心的 AP 设置称为 AP 模式，可以提供中心有线局域网络的连接和自身无线覆盖区域的无线终端接入；远端有线局域网络或单台 PC 所连接的 AP，设置成 AP Client 客户端模式，远端无线局域网络便可访问中心 AP 所连接的局域网络了。

（6）无线中继模式

当两个局域网络间的距离超过无线局域网产品所允许的最大传输距离,或者在两个网络间有较高或较大干扰的建筑物时，可以在两个网络之间或建筑物上架设一个户外的无线 AP，实现信号的中继，以扩大无线网络的覆盖范围，其结构与点对多点桥接模式类似。作为中继站的无线 AP 需要设置为 Master ，并且使用双向天线或全向天线；其他网络的 AP 设置为 Slave，并采用定向天线。这种模式适用于那些场地开阔,以及不便于敷设以太网线的场所，像大型开放式办公区域、仓库、码头等。

（7）无线漫游模式

在网络跨度很大的环境，如码头或石化、钢铁等现代化大型企业中，某些员工可能需要使用移动设备，这时可以采用无线漫游模式，使装备有无线网卡的移动终端能够实现如手机一样的漫游功能。无线漫游方案需要建立多个单元网络，基站设备必须通过有线基站链接。

无线漫游方案的 AP，除了具有网桥功能外，还具有传递功能。当某一员工使用便携工作站在局域无线漫游设备范围内移动时，这种传递功能可以将工作站从一个 AP"传递"给下一个 AP，这一切对于用户来说都是透明的。在此期间，用户的网络连接以及数据传输都保持原状态，他根本感觉不到节点已经发生了变化，这就是所谓的"无缝漫游"。

4.3.4　无线 LAN 的安全性

对于任何使用或管理网络的人来说,安全都是首先要考虑的问题。有线网络的安全是个难题，无线网络的安全管理更是难上加难。接入点覆盖范围内、持有相关凭证的任何人都可以访问 WLAN。只需一块无线网卡和破解技术的知识，攻击者甚至无需实际进入工作场所即可访问 WLAN。

有线网络存在的安全隐患在无线网络中都会存在，如网络泄密、黑客入侵、病毒袭击、垃圾邮件、流氓插件等。在一些公共场合，使用无线局域网接入 Internet 的用户，会担心邻近的其他用户获取自己的信息，公司、企业以及家庭用户会担心自己的无线网络被陌生人非法访问。目前安全问题已成为阻碍无线网络进一步扩大市场的最大阻碍。据有关资料统计，在不愿部署无线局域网的理由中，安全问题高居第一位。

在有线网络中，一般通过防火墙来隔断外部的入侵。因为有线网络是有边界的，而无线网络属于无边界的网络。在有线网络中可以利用防火墙，将可信任的内部网络与不可信任的外部网络在边界处隔离开来。在无线网络中，无线信号扩散在大气中，没有办法像有线网络那样进行物理上的有效隔离，只要在内部网络中存在无线 AP 或安装有线网卡的客户端，外部的黑客就可以通过监听无线信号，并对其解密的方法来攻击无线局域网。虽然黑客利用有线网络的入侵行为在防火墙处被隔断，但黑客可以绕过防火墙，通过无线方式入侵内部网络。

（1）无线 LAN 安全分析

黑客对无线局域网采用的攻击方式大体上可以分为两类：被动式攻击和主动式攻击。其中，被动式攻击包括网络窃听和网络通信量分析；主动式攻击包括身份假冒、重放攻击、中间人攻击、拒绝服务攻击和劫持服务攻击等。

① 网络窃听和网络通信量分析　由于无线信号的发散性，网络窃听已经成为无线网络面临的最大问题之一。例如，利用很多商业的或免费的软件，都能够对 IEEE 802.11b 协议进行抓包和解码分析，从而知道应用层传输的数据。有些软件工具能够直接对加密数据进行分析和破解。网络通信量分析是指入侵者通过分析无线客户端之间的通信模式和特点来获取所需的信息，或为进一步入侵创造条件。

② 身份假冒　在无线局域网中，非法用户的身份假冒分为两种：假冒客户端和假冒无线 AP。在每一个 AP 内部，都会设置一个用于标识该 AP 的身份认证 ID（即 AP 的名字），每当无线终端设备（如安装有无线网卡的笔记本电脑）要连上 AP 时，无线终端设备必须向无线 AP 出示正确的 SSID(Service Set Identifier，服务集标识符)。只有出示的 SSID 与 AP 内部的 SSID 相同时，才能访问该 AP；如果出示的 SSID 与 AP 内部的 SSID 不同，那么 AP 将拒绝该无线终端设备的接入。利用 SSID，可以很好地进行用户群体分组，避免任意漫游带来的安全和访问性能的问题。因此可以将 SSID 看作是一个简单的 AP 名称，从而提供名称认证机制，实现一定的安全管理。SSID 通常由 AP 广播出来，通过无线信号扫描软件（如 Windows XP 自带的扫描功能），可以查看当前区域内的 SSID。假冒客户端是最常见的入侵方式，使用该方法入侵时，入侵者通过非法获取（例如分析广播信息）AP 的 SSID，并利用已获得的 SSID 接入 AP。如果 AP 设置了 MAC 地址过滤，入侵者可以首先通过窃听授权客户端的 MAC 地址，然后篡改自己计算机上无线网卡的 MAC 地址来冒充授权客户端，从而绕过 MAC 地址过滤。

③ 重放攻击　重放攻击（Replay Attack）是通过截获授权客户端对 AP 的验证信息，然后通过验证过程信息的重放而达到非法访问 AP 的目的。假设用户 A 向用户 W 进行身份认证，用户 W 要求用户 A 提供验证其身份的密码，当用户 W 已知道了用户 A 的相关信息后，将用户 A 作为授权用户，并建立了与用户 A 之间的通信连接。同时，用户 B 窃听了用户 A 与用户 W 之间的通信，并记录了用户 A 提交给用户 W 的密码。在用户 A 和用户 W 完成一次通信后，用户 B 联系用户 W，假装自己为用户 A，当用户 W 要求提供密码时，用户 B 将用户 A 的密码发出，用户 W 认为与自己通信的是用户 A。对于重放攻击，即使采用了 VPN 等安全保护措施也难以避免。

④ 中间人攻击　中间人攻击（Man in Middle Attack）对授权客户端和 AP 进行双重欺骗，进而对信息进行窃取和篡改。

⑤ 拒绝服务攻击　拒绝服务攻击（DoS）是利用无线网在频率、宽带、认证方式上的弱点，对无线网络进行频率干扰、宽带消耗或是耗尽安全服务设备的资源。通过和其他入侵方式的结合，这种攻击行为具有强大的破坏性。例如，将一台计算机伪装成为 AP 或者利用非法放置的 AP，发出大量终止连接的命令，就会迫使周边所有的无线网客户端无法接入网络。

⑥ 劫持服务攻击　劫持服务攻击是一种窃取网络中用户信息的方法。黑客监视数据传输，当正常用户端与访问节点（AP）之间建立会话后，黑客将冒充 AP 向客户端发送一个虚假的数据包，称本会话结束。客户端在接收到此信息后，只好与 AP 之间重新连接。这时，真正的 AP 却以为上次会话还在进行中，而将本来要发给客户端的数据发给黑客，这样黑客可以从容地利用原来由客户端和 AP 之间建立的通信连接，获取所有的通信信息。

(2) MAC 地址过滤和 SSID 匹配

早期的无线局域网信息安全技术,主要采用物理地址过滤(MAC 地址过滤)和服务集标识符(SSID)匹配技术,这两项技术至今仍是无线局域网的基本安全措施,也是广大的普通用户(如家庭用户和小型办公室用户)普遍使用的一种安全保护方式。

① MAC 地址过滤技术　MAC 地址过滤技术又称 MAC 认证。由于每个无线客户端都有唯一的物理地址标识,即该客户端无线网卡的物理地址(MAC 地址),因此可以在无线 AP 中维护一组允许访问的 MAC 地址列表,实现物理地址过滤。MAC 地址过滤技术,通过检查用户数据包 MAC 地址来认证用户的可信度,只有当无线客户端的 MAC 地址和 AP 中可信的 MAC 地址列表中的地址匹配时,无线 AP 才允许无线客户端与之建立通信。

无线网络中的 MAC 地址过滤功能与交换机上的 MAC 地址绑定功能类似。在局域网中,可以在交换机上通过配置,实现某一端口与下连设备 MAC 地址之间的绑定。当设置了 MAC 地址与交换机上对应端口的绑定后,只有被绑定 MAC 的设备才能够接入交换机,其他设备通过该端口接入时将被交换机拒绝。

MAC 地址过滤属于硬件认证而非用户认证,它要求无线 AP 中的 MAC 地址列表必须随时更新,并且都是手工操作,扩展能力较差,增加无线接入用户时比较麻烦,适合于在小型网络中使用。另外,非法用户利用网络监听手段,很容易窃取合法的 MAC 地址并进行修改,进而达到非法接入的目的。还有,当用户的无线网卡或是用于接入无线网络的笔记本电脑丢失时,MAC 地址过滤技术将不攻自破,无法保证网络的安全性。

② SSID 匹配技术　SSID 提供了一种标志无线网络边界的方法,即所有 SSID 相同的无线设备,都处于同一个无线网络范围内。SSID 匹配技术要求无线客户端必须配置正确的 SSID,才能访问无线 AP 并且提供口令认证机制,为无线网络提供了一定的安全性。利用 SSID 可以很好地进行用户群体分组,避免任意漫游带来的安全和访问性能的问题。

但是,制造商为了使无线 AP 安装简便,在默认设置下,会让无线 AP 对外广播自己的 SSID,并且允许具有正确 SSID 的所有客户端进行连接,这会使安全程度下降。另外,一般都是有用户自己配置客户端系统,所以很多人都会知道该 SSID,很容易被非法用户获知。还有,有些产品支持 ANY 方式,只要无线客户端在无线 AP 范围内,都会自动搜索到该无线 AP 发送的信号,并清楚地显示 AP 的 SSID,从而连接到无线 AP,这将绕过 SSID 的安全功能。

(3) WEP 协议

由于 MAC 地址过滤和 SSID 匹配技术解决无线局域网安全问题的能力较弱,1997 年 IEEE 推出了第一个真正意义上的无线局域网安全措施 WEP(Wired Equivalent Privacy,有线等效加密)协议,旨在提供与有线网络等效的数据机密性。

WEP 协议的设计初衷是使用无线网络协议为网络业务流提供安全保证,使得无线网络的安全性达到与有线网络同样的等级。WEP 采用的是一种对称的加密方式,即对于数据的加密和解密都是使用同样的密钥和算法,这样做主要是为了达到以下两个目的。

① 访问控制　阻止那些没有正确 WEP 密钥,并且未经授权的用户(也可能是黑客)访问网络。

② 保密　仅仅允许具备正确 WEP 密钥的用户通过加密来保护在 WLAN 中传输的数据流。

对于设备制造商来说,尽管是否使用 WEP 是可以选择的,但是如果使用 WEP,那么无线网络产品必须支持具有 40 位加密密钥的 WEP。因此 WEP 只是 IEEE802.11 标准中指定的一种保密协议,但不是必需的,它的作用是保护 WLAN 用户,防止偶然偷听。

WEP 是 IEEE 802.11 标准安全机制的一部分,用来对在空中传输的 IEEE 802.11 数据帧进行加密,在数据层提供保密性和数据完整性。但由于设计上的缺陷,该协议存在安全漏洞,主要表现在以下几个方面。

① RC4 算法的安全问题　WEP 中使用的 RC4 加密算法存在弱密钥性，大大减少了搜索 RC4 密钥空间所需的工作量。

② WEP 本身缺陷　WEP 本身的缺陷主要反应在两个方面：一方面是使用了静态的 WEP 密钥管理方式，由于在 WEP 协议中不提供密钥管理，所以对于许多无线网络用户而言，同样的密钥可能需要使用很长的时候，对密钥使用时间的人为限制，导致安全隐患增大。WEP 协议的共享密钥为 40 位，用来加密数据显得太短，不能抵抗某些具有较强计算能力的穷举攻击或字典攻击。另一方面是 WEP 没有对加密的完整性提供保护，与 IEEE 802.3 以太网一样，IEEE 802.11 的数据链路层协议中，使用未加密的循环冗余效验码（CRC）检验数据的完整性，因而带来了安全隐患，降低了系统的安全性。

4.4　无线局域网的组建

4.4.1　无线局域网配置实例

1. 项目环境

设备与配线:PC 2 台（其中最少有 1 台带无线网卡）、无线接入点（MP-71/MP-372）1 台、无线交换机（MX-8/MXR-2）1 台、RS-232 配置线 1 根、RJ-45 接头的网线 3 条、交换机 1 台。无线网络拓扑图，如图 4-15 所示。

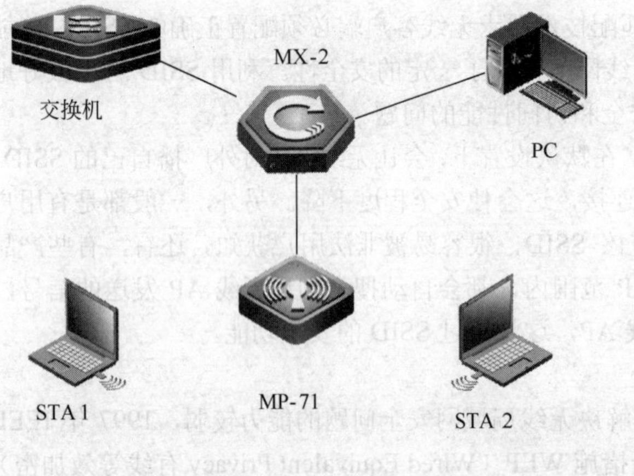

无线交换机 MX 有三种管理方式：CLI 模式、WEB 模式、RingMaster 模式。一般推荐使用专业管理软件 RingMaster，但如果用户无线网络规模小，或者没有购买 RingMaster，这时，用户可以使用 WEB 模式来管理配置无线交换机，达到无线网络连通的目的。无线接入点设备 MP 不能直接配置，其配置都由无线交换机 MX 来完成，配置保存在无线交换机里。

图 4-15　无线网络拓扑图

2. 项目实施

无线网络的基本连通配置与测试，其操作步骤为：

① 恢复出厂配置命令；② 快速配置；③ WEB 登录；④ 配 PORT，打开 POE 供电；⑤ 配 VLAN-DHCP Server；⑥ 配服务 Services；⑦ 添加 MP；⑧ PC 机获得无线信息。

（1）无线交换机的详细配置过程

① 恢复出厂配置。无线交换机 MX 出厂配置：交换机 IP：192.168.100.1，用户名：admin，密码为空。无线交换机 MX 还原出厂值的命令，如图 4-16 所示。

```
MX-2# clear boot config     （删除配置）
MX-2# reset system          （重启）
```

② 快速配置。通过快速配置，可以完成无线交换机的基本管理配置，比如交换机的名称、IP 设置、登录用户名和密码、系统时间等，过程如图 4-17 所示。

```
MX-2# quickstart            （快速配置）
```

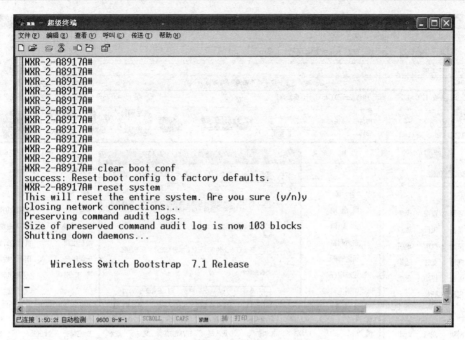

图 4-16 无线交换机恢复出厂配置

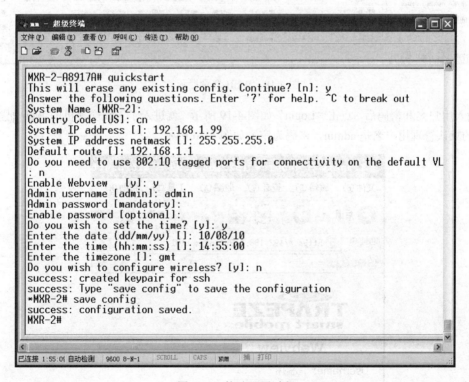

图 4-17 快速配置过程

③ WEB 登录。通过以上的快速配置，得到交换机的 IP 地址后，在浏览器里输入该地址，回车后输入配好的用户名和密码，确认后即可进入无线交换机的管理界面了，如图 4-18 所示。如果交换机是出厂配置，可以直接输入出厂地址 192.168.100.1/24，本实验中的 IP 地址配置为 192.168.1.99/24，并打开浏览器登录到 https:// 192.168.1.99，弹出界面后，选择"Y"。

图 4-18 WEB 登录提示

输入用户名和密码后,点击"Login"如图 4-19 所示,就进入了无线交换机的 Web 配置页面(系统的默认管理用户名是 admin,密码为空)如图 4-20 所示。

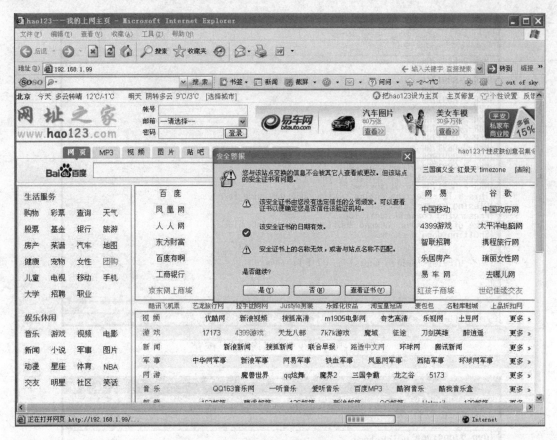

图 4-19 "Login"登录窗口

第 4 章　生成树协议（STP）和无线局域网（WLAN）的组建　　**101**

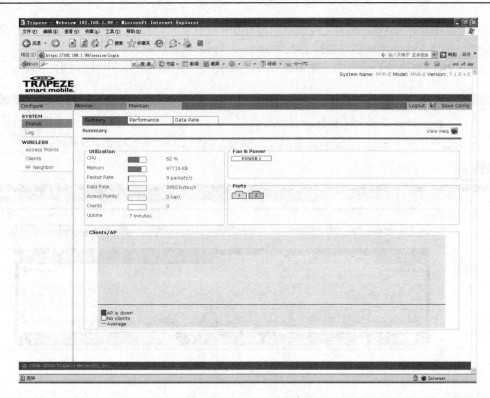

图 4-20　WEB 配置页面

④ 配 PORT，打开 POE 供电。进入 configure--SYSTEM--PORTS 栏中，点击相应的端口号(连接无线 AP 的端口)，勾选 POE enabled，如图 4-21 所示。

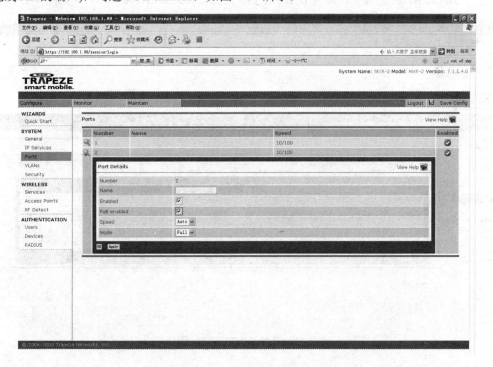

图 4-21　打开 POE 供电

⑤ 配置 DHCP Server。因为无线接入点设备 MP 没有配置，其 IP 都是由无线交换机 MX 下发分配的，所以无线交换机必须要配 DHCP Server，如图 4-22 所示。

进入 SYSTEM--VLANs 栏中，编辑默认 VLAN 1，在 DHCP Server 中开启 DHCP 服务。

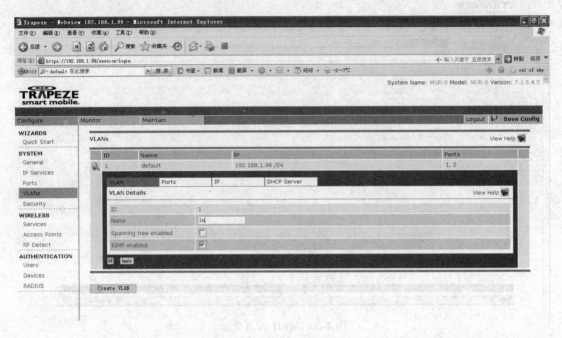

图 4-22　配置 DHCP Server

进入 DHCP Server 选项板，设置 DHCP 的 IP 范围（192.168.1.100～109），如图 4-23 所示。

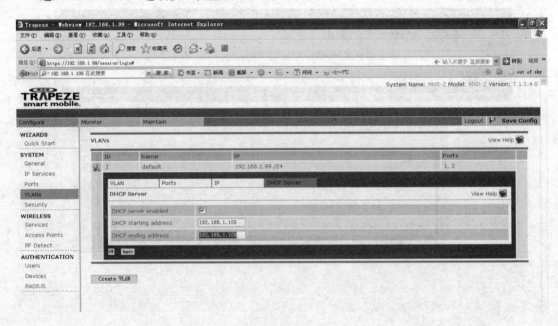

图 4-23　设置 DHCP 的 IP 范围

进入 IP Services--DNS 栏中，设置 DNS 服务器 IP：202.96.64.68，如图 4-24 所示。

第4章 生成树协议（STP）和无线局域网（WLAN）的组建

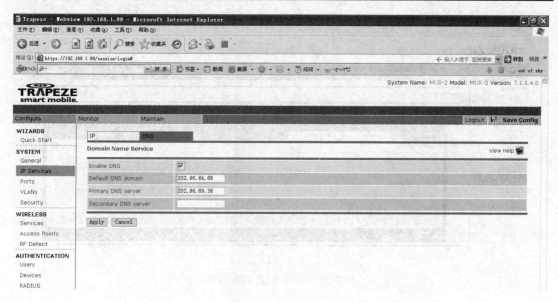

图4-24 设置DNS

⑥ 配置服务 Services。无线交换机可以建立多种服务，先进行简单的、无加密的开放式服务设置，配置如图4-25所示。

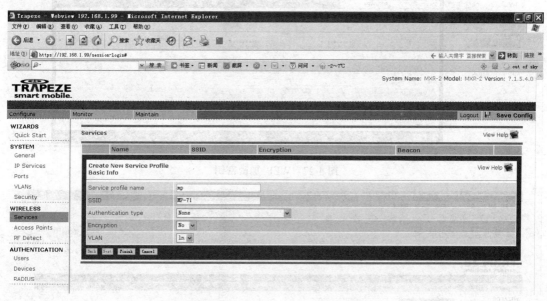

图4-25 无加密的开放式服务设置

在无加密测试成功后，启用 WEP 加密服务，在 Services 中的 Encryption 选为 Yes，配置如图4-26所示。

设置静态的 WEP 加密密钥，如图4-27所示。

⑦ 添加 AP。MX 和 MP 有两种连接方式：直接方式（Direct Connect）、分布式连接方式（Distributed），如图4-28所示。

分布式连接时，必须添加 MP 的 Serial，如图4-29所示。进入 SYSTEM--ACCESS Points 栏中，添加 MP。注意选 Model 型号要正确。

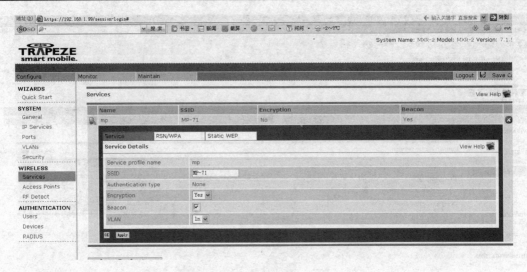

图 4-26　启用 WEP 加密服务

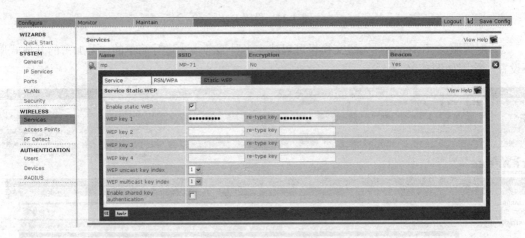

图 4-27　WEP 加密密钥

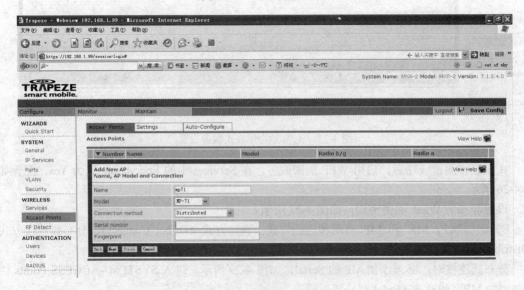

图 4-28　选择连接方式

第 4 章　生成树协议（STP）和无线局域网（WLAN）的组建　**105**

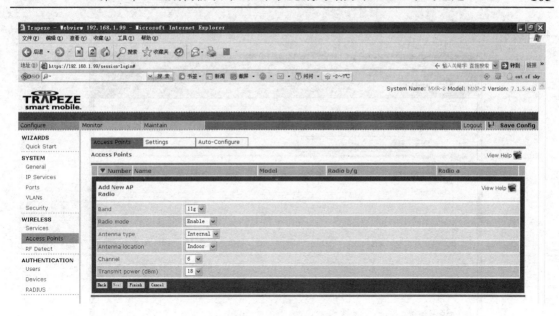

图 4-29　添加 MP 的 Serial

最后，点击"Save Config"保存配置，如图 4-30 所示。

图 4-30　保存配置

在 Access Points 中，可以看到新增的一个 AP，并有相关信息，如图 4-31 所示。

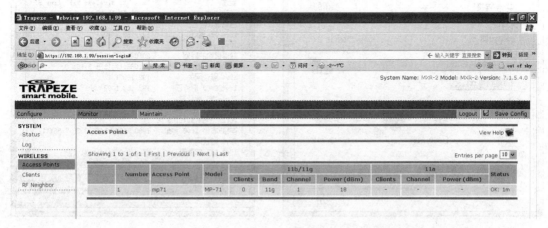

图 4-31　显示 AP 信息

（2）测试无线客户端连接情况

① 打开无线网卡，搜寻无线网络，会发现名为"MP-71"的 SSID，并接入该 SSID，如图

4-32 所示。

图 4-32　搜索到无线网络

② 打开无线网络连接中的属性，并设置 IP 为自动获得，并查看无线网络状态，如图 4-33 所示，同时查看网络的详细信息，IP 自动获得为：192.168.1.102，这是为无线交换机 DHCP Server 分配的 IP，如图 4-34 所示。

图 4-33　无线网络状态　　　　　　　　图 4-34　网络详细信息

③ 打开无线交换机的 Web 配置，在 Clients 中，也可以看到新增的一个用户，并有相关详细信息（包括 IP、MAX 等），如图 4-35 所示。

第 4 章 生成树协议（STP）和无线局域网（WLAN）的组建

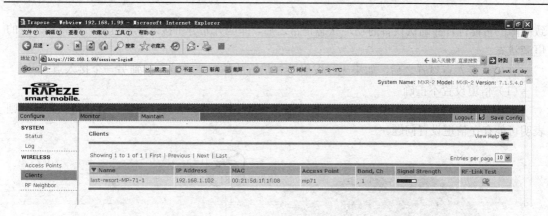

图 4-35　无线交换机上的用户信息

经过测试，无线网络达到了最初的设计要求。

4.4.2　无线局域网故障排除

任何网络问题的故障排查都应遵循系统化的方法，从物理层逐层往上，直至 TCP/IP 协议栈的应用层，这种方法可以独立解决无线局域网的故障问题。

WLAN 的故障排除方法如下。

步骤 1：排除用户 PC 导致故障的可能性。

尝试确定问题的严重程度。如果没有网络连接，请检查以下各项。

- 使用 ipconfig 命令确认 PC 上的网络配置。确保该 PC 已通过 DHCP 获得一个 IP 地址或已配置一个静态 IP 地址。
- 确保该设备可以连接到有线网络。将该设备连接到有线 LAN，并 ping 已知的 IP 地址。
- 可能需要尝试另一块无线网卡。如有必要，请重新加载适合该客户端设备的驱动程序和固件。
- 如果客户端的无线网卡正常工作，请检查客户端的安全模式和加密设置。如果安全设置不匹配，客户端将无法接入 WLAN。

如果用户的 PC 可以运行，但性能不佳，请检查以下各项：

- PC 到接入点的距离有多远？PC 是否处在计划的覆盖区域 (BSA) 之外？
- 检查客户端上的通信设置。只要 SSID 是正确的，客户端软件应该就能检测到合适的信道。
- 检查区域中是否存在其他在 2.4 GHz 频段上运行的设备。其他设备可能是无绳电话、婴儿监控仪、微波炉、无线安全系统，还可能是流氓接入点。来自这些设备的数据可能会干扰 WLAN，导致客户端和接入点之间的连接中断。

步骤 2：确认设备的物理状态。

- 所有设备是否都已置放妥当？考虑可能出现的物理安全问题。
- 所有设备是否都有电源，这些电源是否都已打开？

步骤 3：检查链路。

- 检查连接设备之间的链路，查找出现故障的连接器，以及损坏或缺少的电缆。
- 如果物理设备没有问题，则使用有线 LAN 来检查是否可以 ping 包括接入点在内的设备。

如果此时仍存在连通性问题，则可能是接入点或其配置有问题。

在排查 WLAN 故障时，建议先排查物理因素，再排查应用软件的因素。在排除用户 PC 导致故障的可能性,并确认设备的物理状态正常之后,即应开始分析接入点的性能,检查接入点的电源状态。

在确认接入点设置之后,如果无线发射装置仍有故障,请尝试连接到另一个接入点。

(1) 信道设置不正确

如图 4-36 所示,如果用户报告某个扩展服务集 WLAN 内,各接入点之间存在连接问题,则表明可能存在信道设置问题。

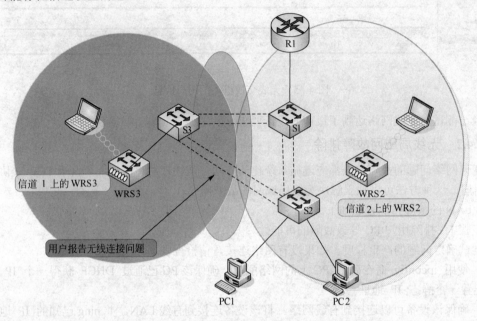

图 4-36 解决信道设置不正确的问题

目前,大多数 WLAN 都运行在 2.4 GHz 频段上,该频段至多有 14 个信道,每个信道占用 22 MHz 的带宽。能量在整个 22 MHz 的频段上的分布并不均匀,信道中心频率处的能量最高,越靠近信道边缘,能量越低。如图 4-37 所示,表示每个信道的曲线,反映了信道内从中心到边缘能量逐渐降低的特性。每个信道中部的高点都是能量最高的点。该图以图形化的方式描绘了 2.4 GHz 频段的各个信道。

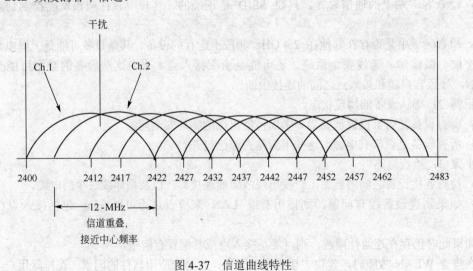

图 4-37 信道曲线特性

信道重叠时会发生干扰。如果在中心频率附近出现信道重叠，那情况就比较糟糕，即使只是轻微的重叠，信号也会相互干扰。将信道的间隔设置为 5，例如信道 1、信道 6 和信道 11。

（2）RF 干扰

造成 RF 干扰的主要原因是信道设置不正确。通过良好的规划（包括正确的信道间隔），WLAN 管理员可以控制信道设置引起的干扰。

工作场所或家中的任何地方，都可以找到其他 RF 干扰源。例如，当附近有人使用真空吸尘器时，电视信号会出现雪花。良好的规划可以降低此类干扰，例如，将微波炉远离接入点和可能放置客户端的地方。不幸的是，由于实际情况错综复杂，规划很难面面俱到，无法解决所有 RF 干扰。

无绳电话、婴儿监控仪和微波炉之类设备，不会竞争信道，而只是使用信道。如何发现某个区域中的哪些信道最拥挤呢？在小型 WLAN 环境中，可尝试将 WLAN 接入点设置为信道 1 或信道 11，因为许多电器（如无绳电话）都在信道 6 上运行。

在更拥挤的环境中，需要进行现场勘测，现场勘测有两种类型：人工和工具辅助。许多现场勘测包含场地评估，随后是更深入、更彻底的工具辅助现场勘测。场地评估包括勘察场地，勘察目标是发现可能影响网络的潜在问题，特别是检查是否存在多个 WLAN，是否有独特的建筑结构（例如空心肋板和门廊），客户端的使用率是否有骤变（例如由于员工日夜轮班导致的骤变）。

工具辅助现场勘测也有几种方法。如果没有访问专用现场勘测工具（例如 Airmagnet）的权限，可以将接入点安装在三脚架上，并将其固定在认为合适且合乎现场预定规划的位置。安装接入点之后，可以使用 PC 中 WLAN 客户端实用程序中的现场勘测测量仪绕设施转一圈。

此外，也可以使用成熟的工具规划设施楼层，可以携带无线笔记本电脑围绕场地来回走动，并记录场地的 RF 特性，这些特性将显示在楼层规划中。工具辅助现场勘测的一个优点，是可以记录各种免授权频段（900 MHz、2.4 GHz 和 5 GHz）的各个信道上的 RF 活动，之后就可以为 WLAN 选择信道，或者至少可以确定 RF 活动频繁的区域，并对其制定相关控制策略。

（3）接入点位置不当

接入点的位置不当，主要会给局域网带来以下两个问题，如图 4-38 所示。

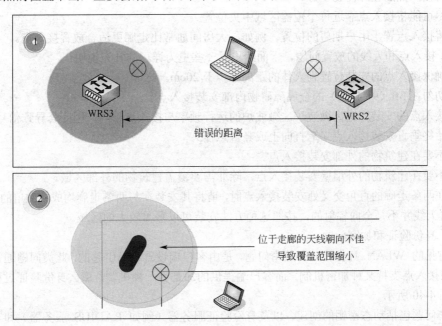

图 4-38 发现接入点位置不当的问题

① 接入点的间距太远，覆盖区域无法重叠。
② 位于走廊和角落的接入点天线朝向不佳，导致覆盖范围缩小。
纠正接入点位置的方法如下，如图 4-39 所示。

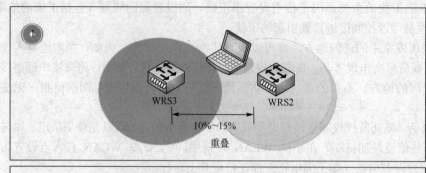

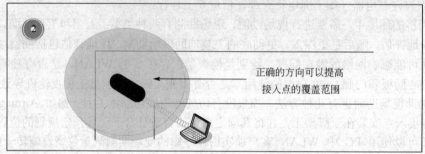

图 4-39　解决接入点位置不当的问题

① 确认接入点的功率设置和操作范围均正确，此外，放置接入点时，应至少保持 10%～15% 的蜂窝信号重叠。
② 要更改接入点的方向和位置，需要执行以下操作。
- 将接入点放在障碍物上方。
- 尽可能将接入点靠近每个覆盖区域中央位置。
- 将接入点置于用户期望的位置。例如，大房间通常比走廊更适合放置接入点。

关于接入点和天线的放置问题，下面给出了一些更为详尽的补充说明：
- 确保接入点的安装位置到人体的距离不少于 20cm。
- 切勿在 3ft（91.4 cm）的金属障碍物内部安装接入点。
- 接入点的安装应远离微波炉。微波炉的运行频率与接入点相同，因此会导致信号干扰。
- 始终垂直安装接入点（笔直向上或竖直悬挂）。
- 不要在建筑物的外部安装接入点。
- 不要在建筑物的外墙壁安装接入点，除非需要覆盖建筑物的外部区域。
- 在两条走廊的直角交叉处安装接入点时，请将其安装在与两条走廊均成 45°角的位置。接入点内置天线并不是全向辐射的，按照这种方法安装可以覆盖较大的区域。

（4）身份验证和加密问题
最常见的 WLAN 身份验证和加密问题，是由客户端设置不当引起的，此类问题通常可以解决。如果接入点支持某种加密机制，而客户端提供的却是另一种机制，那么身份验证过程将会失败，如图 4-40 所示。

加密问题包括动态密钥的创建，以及身份验证服务器（例如 RADIUS 服务器）和客户端之间，通过接入点建立的会话。连接到接入点的所有设备，都必须使用接入点上已配置的安全方法。

因此，如果接入点配置为 WEP，则客户端和接入点之间的加密类型 (WEP) 和共享密钥必须匹配。如果使用的是 WPA，则加密算法为 TKIP。类似地，如果使用的是 WPA2 或 802.11i，则需要使用 AES 作为加密算法。

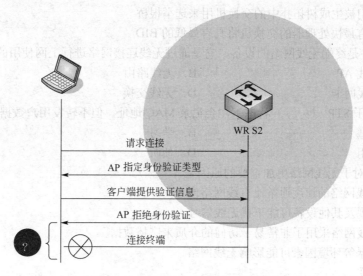

图 4-40　解决身份验证和加密问题

本 章 小 结

在分层网络中部署冗余功能会引起物理环路，导致会影响网络可用性的第二层问题。为了避免因物理环路增强冗余性的同时引发故障问题，人们开发了生成树协议。生成树协议使用生成树算法为广播域计算无环的逻辑拓扑。

生成树协议使用不同的端口状态和计时器来构建无环拓扑，从逻辑上消除环路。生成树拓扑是根据与根桥之间的距离来确定的。此距离则通过 BPDU 交换和生成树算法来确定。在这一过程中，端口角色也会确定下来：指定端口、非指定端口以及根端口。

原来的 IEEE 802.1D 生成树协议收敛时间长达 50s。这一延时对现代交换网络是无法接受的，所以 IEEE 802.1W 快速生成树协议应运而生。RSTP 将收敛时间降到约 6s 或 6s 以下。

本章还讲解了不断演变的无线 LAN 标准，包括 IEEE 802.11a/b/g，以及现在的 IEEE 802.11n 标准。较新的版本考虑了支持语音和视频的需要以及所需的服务质量。终端用户必须在其客户端站上配置无线网卡，使之与无线接入点进行通信和建立关联。接入点和无线网卡必须配置相同的参数，包括 SSID，方可建立关联。在配置无线 LAN 后，确保设备安装了最新的固件，以便能够支持最严格的安全方案。除了检查无线安全设置的配置是否一致以外，为了无线 LAN 的故障排除，还涉及解决 RF 问题。

课 后 习 题

一、选择题

1. 交换机使用（　　）条件来选择根桥。
   A．网桥的优先级和 MAC 地址　　　　　　　　B．交换速度
   C．端口数量　　　　　　　　　　　　　　　　D．内存大小

2. 下列（　　）正确描述了生成树拓扑中所用的 BID。
   A. 只有在下级 BPDU 被发送出去后，它们才会被根桥发送出去
   B. 只有根桥会发送出 BID
   C. 它们被生成树拓扑中的交换机用来选举根桥
   D. 具有最快处理器的交换机将具有最低的 BID
3. （　　）是终端无线网络的设备，它是通过无线连接网络进行上网使用的无线终端设备。
   A. 无线 AP   B. 无线路由
   C. 无线网卡   D. 无线交换
4. 端口处于 STP（　　）状态下，会记录 MAC 地址，但不转发用户数据。
   A. 阻塞   B. 学习
   C. 禁用   D. 侦听
5. 安全性对于无线网络更加重要的原因是（　　）。
   A. 无线网络的速度通常比有线网络慢
   B. 电视及其他设备可能干扰无线信号
   C. 无线网络采用了非常易于访问的介质来广播数据
   D. 雷暴等环境因素可能影响无线网络

二、实践题

某企业网络拟组建的拓扑图如图 4-41 所示，接入层采用二层交换机 S2026，汇聚和核心层使用两台三层交换机 S3760A 和 S3760B，网络边缘采用两台路由器 RSR20，一台用于连接到外部网络，另一台是其子公司的网络。为了提高网络的安全性、可靠性、可用性，需要配置 VLAN、端口-MAC 地址表的绑定、链路聚合、MSTP、VRRP 等功能。

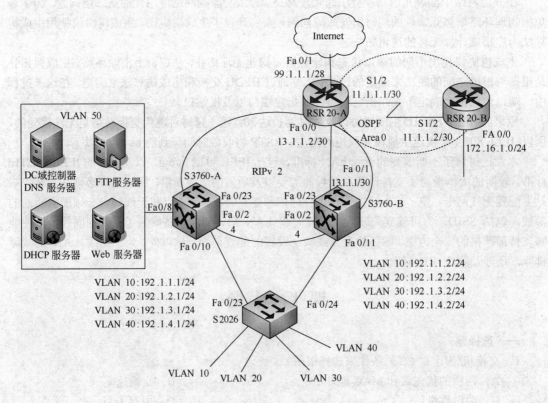

图 4-41　某企业网络组建拓扑图

根据网络拓扑结构图，要求完成以下任务。

（1）基本配置

① 在所有网络设备配置 IP 地址。

② 在交换设备上配置 VLAN 信息，包括 VLAN10、VLAN20、VLAN30、VLAN40，如图 4-41 所示。

（2）MSTP 协议配置

① 配置 MSTP 协议，创建两个 MSTP 实例：Instance10、Instance20，其中，Instance10 包括：VLAN10、VLAN20；Instance20 包括：VLAN30、VLAN40。

② 设置 S3750-A 交换机为 instance10 的生成树根，也是 instance20 的生成树备份根。

③ 设置 S3750-B 交换机为 instance20 的生成树根，也是 instance10 的生成树备份根。

（3）VRRP 协议配置

① 创建四个 VRRP 组，分别为 group10、group20、group30、group40。

② 配置 S3760A 是 VLAN10、VLAN20 活跃路由器，也是 VLAN30、VLAN40 的备份路由器。

③ 配置 S3750-B 是 VLAN30、VLAN40 活跃路由器，也是 VLAN10、VLAN20 的备份路由器。

（4）链路聚合、交换机级联的配置

① 将 S3750-A 的 FA0/22-24 设置为链路聚合，并为聚合接口设置 trunk。

② 将 S3750-B 的 FA0/22-24 设置为链路聚合，并为聚合接口设置 trunk。

第 5 章 路由器的配置与应用

网络的核心是路由器,简而言之,路由器的作用就是将各个网络彼此连接起来。因此,路由器需要负责不同网络之间的数据包传送。在很大程度上,网际通信的效率取决于路由器的性能,即取决于路由器是否能以最有效的方式转发数据包。

5.1 路由器与数据包转发

5.1.1 路由器简介

路由器是一种具有多个输入端口和多个输出端口的专用计算机设备,其任务是转发分组。也就是说,路由器将某个端口收到的分组,按照其目的网络,将该分组从某个合适的输出端口转发给下一个路由器(也称为下一跳)。下一个路由器按照同样方法处理,直到该分组到达目的网络为止。路由器的转发分组正是网络层的主要工作。

路由器结构分为两大部分:路由选择部分和分组转发部分。路由选择部分也叫控制部分,其核心部件是路由选择处理机。路由选择处理机的任务,是根据所选定的路由选择协议构造出路由表,同时经常或定期地和相邻路由器交换信息,不断地更新和维护路由表。

综上所述,路由器的功能如下。

① 路由选择　路由器中有一个路由表,当连接的一个网络上的数据分组到达路由器后,路由器根据数据分组中的目的地址,参照路由表,以最佳路径把分组转发出去。路由器还有路由表的维护能力,可根据网络拓扑结构的变化,自动调节路由表。

② 协议转换　路由器可对网络层和以下各层进行协议转换。

③ 实现网络层的一些功能　因为不同网络的分组大小可能不同,路由器有必要对数据包进行分段、组装,调整分组大小,使之适合于下一个网络对分组的要求。

④ 网络管理与安全　路由器是多个网络的交汇点,网间的信息流都要经过路由器,在路由器上可以进行信息流的监控和管理。它还可以进行地址过滤,阻止错误的数据进入,起到"防火墙"的作用。

⑤ 多协议路由选择　路由器是与协议有关的设备,不同的路由器支持不同的网络层协议。多协议路由器支持多种协议,能为不同类型的协议建立和维护不同的路由表,连接并运作不同协议的网络。

所有这些服务均围绕路由器而构建,而路由器主要负责将数据包从一个网络转发到另一个网络。正是由于路由器能够在网络间路由数据包,不同网络中的设备才能实现通信。

5.1.2 路由器的内部构造

尽管路由器的类型和型号多种多样,但每种路由器都具有相同的通用硬件和组件,如图 5-1 所示。根据型号的不同,这些组件在路由器内部的位置有所差异。要查看路由器的内部组件,必须拧开路由器金属盖板上的螺钉,然后将盖板拆下。一般而言,除非要升级存储器,否则不必打开路由器。

第 5 章 路由器的配置与应用

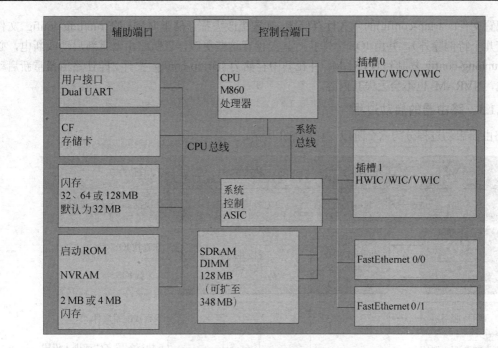

图 5-1 路由器的硬件组件

路由器组件及其功能如下。

① CPU　CPU 执行操作系统指令，如系统初始化、路由功能和交换功能。

② RAM　RAM 存储 CPU 所需执行的指令和数据。RAM 用于存储以下组件：

• 操作系统：启动时，操作系统会将 Cisco IOS(Internetwork Operating System)复制到 RAM 中。

• 运行配置文件：这是存储路由器 IOS 当前所用的配置命令的配置文件。除几个特例外，路由器上配置的所有命令均存储于运行配置文件，此文件也称为 running-config。

• IP 路由表：此文件存储了直连网络以及远程网络的相关信息，用于确定转发数据包的最佳路径。

• ARP 缓存：此缓存包含 IPv4 地址到 MAC 地址的映射，类似于 PC 上的 ARP 缓存。ARP 缓存用在有 LAN 接口（如以太网接口）的路由器上。

• 数据包缓冲区：数据包到达接口之后，以及从接口送出之前，都会暂时存储在缓冲区中。

RAM 是易失性存储器，如果路由器断电或重新启动，RAM 中的内容就会丢失，但是，路由器也具有永久性存储区域，如 ROM、闪存和 NVRAM。

③ ROM　ROM 是一种永久性存储器。ROM 使用的是固件，即内嵌于集成电路中的软件。固件包含一般不需要修改或升级的软件，如启动指令。许多类似功能（包括 ROM 监控软件）将在后续课程讨论。如果路由器断电或重新启动，ROM 中的内容不会丢失。

④ 闪存（Flash）　闪存是非易失性计算机存储器，可以电子的方式存储和擦除。闪存用作操作系统 IOS 的永久性存储器。IOS 是永久性存储在闪存中的，在启动过程中才复制到 RAM，然后再由 CPU 执行。某些较早的 Cisco 路由器型号，则直接从闪存运行 IOS。闪存由 SIMM 卡或 PCMCIA 卡担当，可以通过升级这些卡来增加闪存的容量。如果路由器断电或重新启动，闪存中的内容不会丢失。

⑤ NVRAM　NVRAM（非易失性 RAM）在电源关闭后不会丢失信息。NVRAM 用作存储

启动配置文件(startup-config)的永久性存储器。配置更改大都存储于 RAM 的 running-config 文件中（有几个特例除外），并由 IOS 立即执行。要保存这些更改，以防路由器重新启动或断电，必须将 running-config 复制到 NVRAM，并在其中存储为 startup-config 文件。即使路由器重新启动或断电，NVRAM 也不会丢失其内容。

5.1.3 路由器的启动过程

路由器启动过程分为六个阶段，如图 5-2 所示。

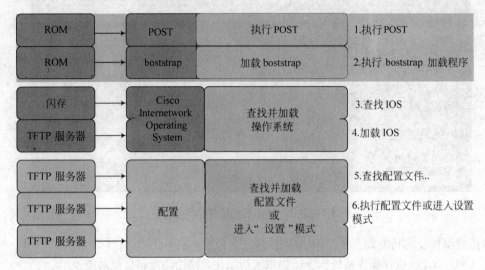

图 5-2 路由器的启动过程

（1）执行 POST

通电自检(POST)几乎是每台计算机启动过程中必经的一个过程。POST 过程用于检测路由器硬件。当路由器通电时，ROM 芯片上的软件便会执行 POST。在这种自检过程中，路由器会通过 ROM 执行诊断，主要针对包括 CPU、RAM 和 NVRAM 在内的几种硬件组件。POST 完成后，路由器将执行 bootstrap 程序。

（2）加载 bootstrap 程序

POST 完成后，bootstrap 程序将从 ROM 复制到 RAM。进入 RAM 后，CPU 会执行 bootstrap 程序中的指令。bootstrap 程序的主要任务是查找 IOS 并将其加载到 RAM。

（3）查找并加载 IOS

IOS 通常存储在闪存中，但也可能存储在其他位置，如 TFTP（简单文件传输协议）服务器上。如果不能找到完整的 IOS 映像，则会从 ROM 将精简版的 IOS 复制到 RAM 中。这种版本的 IOS 一般用于帮助诊断问题，也可用于将完整版的 IOS 加载到 RAM。

注意：TFTP 服务器通常用作 IOS 的备份服务器，但也可充当存储和加载 IOS 的中心点。

（4）查找并加载配置文件

在查找启动配置文件时，IOS 加载后，bootstrap 程序会搜索 NVRAM 中的启动配置文件（也称为 startup-config）。此文件含有先前保存的配置命令以及参数，其中包括接口地址、路由信息、口令、网络管理员保存的其他配置。

如果启动配置文件 startup-config 位于 NVRAM，则会将其复制到 RAM 作为运行配置文件 running-config。如果 NVRAM 中不存在启动配置文件，则路由器可能会搜索 TFTP 服务器。如果路由器检测到有活动链路连接到已配置路由器，则会通过活动链路发送广播，以搜索配置文件。

这种情况会导致路由器暂停，但是最终会看到如下所示的控制台消息：

```
<router pauses here while it broadcasts for a configuration file across an active link>
%Error opening tftp://255.255.255.255/network-confg
%Error opening tftp://255.255.255.255/network-confg (Timed out)
%Error opening tftp://255.255.255.255/cisconet.cfg (Timed out)
```

在执行配置文件时，如果在 NVRAM 中找到启动配置文件，则 IOS 会将其加载到 RAM 作为 running-config，并以一次一行的方式执行文件中的命令。running-config 文件包含接口地址，并可启动路由过程，以及配置路由器的口令和其他特性。

进入设置模式（可选），如果不能找到启动配置文件，路由器会提示用户进入设置模式。设置模式包含一系列问题，提示用户一些基本的配置信息。设置模式不适用于复杂的路由器配置，网络管理员一般不会使用该模式。当启动不含启动配置文件的路由器时，会在 IOS 加载后看到以下问题：

```
Would you like to enter the initial configuration dialog?[yes/no]:no
```

当提示进入设置模式时，请始终回答 no。如果回答 yes 并进入设置模式，可随时按 Ctrl-C 终止设置过程。不使用设置模式时，IOS 会创建默认的 running-config。默认 running-config 是基本配置文件，其中包括路由器接口、管理接口以及特定的默认信息。默认 running-config 不包含任何接口地址、路由信息、口令或其他特定配置信息。

（5）命令行界面

根据平台和 IOS 的不同，路由器可能会在显示提示符前询问以下问题：

```
Would you like to terminate autoinstall?[yes]:<Enter>
Press the Enter key to accept the default answer.
Router>
```

如果找到启动配置文件，则 running-config 还可能包含主机名，提示符处会显示路由器的主机名。一旦显示提示符，路由器便开始以当前的运行配置文件运行 IOS，而网络管理员也可以开始使用此路由器上的 IOS 命令。

（6）检验路由器启动过程

show version 命令有助于检验和排查某些路由器基本硬件组件和软件组件故障。show version 命令会显示路由器当前所运行的 IOS 软件的版本信息、bootstrap 程序版本信息，以及硬件配置信息（包括系统存储器大小），如图 5-3 所示。

5.1.4 路由器的接口

（1）管理端口

路由器包含用于管理路由器的物理接口，这些接口也称为管理端口。与以太网接口和串行接口不同，管理端口不用于转发数据包。最常见的管理端口是控制台端口。控制台端口用于连接运行终端模拟器软件的计算机，从而在无需通过网络访问路由器的情况下配置路由器。对路由器进行初始配置时，必须使用控制台端口。另一种管理端口是辅助端口。并非所有路由器都有辅助端口，有时，辅助端口的使用方式与控制台端口类似，此外，此端口也可用于连接调制解调器。

（2）路由器接口

路由器接口是主要负责接收和转发数据包的路由器物理接口。路由器有多个接口，用于连接多个网络。通常，这些接口连接到多种类型的网络，也就是说需要各种不同类型的介质和接口。路由器一般需要具备不同类型的接口。例如，路由器一般具有快速以太网接口，用于连接不同的 LAN；还具有各种类型的 WAN 接口，用于连接多种串行链路（其中包括 T1、DSL 和 ISDN）。

如图 5-4 所示，显示了路由器上的快速以太网接口和串行接口。

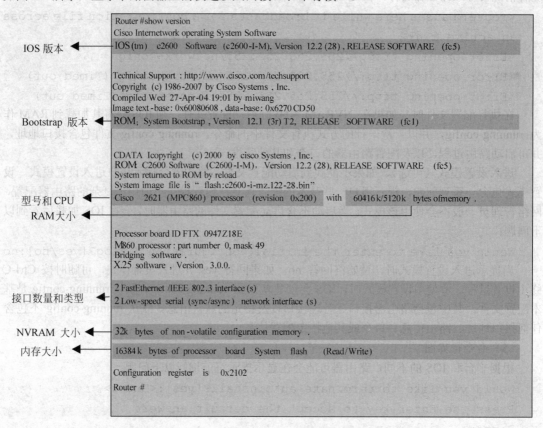

图 5-3 使用 show version 命令检验路由器的启动过程

与大多数网络设备一样，路由器使用 LED 指示灯提供状态信息。接口上的 LED 会指示对应接口的活动情况。如果接口为活动状态而且连接正确，但 LED 不亮，则表示该接口可能存在故障。如果接口繁忙，则其 LED 会一直亮起。根据路由器的类型，可能还有其他用途的 LED。

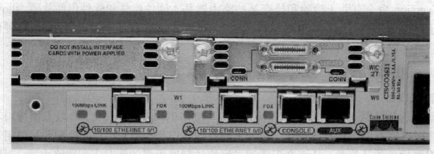

图 5-4 路由器的接口

路由器上的每个接口都是不同 IP 网络的成员或主机。每个接口必须配置一个 IP 地址，以及对应网络的子网掩码。

① LAN 接口 LAN 接口用于将路由器连接到 LAN，如同 PC 的以太网网卡用于将 PC 连接到以太网 LAN 一样。类似于 PC 以太网网卡，路由器以太网接口也有第 2 层 MAC 地址，且其加入以太网 LAN 的方式与该 LAN 中任何其他主机相同。例如，路由器以太网接口会参与该 LAN 的 ARP 过程。路由器会为对应接口提供 ARP 缓存，在需要时发送 ARP 请求，以及根据要求以

ARP 回复作为响应。

路由器以太网接口通常使用支持非屏蔽双绞线(UTP)网线的 RJ-45 接口。当路由器与交换机连接时，使用直通电缆。当两台路由器直接通过以太网接口连接，或 PC 网卡与路由器以太网接口连接时，使用交叉电缆。

② WAN 接口　WAN 接口用于连接路由器与外部网络，这些网络通常分布在距离较为遥远的地方。WAN 接口的第 2 层封装可以是不同的类型，如 PPP、帧中继和 HDLC（高级数据链路控制）。与 LAN 接口一样，每个 WAN 接口都有自己的 IP 地址和子网掩码，这些可将接口标识为特定网络的成员。

如图 5-5 所示，路由器有四个接口。每个接口都有第 3 层 IP 地址和子网掩码，表示该接口属于特定的网络。以太网接口还会有第 2 层以太网 MAC 地址。

WAN 接口使用多种不同的第 2 层封装。Serial 0/0/0 使用的是 HDLC，而 Serial /0/1 使用的是 PPP。将 IP 数据包封装到数据链路帧中时，对于第 2 层目的地址，这两个串行点对点协议都会使用广播地址。

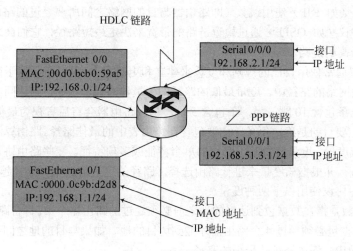

图 5-5　路由器和网络层

路由器在第 3 层做出主要转发决定，但它也参与第 1 层和第 2 层的过程。路由器检查完数据包的 IP 地址，并通过查询路由表做出转发决定后，它可以将该数据包从相应接口朝着其目的地转发出去。路由器会将第 3 层 IP 数据包封装到对应送出接口的第 2 层数据链路帧的数据部分。帧的类型可以是以太网、HDLC 或其他第 2 层封装，即对应特定接口上所使用的封装类型。第 2 层帧会编码成第 1 层物理信号，这些信号用于表示物理链路上传输的位。

5.1.5　路由选择与数据包转发

路由选择是指选择通过互联网络从源节点向目的节点传输信息的通道，而且信息至少通过一个中间节点。路由选择工作在 OSI 参考模型的网络层。路由选择包括两个基本操作，即最佳路径的判定和网间信息包的传送（交换）。

① 路径判定　在确定最佳路径的过程中，路由选择算法需要初始化和维护路由选择表（routing table）。路由选择表中包含的路由选择信息，根据路由选择算法的不同而不同。一般在路由表中包括这样一些信息：目的网络地址、相关网络节点、对某条路径满意程度、预期路径信息等。

路由器之间传输多种信息来维护路由选择表，修正路由消息就是最常见的一种。修正路由消息通常是由全部或部分路由选择表组成，路由器通过分析来自所有其他路由器的最新消息，构造一个完整的网络拓扑结构详图,链路状态广播便是一种路由修正信息。

② 交换过程 所谓交换指当一台主机向另一台主机发送数据包时,源主机通过某种方式获取路由器地址后,通过目的主机的协议地址(网络层),将数据包发送到指定的路由器物理地址(介质访问控制层)的过程。

通过使用交换算法检查数据包的目的协议地址,路由器可确定其是否知道如何转发数据包。如果路由器不知道如何将数据包转发到下一个节点,将丢弃该数据包;如果路由器知道如何转发,就把物理目的地址变换成下一个节点的地址,然后转发该数据包。在传输过程中,其物理地址发生变化,但协议地址总是保持不变。

在因特网中进行路由选择要使用路由器,路由器根据所收到的报文的目的地址,选择一条合适的路由(通过某一网络),将报文传送到下一个路由器,路由中最后的路由器负责将报文送交目的主机。要确定路由器的最佳路径,就需要对指向相同目的网络的多条路径进行评估,从中选出到达该网络的最优或"最短"路径。当存在到达相同网络的多条路径时,每条路径会使用路由器上的不同送出接口来到达该网络。路由协议根据其用来确定网络距离的值或度量来选择最佳路径。一些路由协议(如 RIP)使用跳数(即路由器与目的网络之间所要经过的路由器个数)作为度量。其他路由协议(如 OSPF)通过检查链路的带宽来决定最短路径,它们会采用路由器与目的网络之间带宽最高的链路。

动态路由协议通常使用自己的规则和度量来建立和更新路由表。度量是用于衡量给定路由距离的量化值。指向网络的路径中,度量最低的路径即为最佳路径。例如,到达同一个目的网络有两条路由,其中一条包含 10 跳,另一条包含 5 跳,那么路由器会将后者视为最佳路径。

路由协议的主要目的是确定每条路由要包含在路由表中的最佳路径。路由算法会为网络中的每条路径生成值或度量。度量可以基于路径的单个特征或多项特征。一些路由协议能够将多个度量组合为单个度量,并根据该度量来进行路由选择。路径的度量值越小,路径越佳。

有些动态路由协议使用以下两种度量。

① 跳数 跳数是指在数据包到达目的地之前必须经过的路由器个数。每台路由器即为一跳,跳数为 4,表明数据包必须经过 4 台路由器才能到达目的地。如果与目的地之间存在多条路径,则路由协议(如 RIP)将选择跳数最少的路径。

② 带宽 带宽表示链路的数据传输能力,有时也称为链路速度。例如,OSPF 路由协议使用带宽作为度量。与网络之间的最佳路径由具有最高带宽值(最快)的一组链路组成。

从理论上说,速度并不能准确描述"带宽",因为所有数据位都以相同的速度在相同的物理介质中传输。"带宽"的准确定义应该是:链路每秒能传输的数据比特量。

当以跳数作为度量时,最终路径可能有时并不是最好的路径,如图 5-6 所示。

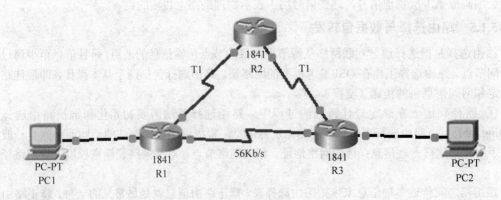

图 5-6 使用跳数作为度量值

如果图 5-6 中三台路由器都使用 RIP 路由协议，则 R1 将选择通过 R3 到达 PC2 的次优路由，因为该路径跳数较少。在此情况下，带宽因素没有考虑进去。然而，如果使用 OSPF 路由协议，则 R1 将根据带宽选择路由。数据包能通过两条更快的 T1 链路，更为快速地到达目的地，而不是使用一条较慢的 56 Kb/s 链路。

5.1.6 等价负载均衡

如图 5-7 所示，如果路由表中有两条或多条路径到达相同目的网络的度量值相等，此时会发生什么情况？当路由器有多条到达目的网络的路径，并且这些路径的度量值（跳数、带宽等）相等时（即所谓的等开销度量），路由器将出现等价负载均衡。对于同一个目的网络，路由表将提供多个送出接口，每个出口对应一条等价路径。路由器将通过路由表中列出的这些送出接口转发数据包。

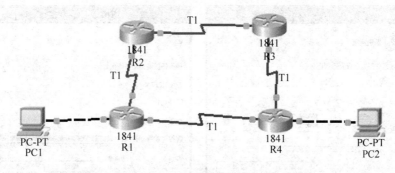

图 5-7 等价负载均衡

如果配置正确，负载均衡能够提高网络的效率和性能。等价负载均衡可配置为使用动态路由和静态路由。

5.1.7 路由器的登录方式

（1）通过 Console 口登录路由器

一般情况下配置路由器的基本思路如下。

第一步：在配置路由器之前，需要将组网需求具体化，包括组网目的、路由器在网络互联中的角色、子网的划分、广域网类型，以及传输介质的选择、网络的安全策略和网络可靠性需求等。

第二步：根据以上要素绘出一个清晰完整的组网图。

第三步：配置路由器的广域网接口，首先，根据选择的广域网传输介质，配置接口的物理工作参数（如串口的同/异步、波特率和同步时钟等），对于拨号口，还需要配置 DCC 参数；然后，根据选择的广域网类型，配置接口封装的链路层协议以及相应的工作参数。

第四步：根据子网的划分，配置路由器各接口的 IP 地址或 IPX 网络号。

第五步：配置路由，如果需要启动动态路由协议，还需配置相关动态路由协议的工作参数。

第六步：如果有特殊的安全需求，则需进行路由器的安全性配置。

第七步：如果有特殊的可靠性需求，则需进行路由器的可靠性配置。

① 连接路由器到配置终端　搭建本地配置如图 5-8 所示，只需将配置口电缆的 RJ-45 一端，与路由器的配置口相连，DB25 或 DB9 一端与微机的串口相连。

② 设置配置终端的参数

第一步：打开配置终端，建立新的连接。如果使用微机进行配置，需要在微机上运行终端仿真程序，建立新的连接。如图 5-9 所示，输入新连接的名称，按<确定>按钮。

第二步：设置终端参数。Windows XP 超级终端参数设置方法如下。

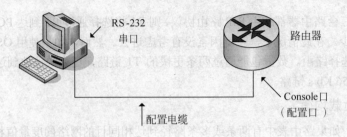

图 5-8 搭建本地配置

a. 选择连接端口。如图 5-9 所示，[连接时使用]一栏选择连接的串口（注意选择的串口应该与配置电缆实际连接的串口一致）。

图 5-9 连接端口设置

b. 设置串口参数。如图 5-10 所示，在串口的属性对话框中设置波特率为 9600，数据位为 8，奇偶校验为无，停止位为 1，流量控制为无，按<确定>按钮，返回超级终端窗口。

c. 配置超级终端属性。在超级终端中选择[属性/设置]一项，进入如图 5-11 所示的属性设置窗口。选择终端仿真类型为 VT100 或自动检测，按<确定>按钮，返回超级终端窗口。

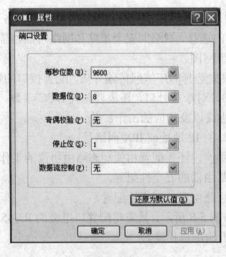 

图 5-10 串口参数设置   图 5-11 终端属性设置

③ 路由器通电前检查

a. 路由器通电之前应进行如下检查：电源线和地线连接是否正确；供电电压与路由器的要

求是否一致；配置电缆连接是否正确；配置用微机或终端是否已经打开，并设置完毕。通电之前，要确认设备供电电源开关的位置，以便在发生事故时，能够及时切断供电电源。

b. 路由器通电：打开路由器供电电源开关；打开路由器本身的电源开关（将路由器电源开关置于 ON 位置）。

c. 路由器通电后，要进行如下检查：路由器前面板上的指示灯显示是否正常；通电后自检过程中的点灯顺序是：首先 SLOT1~3 点亮，然后若 SLOT2、3 点亮，表示内存检测通过；若 SLOT1、2 点亮，表示内存检测不通过。

d. 配置终端显示是否正常：对于本地配置，通电后可在配置终端上直接看到启动界面。启动（即自检）结束后将提示用户按"回车"，当出现命令行提示符"Router>"时即可进行配置了。

④ 启动过程　路由器通电开机后，将首先运行 Boot ROM 程序，终端屏幕上显示系统信息，如图 5-12 所示。

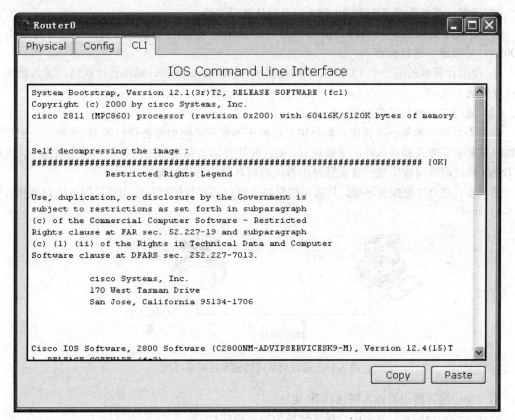

图 5-12　终端屏幕上显示系统信息

对于不同版本的 Boot ROM 程序，终端上显示的界面可能会略有差别，解释如下：

cisco 2811 (MPC860) processor (revision 0x200) with 60416K/5120K bytes of memory(内存的大小)

Processor board ID JAD05190MTZ (4292891495)

M860 processor: part number 0, mask 49

2 FastEthernet/IEEE 802.3 interface(s) （两个以太网接口）

2 Low-speed serial(sync/async) network interface(s) （两个低速串行接口）

239K bytes of non-volatile configuration memory. （NVRAM 的大小）

```
62720K bytes of ATA CompactFlash (Read/Write) （FLASH 卡的大小）
Cisco IOS Software, 2800 Software (C2800NM-ADVIPSERVICESK9-M), Version
 12.4(15)T1, RELEASE SOFTWARE (fc2)
Technical Support: http://www.cisco.com/techsupport
Copyright (c) 1987-2007 by Cisco Systems, Inc.
Compiled Wed 18-Jul-07 06:21 by pt_rel_team
         --- System Configuration Dialog ---
Continue with configuration dialog? [yes/no]:
```
（提示是否进入配置对话模式，以"no"结束该模式）

如果超级终端无法连接到路由器，请按照以下顺序进行检查。

① 检查计算机和路由器之间的连接是否松动，并确保路由器已经开机。

② 确保计算机选择了正确的 COM 口及默认登录参数。

③ 如果还是无法排除故障，而路由器并不是出厂设置，可能是路由器的登录速率不是 9600b/s，需要逐一进行检查。

④ 使用计算机的另一个 COM 口和路由器的 Console 口连接，确保连接正常，输入默认参数进行登录。

（2）通过 Telnet 登录路由器

如果不是路由器第一次通电，而且用户已经正确配置了路由器各接口的 IP 地址，并配置了正确的登录验证方式和呼入呼出受限规则，则在配置终端与路由器之间有可达路由前提下，可以用 Telnet 通过局域网或广域网登录到路由器，然后对路由器进行配置。

第一步：建立本地配置环境，只需将微机以太网口通过局域网与路由器的以太网口连接，如图 5-13 所示。

图 5-13 通过局域网搭建本地配置环境

第二步：配置路由器以太网接口 IP 地址。

```
Router>enable     （由用户模式转换为特权模式）
Router#configure terminal    （由特权模式转换为全局配置模式）
Router(config)#interface fastEthernet 0/0    （进入以太网接口模式）
Router(config-if)#ip address 192.168.1.1 255.255.255.0
```
（为此接口配置 IP 地址，此地址为计算机的默认网关）

```
Router(config-if)#no shutdown
```
（激活该接口，默认为关闭状态，与交换机有很大区别）

```
%LINK-7-CHANGED: Interface FastEthernet0/0, changed state to up
%LINEPROTO-7-UPDOWN: Line protocol on Interface FastEthernet0/0,
changed state to up
```
（系统信息显示此接口已激活）

第三步：配置路由器密码。
Router(config)#line vty 0 4
（进入路由器的 VTY 虚拟终端下，"vty0 4"表示 vty0 到 vty4，共 5 个虚拟终端）
Router(config-line)#password 123   （设置 Telnet 登录密码为 123）
Router(config-line)#login   （登录时进行密码验证）
Router(config-line)#exit   （由线路模式转换为全局配置模式）
Router(config)#enable password 123   （设置进入到路由器特权模式的密码）
Router(config)#exit   （由全局配置模式转换为特权模式）
Router#copy running-config startup-config
（将正在运行的配置文件保存到系统的启动配置文件）
Destination filename [startup-config]?   （默认文件名为 startup-config）
Building configuration...
[OK]   （系统提示保存成功）

第四步：在计算机上运行 Telnet 程序，访问路由器。

配置计算机的 IP 地址为 192.168.1.5（只要在 192.168.1.2～192.168.1.254 的范围内，不冲突就可以），子网掩码为 255.255.255.0，默认网关为 192.168.1.1。首先要测试计算机与路由器的连通性，确保 ping 通，再进行 telnet 远程登录，如图 5-14 所示。

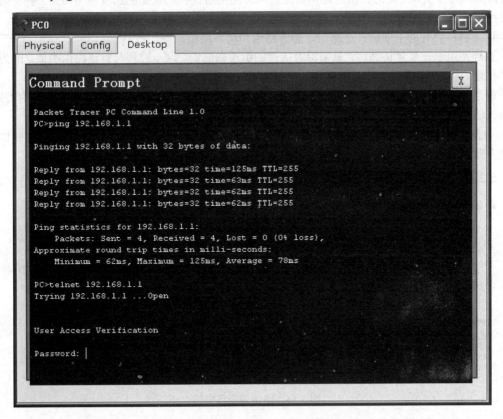

图 5-14 与路由器建立 Telnet 连接

通过 Telnet 配置路由器时，请不要轻易改变路由器的 IP 地址（由于修改可能会导致 Telnet 连接断开）。如有必要修改，必须输入路由器的新 IP 地址，重新建立连接。

5.2 构建路由表

5.2.1 路由表简介

路由器的主要功能是将数据包转发到目的网络，即转发到数据包目的 IP 地址。为此，路由器需要搜索存储在路由表中的路由信息。

路由表是保存在 RAM 中的数据文件，其中存储了与直连网络以及远程网络相关的信息。路由表包含网络与下一跳的关联信息。这些关联告知路由器：要以最佳方式到达某一目的地，可以将数据包发送到特定路由器（即在到达最终目的地的途中的"下一跳"）。下一跳也可以关联到通向最终目的地的外发或送出接口。

直连网络就是直连到路由器某一接口的网络。当路由器接口配置有 IP 地址和子网掩码时，此接口即成为该相连网络的主机。接口的网络地址和子网掩码，以及接口类型和编号都将直接输入路由表，用于表示直连网络。路由器若要将数据包转发到某一主机（如 Web 服务器），则该主机所在的网络应该是路由器的直连网络。

远程网络就是间接连接到路由器的网络。换言之，远程网络就是必须通过将数据包发送到其他路由器才能到达的网络。要将远程网络添加到路由表中，可以使用动态路由协议，也可以通过配置静态路由来实现。动态路由是路由器通过动态路由协议自动获知的远程网络路由。静态路由是网络管理员手动配置的网络路由。

以下解释会有助于理解直连路由、静态路由和动态路由。

直连路由——要拜访邻居，只需沿着居住的街道向前走。这一过程与直连路由类似，因为通过"相连的接口"（街道）即可直接到达"目的地"。

静态路由——对于指定的路线，火车每次都沿用相同的轨道行进。这一过程与静态路由类似，因为到达目的地的路径总是相同的。

动态路由——驾车时，可以根据交通、天气或其他状况"动态地"选择不同路线。这一过程与动态路由类似，因为在到达目的地的过程中，可以在许多不同点选择新的路线。

5.2.2 路由表原理

路由表原理如下，引入这些原理的目的是帮助理解、配置和排查路由问题。

① 每台路由器根据其自身路由表中的信息独立作出决策。
② 一台路由器的路由表中包含某些信息，并不表示其他路由器也包含相同的信息。
③ 有关两个网络之间路径的路由信息，并不能提供反向路径（即返回路径）的路由信息。

路由表原理举例，如图 5-15 所示。

图 5-15 路由表原理举例

这些原理的具体作用如下。

① 做出路由决定后，路由器 R1 将流向 PC2 的数据包转发至路由器 R2。R1 仅了解其自身路由表中的信息，该信息表明路由器 R2 是下一跳路由器。R1 并不知道 R2 是否确实具有到达目的网络的路由。

② 网络管理员负责确保其所管理的所有路由器都具备完整准确的路由信息，以便数据包能够在任意两个网络间进行转发。这可通过使用静态路由、动态路由协议或两者的综合运用来实现。

③ 路由器 R2 能够将数据包转发至 PC2 所在的目的网络，但是，从 PC2 到 PC1 的数据包会被 R2 丢弃。尽管 R2 的路由表中包含有关 PC2 所在目的网络的信息，但不知道它是否包含返回 PC1 所在网络的路径信息。

5.2.3 直连路由

当路由器接口配置有 IP 地址和子网掩码时，此接口即成为该网络上的主机。直连路由的原理如图 5-16 所示，当 R1 的 Fa0/0 接口配置有 IP 地址 1.1.1.1 和子网掩码 255.0.0.0 时，Fa 0/0 接口即成为 1.0.0.0/8 网络的一员。连接到同一 LAN 的主机（如 PC1）也配置有属于 1.0.0.0/8 网络的 IP 地址。

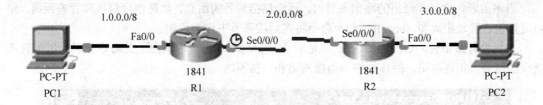

图 5-16 直连路由的原理

当 PC 配置了主机 IP 地址和子网掩码后，该 PC 使用子网掩码来确定其当前所属的网络。这一过程是由操作系统通过将 IP 地址和子网掩码执行 AND 运算实现的。对于配置了接口的路由器，也是使用相同的逻辑运算来达到这一目的。PC 通常配置单一的主机 IP 地址，因为它只有一个网络接口（一般是以太网网卡）。路由器则有多个接口，每个接口必须是不同网络的一员。R1 属于两个不同的网络：1.0.0.0/8 和 2.0.0.0/8。路由器 R2 也属于两个不同网络：2.0.0.0/8 和 3.0.0.0/8。

配置路由器的接口并使用 no shutdown 命令将其激活后，该接口必须收到来自其他设备（路由器、交换机、集线器等）的载波信号，其状态才能视为 "up"（开启）。一旦接口为 "up"（开启）状态，该接口所在的网络就会作为直连网络而加入路由表。

在路由器上配置静态或动态路由之前，路由器只知道与自己直连的网络。这些网络是在配置静态或动态路由之前唯一显示在路由表中的网络。直连网络对于路由决定起着重要作用。如果路由器没有直连网络，也就不会有静态和动态路由的存在。如果路由器接口未启用 IP 地址和子网掩码，路由器就不能从该接口将数据包发送出去，正如在以太网接口未配置 IP 地址和子网掩码的情况下，PC 也不能将 IP 数据包从该接口发送出去。

使用 show ip route 命令可以显示路由表，例如：

```
R1#show ip route
Codes: C-connected, S- static, I - IGRP, R - RIP, M - mobile, B - BGP
       D - EIGRP, EX - EIGRP external,O - OSPF,IA - OSPF inter area
       N1 -OSPF NSSA external type 1,N2 - OSPF NSSA external type 2
       E1 - OSPF external type 1, E2 - OSPF external type 2, E - EGP
       i - IS-IS,L1-IS-IS level-1,L2-IS-IS level-2,ia-IS-IS inter area
       * - candidate default, U - per-user static route, o - ODR
       P - periodic downloaded static route
```

```
Gateway of last resort is not set
C    1.0.0.0/8 is directly connected, FastEthernet0/0
C    2.0.0.0/8 is directly connected, Serial0/0/0
```

此时还没有配置任何静态路由,也没有启用任何动态路由协议。因此,路由表仅显示与该路由器直连的网络。对于路由表中列出的每个网络,均可看到以下信息。

C——此列中的信息指示路由信息的来源是直连网络、动态路由,还是动态路由协议。C 表示直连路由。

1.0.0.0/8——这是直连网络或远程网络的网络地址和子网掩码。在本例中,路由表的两个条目 1.0.0.0/8 和 2.0.0.0/8 都是直连网络。

FastEthernet 0/0——路由条目末尾的信息,表示送出接口和(或)下一跳路由器的 IP 地址。在本例中,FastEthernet0/0 和 Serial0/0/0 都是用于到达这些网络的送出接口。

当路由表包含远程网络的路由条目时,还会包括额外的信息,如路由度量值和管理距离。路由度量值、管理距离和 show ip route 命令将在后续章节中详细说明。

主机也有路由表,如图 5-17 所示,显示了 route print 命令的输出。此命令会显示所配置或获得的网关、相连网络、回环网络、组播网络和广播网络。

图 5-17 主机路由表

5.2.4 静态路由

通过配置静态路由或启用动态路由协议,可以将远程网络添加至路由表。当 IOS 获知远程网络及用于到达远程网络的接口时,只要送出接口为启用状态,它便会将该路由添加到路由表中。静态路由包括远程网络的网络地址和子网掩码,以及下一跳路由器或送出接口的 IP 地址,静态路由在路由表中以代码 S 表示。

```
R1#show ip route
Gateway of last resort is not set
```

```
C    1.0.0.0/8 is directly connected, FastEthernet0/0
C    2.0.0.0/8 is directly connected, Serial0/0/0
S    3.0.0.0/8 [1/0] via 2.1.1.2
```

在以下情况中应使用静态路由。

① 网络中仅包含几台路由器。在这种情况下，使用动态路由协议并没有任何实际好处。相反，动态路由可能会增加额外的管理负担。

② 网络仅通过单个 ISP 接入 Internet。因为该 ISP 就是唯一的 Internet 出口点，所以不需要在此链路间使用动态路由协议。

③ 以集中星形拓扑结构配置的大型网络。集中星形拓扑结构由一个中央位置（中心点）和多个分支位置（分散点）组成，其中每个分散点仅有一条到中心点的连接。因为每个分支仅有一条路径通过中央位置到达目的地，所以不需要使用动态路由。

通常，大多数路由表中同时含有静态路由和动态路由，但是，如前所述，路由表必须首先包含用于访问远程网络的直连网络，然后才能使用任何静态或动态路由。

5.2.5 动态路由

使用动态路由协议也可将远程网络添加到路由表中。动态路由原理如图 5-18 所示，R1 已经通过动态路由协议 RIP（路由信息协议），从 R2 自动获知 4.0.0.0/8 网络，动态路由表显示如下：

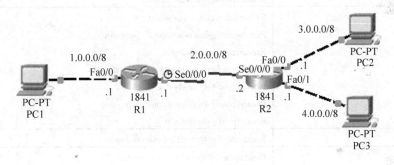

图 5-18 动态路由原理

```
R1#show ip route
Gateway of last resort is not set
C    1.0.0.0/8 is directly connected, FastEthernet0/0
C    2.0.0.0/8 is directly connected, Serial0/0/0
S    3.0.0.0/8 [1/0] via 2.1.1.2
R    4.0.0.0/8 [120/1] via 2.1.1.2, 00：00：36, Serial0/0/0
```

R1 的路由表显示已获知两个远程网络，其中一条路由通过 RIP 动态获得；另一条静态路由为手动配置。此例子显示了路由表是如何同时包含动态获知的路由以及静态配置的路由，但它并不代表这种方法是该网络的最佳配置方法。

路由器使用动态路由协议共享有关远程网络连通性和状态的信息。动态路由协议的功能包括：网络发现、更新和维护路由表和自动网络发现。

网络发现是路由协议的一项功能，通过此功能路由器能够与使用相同路由协议的其他路由器共享网络信息。动态路由协议使路由器能够自动地从其他路由器获知远程网络，这样便无需在每台路由器上配置指向这些远程网络的静态路由。这些网络以及到达每个网络的最佳路径，将添加到路由器的路由表中，并被标记为通过特定动态路由协议获知的网络。

在初次网络发现后,动态路由协议将更新并维护其路由表中的网络。动态路由协议不仅会确定通往各个网络的最佳路径,同时还会在初始路径不可用(或者拓扑结构发生变化)时确定新的最佳路径。因此,动态路由协议比静态路由更具优势。如果使用动态路由协议,则路由器无需网络管理员的参与,即可自动与其他路由器共享路由信息,并对拓扑结构的变化作出反应。

用于 IP 的动态路由协议有很多种。常用的动态路由协议有 RIP(路由信息协议)、IGRP(内部网关路由协议)、EIGRP(增强型内部网关路由协议)、OSPF(开放最短路径优先)、IS-IS(中间系统到中间系统)、BGP(边界网关协议)等。

5.3 路由器的基本配置

5.3.1 基本配置命令

配置路由器时,需要执行一些基本任务,包括命名路由器、设置口令、配置接口、配置标语、保存路由器更改、检验基本配置和路由器操作。路由器的基本配置见表 5-1。

表 5-1 路由器的基本配置

语 法 含 义	配 置 命 令
系统名	Router(config)#hostname *name*
设置口令(控制台、特权、远程)	Router(config)#line console 0 Router(config-line)#password *password* Router(config-line)#login Router(config)#enable secret *password* Router(config)#line vty 0 4 Router(config-line)#password *password* Router(config-line)#login
标语	Router(config)#banner motd # message #
接口	Router(config)#interface *type number* Router(config-if)#description *description* Router(config-if)#ip address *address mask* Router(config-if)#no shutdown
保存	Router#copy running-config startup-config Destination filename [startup-config]? Building configuration... [OK]
校验命令	Router#show running-config Router#show startup-config Router#show interfaces Router#show ip interface brief Router#show ip route

第一个提示符出现在用户模式下,用户模式可以查看路由器状态,但不能修改其配置。不要将用户模式中使用的"用户"一词与网络用户相混淆。用户模式中的"用户"是指网络技术人员、操作员和工程师等负责配置网络设备的人员。

enable 命令用于进入特权执行模式。在此模式下,用户可以更改路由器的配置。路由器提示符在此模式下将从">"更改为"#"。例如:

Router>enable

```
Router#
```
（1）主机名和口令

首先进入全局配置模式。
```
Router#config terminal
```
然后为路由器设置唯一的主机名。
```
Router(config)#hostname R1
R1(config)#
```
现在配置一个口令，用于稍后进入特权执行模式。在实际应用中，路由器应采用强口令。
```
Router(config)#enable secret network
```
然后，将控制台和 Telnet 的口令配置为 student。login 命令用于对命令行启用口令检查。如果不在控制台命令行中输入 login 命令，那么用户无需输入口令即可获得命令行访问权。
```
R1(config)#line console 0
R1(config-line)#password student
R1(config-line)#login
R1(config-line)#exit
R1(config)#line vty 0 4
R1(config-line)#password student
R1(config-line)#login
R1(config-line)#exit
```
（2）配置标语

在全局配置模式下，配置当天消息 (motd) 标语。消息的开头和结尾要使用定界符 "#"。定界符可用于配置多行标语，如下所示：
```
R1(config)#banner motd #
Enter TEXT message.End with the character '#'.
********************************************
WARNING!!Unauthorized Access Prohibited!!
********************************************
#
```
好的安全规划应包括对标语的适当配置，标语至少应针对未授权的访问发出警告，切记不要配置类似于欢迎未授权用户光临之类的标语。

（3）路由器接口配置

首先应指定接口类型和编号，以便进入接口配置模式，然后配置 IP 地址和子网掩码：
```
R1(config)#interface Serial0/0
R1(config-if)#ip address 192.168.2.1 255.255.255.0
```
建议为每个接口配置说明文字，以帮助记录网络信息。说明文字最长不能超过 240 个字符。在生产网络中，可以在说明中提供接口所连接的网络类型，以及该网络中是否还有其他路由器等信息，以利于今后的故障排除工作。如果接口连接到 ISP 或服务运营商，输入第三方连接信息和联系信息也很有用，例如：
```
Router(config-if)#description Ciruit#VBN32696-123 (help desk:1-800-555-1234)
```
在实验室环境中，可以输入有助于故障排除的简单说明，例如：
```
R1(config-if)#description Link to R2
```

IP 地址和说明配置完成后，必须使用 no shutdown 命令激活接口，这与接口通电类似。接口还必须连接到另一个设备（集线器、交换机、其他路由器等），才能使物理层处于活动状态。

```
Router(config-if)#no shutdown
```

在实验室环境中进行点对点串行链路布线时，电缆的一端标记为 DTE，另一端标记为 DCE。对于串行接口连接到电缆 DCE 端的路由器，其对应的串行接口上需要另外使用 clock rate 命令配置。

```
R1(config-if)#clock rate 64000
```

对于需要进行配置的所有其他端口，可重复使用接口配置命令。

每个接口必须属于不同的网络，尽管 IOS 允许在两个不同的接口上配置来自同一网络的 IP 地址，但路由器不会同时激活两个接口。

例如，如果为 R1 的 FastEthernet 0/1 接口配置 1.0.0.0/8 网络上的 IP 地址，会出现什么情况呢？FastEthernet 0/0 已分配到同一网络上的地址，如果为接口 FastEthernet 0/1 也配置属于这一网络的 IP 地址，则会收到以下消息：

```
R1(config)#interface FastEthernet0/1
R1(config-if)#ip address 1.1.1.2 255.0.0.0
1.0.0.0 overlaps with FastEthernet0/0
```

如果尝试使用 no shutdown 命令启用该接口，则会收到以下消息：

```
R1(config-if)#no shutdown
1.0.0.0 overlaps with FastEthernet0/0
FastEthernet0/1:incorrect IP address assignment
```

show ip interface brief 命令的输出表明，为 1.0.0.0/8 网络配置的第二个接口 FastEthernet 0/1 仍然为"down"（关闭）状态。

```
R1#show ip interface brief
```

<省略部分输出>

```
FastEthernet0/1  1.1.1.2  YES manual administratively down down
```

（4）检验基本路由器配置

所有路由器的配置命令都已输入，并立即存储于 R1 的运行配置文件内。running-config 文件是由 IOS 使用的配置文件，存储于 RAM 中。下一步工作是检验输入的命令，可以使用以下命令显示运行配置：

```
R1#show running-config
Building configuration...
Current configuration : 693 bytes
version 12.4
hostname R1
enable secret 5 $1$mERr$h8fNeuzwQ5F8joeWZbJYw1
interface FastEthernet0/0
 description R1 LAN
 ip address 1.1.1.1 255.0.0.0
 duplex auto
 speed auto
!
interface Serial0/0/0
 description Link to R2
 ip address 2.1.1.1 255.0.0.0
```

```
 clock rate 64000
!
Banner motd ^C
Enter TEXT message.End with the character '#'.
**********************************************
WARNING!!Unauthorized Access Prohibited!!
**********************************************
^C
!
line con 0
 password student
 login
line vty 0 4
 password student
 login
!
end
```

输入基本配置命令后，就必须将 running-config 保存到非易失性存储器，即路由器的 NVRAM。这样，路由器在断电或出现意外而重新加载时，才能够以当前配置启动。路由器配置完成并经过测试后，必须将 running-config 保存到 startup-config 作为永久性配置文件，命令如下：

`R1#copy running-config startup-config`

在应用并保存基本配置后，可使用以下几个命令来检验是否已正确配置路由器。

① R1#show running-config 此命令会显示存储在 RAM 中的当前运行中配置。除几个特例外，所有用到的配置命令都会输入到 running-config，并由 IOS 立即执行。

② R1#show startup-config 此命令会显示存储在 NVRAM 中的启动配置文件。此文件中的配置将在路由器下次重新启动时用到。只有当前的运行配置经过 copy running-config startup-config 命令保存到 NVRAM 中时，启动配置才会发生变化。另外，show startup-config 命令还会显示已保存的配置所使用的 NVRAM 字节数。

③ R1#show ip route 此命令会显示 IOS 当前在选择到达目的网络的最佳路径时所使用的路由表。此处，R1 只包含经过自身接口到达直连网络的路由。例如：

```
R1#show ip route
Gateway of last resort is not set
C    1.0.0.0/8 is directly connected, FastEthernet0/0
C    2.0.0.0/8 is directly connected, Serial0/0/0
```

④ show interfaces 此命令会显示所有的接口配置参数和统计信息，例如：

```
R1#show interfaces
FastEthernet0/0 is up, line protocol is up (connected)
  Hardware is Lance, address is 0000.0c4b.6401 (bia 0000.0c4b.6401)
  Description: R1 LAN
  Internet address is 1.1.1.1/8
  MTU 1500 bytes, BW 100000 Kbit, DLY 100 usec,
     reliability 255/255, txload 1/255, rxload 1/255
  Encapsulation ARPA, loopback not set
```

ARP type: ARPA, ARP Timeout 04:00:00,

⑤ R1#show ip interface brief 此命令会显示简要的接口配置信息,包括 IP 地址和接口状态。此命令是排除故障的实用工具,也可以快速确定所有路由器接口状态。例如:

```
R1#show ip interface brief
Interface       IP-Address      OK?  Method  Status                Protocol
FastEthernet0/0 1.1.1.1         YES  manual  up                    up
FastEthernet0/1 unassigned      YES  manual  up                    up
Serial0/0/0     2.1.1.1         YES  manual  up                    up
Serial0/0/1     unassigned      YES  manual  down                  down
Vlan1           unassigned      YES  manual  administratively down down
```

5.3.2 路由器口令恢复

以思科路由器 1841 为例,为路由器配置一个自己也记不住的密码,以便进行密码恢复。

```
Router>enable
Router#config terminal
Enter configuration commands, one per line. End with CNTL/Z.
Router(config)#hostname R1
R1(config)#enable secret afe4658sjg54se89pok
R1(config)#exit
R1#copy running-config st
R1#copy running-config startup-config
Destination filename [startup-config]?
Building configuration...
[OK]
```

关闭路由器电源并重新开机,当控制台出现启动过程时,按 **Ctrl+Break** 键中断路由器的启动过程,进入 rommon 模式。

```
System Bootstrap, Version 12.3(8r)T8, RELEASE SOFTWARE (fc1)
Cisco 1841 (revision 5.0) with 114688K/16384K bytes of memory.
Self decompressing the image :
######################
monitor: command "boot" aborted due to user interrupt
rommon 1 >confreg 0x2142
```

默认配置寄存器的值为 0x2102,此时修改为 0x2142,这会使路由器开机时不读取 NVRAM 中的配置文件。

```
rommon 2 >reset
```

重启路由器,进入 setup 模式。

```
Router>enable
Router#copy startup-config running-config
```

把配置文件从 NVRAM 中复制到内存中,在此基础上修改密码。

```
Destination filename [running-config]?
495 bytes copied in 0.416 secs (1189 bytes/sec)
Router#config terminal
R1(config)#enable secret network
```

修改为自己的密码,如果还配置了其他密码,也要一一修改。

```
R1(config)#config-register 0x2102
```
将寄存器的值恢复正常。
```
R1(config)#exit
R1#copy running-config startup-config
Destination filename [startup-config]?
Building configuration...
[OK]
R1#reload
```
重启路由器，校验密码。

本章小结

路由器的主要目的在于连接多个网络，并将数据包从一个网络转发到下一个网络。路由器通常都有多个接口，每个接口都是不同 IP 网络的成员或主机。路由器包含路由表，该表记录了路由器的网络列表。路由表包含其自身接口的网络地址和远程网络的网络地址。远程网络是只能通过将数据包转发至其他路由器才能到达的网络。

远程网络可以采用两种方法添加至路由表：通过网络管理员手动配置静态路由，或者通过动态路由协议实现。静态路由的维护量小于动态路由协议，但如果拓扑结构经常发生变化或不稳定，则静态路由将需要更多的维护工作。

动态路由协议能够自动调整以适应网络变化，无需网络管理员干预。动态路由协议要求更多的 CPU 处理工作，并且还需要使用一定量的链路资源用于路由更新和通信。在许多情况下，路由表同时包含静态和动态路由。

课后习题

一、选择题

1. 以下（　　）正确描述了路由器启动时的顺序。
   A. 检查硬件、应用配置、加载 bootstrap、加载 IOS
   B. 加载 bootstrap、应用配置、加载 IOS
   C. 加载 bootstrap、加载 IOS、应用配置
   D. 加载 IOS、加载 bootstrap、应用配置、检查硬件

2. 网络管理员需要通过路由器的 FastEthernet 端口直接连接两台路由器，应使用（　　）电缆。
   A. 全反电缆　　　B. 串行电缆　　　C. 直通电缆　　　D. 交叉电缆

3. 输入以下命令的作用是（　　）。
```
Router(config)# line vty 0 4
Router (config-line)# password network
Router (config-line)# login
```
   A. 设置通过 Telnet 连接该路由器时使用的口令
   B. 要求在保存配置前输入 network
   C. 创建本地用户账户，以便登录路由器或交换机
   D. 确保在进入用户执行模式之前输入口令

4. 网络管理员刚把新配置输入路由器 Router,将配置更改保存到 NVRAM,应该执行(　　)命令。

   A. Router(config)# copy running-config startup-config
   B. Router(config)# copy running-config flash
   C. Router# copy running-config flash
   D. Router# copy running-config startup-config

5. 从 show version 命令的输出中,可以了解到有关路由器及其启动过程的(　　)信息。

   A. 命令缓冲区的内容　　　　　　　　B. IOS 的加载位置
   C. NVRAM 和 FLASH 的占用额　　　　D. MTU 的大小

二、实践题

某网络拓扑结构如图 5-19 所示,IP 地址分配情况见表 5-2。为网络中所有路由器的以太网口和串口配置 IP 地址,为 PC 配置 IP 地址、子网掩码及网关。分别在三台路由器上,使用命令 show ip interface brief,检查 FastEthernet 接口的状态。在 PC1 的命令提示符下,发出命令 arp –a,在路由器 R1 上,发出命令 show arp,观察结果。在 PC1 的命令提示符下,发出命令 ping 172.16.3.1,在 PC1 的命令提示符下,发出命令 arp–a,在路由器 R1 上,发出命令 show arp,再观察结果,两台设备的 ARP 表中现在都有对方的条目。

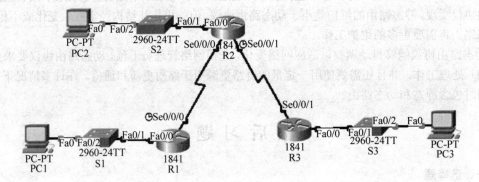

图 5-19　网络拓扑结构图

表 5-2　IP 地址分配情况

设备	接口	IP 地址	子网掩码	默认网关
R1	Fa0/0	172.16.3.1	255.255.255.0	N/A
	S0/0/0	172.16.2.1	255.255.255.0	N/A
R2	Fa0/0	172.16.1.1	255.255.255.0	N/A
	S0/0/0	172.16.2.2	255.255.255.0	N/A
	S0/1/0	192.168.1.2	255.255.255.0	N/A
R3	Fa0/0	192.168.2.1	255.255.255.0	N/A
	S0/0/0	192.168.1.1	255.255.255.0	N/A
PC1	网卡	172.16.3.10	255.255.255.0	172.16.3.1
PC2	网卡	172.16.1.10	255.255.255.0	172.16.1.1
PC3	网卡	192.168.2.10	255.255.255.0	192.168.2.1

第 6 章 静 态 路 由

静态路由是指由用户或网络管理员手工配置的路由信息。当网络的拓扑结构或链路的状态发生变化时，网络管理员需要手工去修改路由表中相关的静态路由信息。

6.1 直连网络

6.1.1 案例描述

某公司三个子公司通过路由器进行连接，网络拓扑结构如图 6-1 所示，编址结构见表 6-1。在本拓扑中有三个带宽各不相同的串行链路，且每台路由器都具有多条路径通向远程网络。

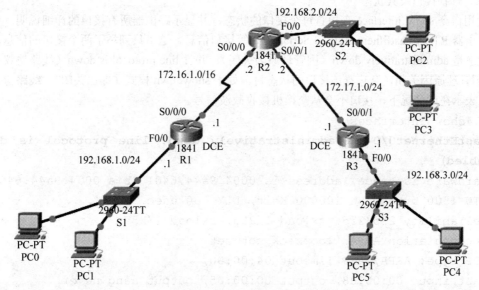

图 6-1 某公司网络拓扑结构

表 6-1 编址结构

设备	接口	IP 地址	子网掩码	默认网关
R1	F0/0	192.168.1.1	255.255.255.0	
	S0/0/0	172.16.1.1	255.255.0.0	
R2	F0/0	192.168.2.1	255.255.255.0	
	S0/0/0	172.16.1.2	255.255.0.0	
	S0/0/1	172.17.1.2	255.255.0.0	
R3	F0/0	192.168.3.1	255.255.255.0	
	S0/0/1	172.17.1.1	255.255.0.0	
PC0	NIC	192.168.1.2	255.255.255.0	192.168.1.1
PC1	NIC	192.168.1.3	255.255.255.0	192.168.1.1
PC2	NIC	192.168.2.2	255.255.255.0	192.168.2.1
PC3	NIC	192.168.2.3	255.255.255.0	192.168.2.1
PC4	NIC	192.168.3.2	255.255.255.0	192.168.3.1
PC5	NIC	192.168.3.3	255.255.255.0	192.168.3.1

6.1.2 查看路由器接口

（1）查看路由表

路由器在启动后，没有设置任何接口，路由表是空的，使用命令 show ip route 查看路由器 R1 的路由表，可以看到没有任何接口设置 IP 地址和子网掩码，路由表中没有路由。

```
R1#show ip route
Codes: C - connected, S - static, I - IGRP, R - RIP, M - mobile,B -BGP
D - EIGRP, EX - EIGRP external, O - OSPF, IA - OSPF inter area
N1 - OSPF NSSA external type 1, N2 - OSPF NSSA external type 2
E1 - OSPF external type 1, E2 - OSPF external type 2, E - EGP
i-IS-IS, L1 - IS-IS level-1, L2 - IS-IS level-2, ia - IS-IS inter area
* - candidate default, U - per-user static route, o - ODR
P - periodic downloaded static route
Gateway of last resort is not set
```

（2）查看接口及其状态

使用命令 show interface 来检查每个接口的状态，并显示路由器所有接口的详细说明。可以看到路由器 R1 的 FastEthernet0/0 和 Serial0/0/0 等接口信息，这里只列举了两个接口的信息，接口的状态是 administratively down（因管理原因关闭），并且 line protocol is down（线路协议已关闭）。因管理原因关闭，意味着该接口的状态目前处于 showdown 模式（即已关闭）；线路协议已关闭，表示在此情况下，接口不会从交换机接收载波信号。

```
R1#show interfaces
FastEthernet0/0 is administratively down, line protocol is down
(disabled)
Hardware is Lance, address is 0004.9a44.6401 (bia 0004.9a44.6401)
MTU 1500 bytes, BW 100000 Kbit, DLY 100 usec,
reliability 255/255, txload 1/255, rxload 1/255
Encapsulation ARPA, loopback not set
ARP type: ARPA, ARP Timeout 04:00:00,
Last input 00:00:08, output 00:00:05, output hang never
Last clearing of "show interface" counters never
Input queue: 0/75/0 (size/max/drops); Total output drops: 0
Queueing strategy: fifo
Output queue :0/40 (size/max)
5 minute input rate 0 bits/sec, 0 packets/sec
5 minute output rate 0 bits/sec, 0 packets/sec
0 packets input, 0 bytes, 0 no buffer
Received 0 broadcasts, 0 runts, 0 giants, 0 throttles
0 input errors, 0 CRC, 0 frame, 0 overrun, 0 ignored, 0 abort
0 input packets with dribble condition detected
0 packets output, 0 bytes, 0 underruns
0 output errors, 0 collisions, 1 interface resets
0 babbles, 0 late collision, 0 deferred
```

```
0 lost carrier, 0 no carrier
0 output buffer failures, 0 output buffers swapped out
Serial0/0/0 is administratively down, line protocol is down (disabled)
Hardware is HD64570
MTU 1500 bytes, BW 1544 Kbit, DLY 20000 usec,
reliability 255/255, txload 1/255, rxload 1/255
Encapsulation HDLC, loopback not set, keepalive set (10 sec)
Last input never, output never, output hang never
Last clearing of "show interface" counters never
Input queue: 0/75/0 (size/max/drops); Total output drops: 0
Queueing strategy: weighted fair
Output queue: 0/1000/64/0 (size/max total/threshold/drops)
Conversations 0/0/256 (active/max active/max total)
Reserved Conversations 0/0 (allocated/max allocated)
Available Bandwidth 1158 kilobits/sec
5 minute input rate 0 bits/sec, 0 packets/sec
5 minute output rate 0 bits/sec, 0 packets/sec
0 packets input, 0 bytes, 0 no buffer
Received 0 broadcasts, 0 runts, 0 giants, 0 throttles
0 input errors, 0 CRC, 0 frame, 0 overrun, 0 ignored, 0 abort
0 packets output, 0 bytes, 0 underruns
0 output errors, 0 collisions, 1 interface resets
0 output buffer failures, 0 output buffers swapped out
0 carrier transitions
DCD=down DSR=down DTR=down RTS=down CTS=down
```

如果管理员只需要查看某一个接口的信息,可以在 show interface 命令后加上接口名称,如查看路由器 R1 的 FastEthernet0/0 接口,可以使用命令 show interface FastEthernet0/0。

(3) 查看接口状态的总结信息

如果需要查看路由器上所有接口的简略信息,可以使用命令 show ip interface brief。

```
R1#show ip interface brief
Interface          IP-Address    OK? Method  Status                Protocol
FastEthernet0/0    unassigned    YES unset   administratively down  down
FastEthernet0/1    unassigned    YES unset   administratively down  down
Serial0/0/0        unassigned    YES unset   administratively down  down
Serial0/0/1        unassigned    YES unset   administratively down  down
Vlan1              unassigned    YES unset   administratively down  down
```

也可以使用命令 show running-config,显示路由器当前使用的配置文件,该配置文件中有关于接口的信息,但是并不是校验接口配置的最佳方法,使用命令 show ip interface brief,可以更直观地校验接口状态。

6.1.3 局域网接口的配置与校验

路由器的接口主要类型是以太网接口,以太网接口用于连接企业局域网。

（1）配置以太网接口

路由器 R1 还没有任何路由，现在来为 R1 配置以太网接口以添加路由，并观察启动该接口后发生的变化。将接口 fastEthernet0/0 的 IP 地址设置为 172.31.1.29，子网掩码设置为 255.255.255.129，并且启动该接口。

```
R1(config)#interface fastEthernet0/0    /进入接口子模式
R1(config-if)#ip address 192.168.1.1 255.255.255.0  /设置接口 IP 地址
                                                     和子网掩码
R1(config-if)#no shutdown   /启用接口，将接口状态从 administratively down
                             更改为 up。
```

当执行完 no shutdown 后，在 IOS 中，出现了两条提示消息。第一条消息表示在物理上该连接没有任何问题，如果没有收到该消息，就应该检查该接口是否正确连接到了交换机或者计算机上。第二条消息表示数据链路层运行正常。

```
%LINK-5-CHANGED: Interface FastEthernet0/0, changed state to up
%LINEPROTO-5-UPDOWN: Line protocol on Interface FastEthernet0/0,
changed state to up
```

（2）读取路由表

以太网接口设置完成并成功启动后，可以使用命令 show ip route 查看路由器 R1 的路由表。此接口设置 IP 地址是 192.168.1.1，因此属于 192.168.1.0/24 网络。路由开头部分的 C 表示这是一个直接相连网络。也就是说，R1 有一个接口属于该网络，C 192.168.1.0/24 is directly connected, FastEthernet0/0 表示 192.168.1.0/24 的子网连接在 FastEthernet0/0 接口。C 的含义在路由表顶端的代码列表中进行了定义，即 C - connected。

```
R1#show ip route
Gateway of last resort is not set
C    192.168.1.0/24 is directly connected, FastEthernet0/0
```

6.1.4 广域网接口的配置与校验

（1）配置串行接口

路由器还有一类接口类型是串行接口，串行接口用于路由器之间连接，配置路由器 R1 的接口 serial0/0/0 的 IP 地址为 172.16.1.1，子网掩码是 255.255.0.0，并且启动该接口。

```
R1(config)#interface serial0/0/0
R1(config-if)#ip address172.16.1. 255.255.0.0
R1(config-if)#no shutdown
```

（2）显示接口状态

使用命令 show interface serial0/0/0 查看接口状态，该接口状态为 down，这是因为只有串行链路另一端正确配置后，串行接口这一端才会是 up 状态。

```
R1#show interfaces serial0/0/0
Serial0/0/0 is down, line protocol is down (disabled)
Hardware is HD64570
Internet address is 172.16.1.1/16
```

配置路由器 R2 的串行接口 serial0/0/0 的 IP 地址是 172.16.1.2，子网掩码是 255.255.0.0，并且启动该接口。

```
R2(config)#interface serial0/0/0
```

```
R2(config-if)#ip address 172.16.1.2 255.255.0.0
R2(config-if)#no shutdown
```
再次使用命令 show interface serial0/0/0 查看该接口状态，仍然是 down 状态，这是因为接口没有收到时钟信号。在 LAN 接口，不需要设置参数接口就可以正常工作，实验环境中的 WAN 接口，要求链路一端提供时钟信号，如果没有正确设置时钟频率，线路协议（数据链路层）将不会更改为 up 状态。

（3）配置串行链路

串行接口可以用不同的样式，并且可以使用外接的设备。WAN 物理层描述了数据终端设备 (DTE) 与数据电路终端设备 (DCE) 之间的接口。通常，DCE 是服务提供者，DTE 是连接的设备。在这种情况下，为 DTE 提供的服务，是通过调制解调器或 CSU/DSU 来实现的。

一般情况下，路由器是作为 DTE 设备连接到 CSU/DSU（即 DCE 设备）。CSU/DSU（DCE 设备）用于将来自路由器（DTE 设备）的数据，转换为 WAN 服务提供者可接受的格式。CSU/DSU（DCE 设备）还负责将来自 WAN 服务提供者的数据，转换为路由器（DTE 设备）可接受的格式。路由器一般通过串行 DTE 电缆连接到 CSU/DSU。

串行接口需要时钟信号来控制通信的时序。在大多数环境中，服务提供者（DCE 设备，例如 CSU/DSU）会提供时钟信号。默认情况下，路由器为 DTE 设备，但是在实验室环境中，不会采用任何 CSU/DSU，当然也就不会有 WAN 服务提供者，所以需要将一台路由器设置为 DCE 设备，提供时钟信号。可以通过查看电缆间的连接器来区分 DTE 和 DCE。DTE 电缆的连接器为插头型，DCE 电缆的连接器是插孔型。

在本案例中，路由器 R1 的 serial0/0/0 连接到电缆的 DCE 端，路由器 R2 的 serial0/0/0 连接到电缆的 DTE 端，电缆上应标记 DCE 或 DTE。使用命令 show controllers，可查看路由器接口连接的是电缆的哪一端，如查看路由器 R1 的接口，使用命令 show controllers serial0/0/0，可以看到 serial0/0/0 连接的是 DCE 端，没有设置时钟频率。

```
R1#show controllers serial0/0/0
Interface Serial0/0/0
Hardware is PowerQUICC MPC860
DCE V.35, no clock
```

路由器连接电缆后，可以使用命令 clock rate 设置时钟。可用的时钟频率包括 1200b/s、2400 b/s、9600 b/s、19200 b/s、38400 b/s、56000 b/s、72000 b/s、125000 b/s、148000 b/s、500000 b/s、800000 b/s、1000000 b/s、1300000 b/s、2000000 b/s 和 4000000 b/s。其中，路由器的某些串行接口不接受某些比特率。因为路由器 R1 是 DCE 端，使用命令 clock rate 64000 设置时钟频率，设置时钟频率时需要先进入该接口。

```
R1(config)#interface serial0/0/0
R1(config-if)#clock rate 64000
```

时钟频率设置完成后，IOS 出现了端口 up 和线路协议 up 的提示消息。

```
%LINK-5-CHANGED: Interface Serial0/0/0, changed state to up
%LINEPROTO-5-UPDOWN: Line protocol on Interface Serial0/0/0, changed state to up
```

（4）检验串行接口配置

路由器 R1 和 R2 配置完成后，使用命令 show interface serial0/0/0 和 show ip interface brief，可以看到线路协议的状态是 up。只有串行链路的两端都正确配置，并且 DCE 端设置时钟频率后，线路协议的状态才能 up。路由器 R1 上的其他端口，如 serial0/0/1 和 FastEthernet0/1，因为没有进行配置，所以状态仍为 down。

```
R1#show interface serial0/0/0
Serial0/0/0 is up, line protocol is up (connected)
Hardware is HD64570
Internet address is 172.16.1.1/16
MTU 1500 bytes, BW 1544 Kbit, DLY 20000 usec,
reliability 255/255, txload 1/255, rxload 1/255

R1#show ip interface brief
Interface          IP-Address  OK? Method  Status                 Protocol
FastEthernet0/0    unassigned  YES unset   administratively down  up
FastEthernet0/1    unassigned  YES unset   administratively down  down
Serial0/0/0        unassigned  YES unset   administratively down  up
Serial0/0/1        unassigned  YES unset   administratively down  down
Vlan1              unassigned  YES unset   administratively down  down
```

可以使用 ping 命令来确认远程接口的状态是 up。在 R1 上执行命令 ping 172.16.1.2，检测和路由器 R2 的接口 serial0/0/1 连通性，可以看到线路是连通的。

```
R1#ping 172.16.1.2
Type escape sequence to abort.
Sending 5, 100-byte ICMP Echos to 172.16.1.2, timeout is 2 seconds:
!!!!!
Success rate is 100 percent (5/5), round-trip min/avg/max = 1/1/5 ms
```

使用命令 show ip route 查看路由器 R1 的路由表，可以看到直连网络有两条，分别是 C 172.31.1.128 is directly connected, FastEthernet0/0 和 C 192.168.1.0 is directly connected, Serial0/0/0。

```
R1#show ip route
Gateway of last resort is not set
C 172.16.0.0/16 is directly connected, Serial0/0/0
C 192.168.1.0/24 is directly connected, FastEthernet0/0
```

最后使用命令 how running-config 查看路由器 R1 的运行配置。

```
R1#show running-config
Building configuration...
Current configuration : 717 bytes
hostname R1
interface FastEthernet0/0
ip address 192.168.1.1 255.255.255.0
duplex auto
speed auto
interface Serial0/0/0
ip address 172.16.1.1 255.255.0.0
clock rate 64000
```

6.1.5 CDP 协议

（1）CDP 协议概述

CDP 协议即 Cisco 发现协议（Cisco Discovery Protocol），是功能强大的网络监控与故障排除工具，可以使用 CDP 作为信息收集工具，通过它来收集与直连的思科设备有关的信息。CDP 是思科的专有工具，工作在数据链路层。默认情况下，每台思科设备都会定期向直连的其他思科设备发送消息，将这种消息称为 CDP 通告。这些消息包括特定的消息，如连接设备的类型、设备所连接的路由器接口等。

大多数网络设备本身都不是独立工作的，在网络中，思科设备通常都会有其他相邻的思科设备，从其他设备收集到的信息有助于设计网络、排除故障以及调整设备。缺少网络拓扑记录或缺乏详细信息时，可以将 CDP 作为网络发现工具，利用它获得的信息来构建网络逻辑拓扑结构。

（2）邻居的概念

思科的网络设备与其他相邻的设备称为邻居，邻居分为第 3 层邻居和第 2 层邻居。

① 第 3 层邻居　在第 3 层，路由协议把共享同一地址空间的设备视为邻居。以图 6-1 为例，R1 和 R2 是邻居，因为这两个路由器都是 172.16.0.0/16 网络的成员。R2 和 R3 也是邻居，因为它们共享 172.16.0.0/16 网络，但是 R1 和 R3 不是邻居，因为它们不共享网络地址空间。

② 第 2 层邻居　CDP 协议工作在第 2 层。CDP 邻居是指物理上直连并共享同一数据链路的思科设备，以图 6-1 为例，R1 和 R2、R1 和 S1、R2 和 S2、R3 和 S3、R2 和 R3 都是邻居。

需要注意的是，第 2 层邻居和第 3 层邻居不同，交换机是工作在第 2 层的设备，所以和路由器不是第 3 层邻居，但与直连的路由器是第 2 层邻居。

（3）通过 CDP 获取网络信息

可以使用命令 show cdp neighbores 和 show cdp neighbore brief 查看设备的邻居信息。图 6-1 中，需要将路由器 R2 和 R3 的接口配置完成，才能查看。路由器 R2 和 R3 的配置如下。

① 路由器 R2 的接口配置：

```
R2(config)#interface serial0/0/1
R2(config-if)#ip address 172.17.1.2 255.255.0.0
R2(config-if)#no shutdown
R2(config)#interface FastEthernet0/0
R2(config-if)#ip address 192.168.2.1  255.255.255.0
R2(config-if)#no shutdown
```

② 路由器 R3 的接口配置：

```
R3(config)#interface serial0/0/1
R3(config-if)#ip address 172.17.1.1 255.255.0.0
R3(config-if)#clock rate 64000
R3(config-if)#no shutdown
R2(config)#interface FastEthernet0/0
R2(config-if)#ip address 192.168.3.1  255.255.255.0
R2(config-if)#no shutdown
```

路由器的接口配置完成后，使用命令 show cdp neighbores，可以查看路由器 R2 的邻居信息。

```
R2#show cdp neighbors
Capability Codes: R - Router, T - Trans Bridge, B - Source Route Bridge
                 S - Switch, H - Host, I - IGMP, r - Repeater, P - Phone
```

```
Device ID    Local Intrfce    Holdtme    Capability    Platform    Port ID
R1           Ser 0/0/0        151        R             C1841       Ser 0/0/0
R3           Ser 0/0/1        151        R             C1841       Ser 0/0/1
S2           Fas 0/0          152        S             2960        Fas 0/24
```

① Device ID：邻居设备 ID，如 R1 就是为路由器配置的名称。
② Local Intrfce：本地接口。
③ Holdtme：保持时间，以秒为单位。
④ Capability：邻居设备功能代码，表明该设备是路由器还是交换机，如 R 表示设备是路由器，S 表示设备是交换机。
⑤ Platform：邻居硬件设备型号。
⑥ Port ID：邻居远程端口 ID。如从上述信息中可以看出，路由器 R3 是通过接口 Ser 0/0/1 与路由器 R2 进行连接的。

可以使用命令 show cdp neighbore brief，查看邻居 IP 地址等更详细的信息。不论是否能 ping 通邻居，CDP 都会显示邻居的 IP 地址，当两台路由器无法通过共享的数据链路进行路由时，此命令非常有用。该命令也有助于确定某个 CDP 邻居是否存在 IP 配置错误。从查看的结果可以看到，R1 的接口 serial0/0/0 的 IP 地址是 172.16.1.1，R3 的接口 serial0/0/1 的 IP 地址是 172.17.1.1。

```
R2#show cdp neighbors detail
Device ID: R1
Entry address(es):
IP address : 172.16.1.1
Platform: cisco C1841, Capabilities: Router
Interface: Serial0/0/0, Port ID (outgoing port): Serial0/0/0
Holdtime: 133
Version :
Cisco IOS Software, 1841 Software (C1841-ADVIPSERVICESK9-M), Version
12.4(15)T1, RELEASE SOFTWARE (fc2)
Technical Support: http://www.cisco.com/techsupport
Copyright (c) 1986-2007 by Cisco Systems, Inc.
Compiled Wed 18-Jul-07 04:52 by pt_team
advertisement version: 2
Duplex: full
---------------------------
Device ID: R3
Entry address(es):
IP address : 172.17.1.1
Platform: cisco C1841, Capabilities: Router
Interface: Serial0/0/1, Port ID (outgoing port): Serial0/0/1
Holdtime: 133
Version :
Cisco IOS Software, 1841 Software (C1841-ADVIPSERVICESK9-M), Version
12.4(15)T1, RELEASE SOFTWARE (fc2)
Technical Support: http://www.cisco.com/techsupport
```

```
Copyright (c) 1986-2007 by Cisco Systems, Inc.
Compiled Wed 18-Jul-07 04:52 by pt_team
advertisement version: 2
Duplex: full
-------------------------
Device ID: S2
Entry address(es):
Platform: cisco 2960, Capabilities: Switch
Interface: FastEthernet0/0, Port ID (outgoing port): FastEthernet0/24
Holdtime: 133
Version :
Cisco IOS Software, C2960 Software (C2960-LANBASE-M), Version 12.2(25)FX, RELEASE SOFTWARE (fc1)
Copyright (c) 1986-2005 by Cisco Systems, Inc.
Compiled Wed 12-Oct-05 22:05 by pt_team
advertisement version: 2
Duplex: full
```

通常只要知道 CDP 邻居的 IP 地址，就能通过 Telnet 远程登录到该设备。通过所建立的 Telnet 会话，便可收集与邻居直连的思科设备有关的信息。按照这种方式，可以通过 Telnet 连接到网络中的所有设备，并依次构建逻辑拓扑。

CDP 的使用会给网络带来安全隐患。CDP 会给邻居设备发送 CDP 通告，如果有人捕获了这些数据包，就可以了解网络信息。如果需要对某台设备彻底禁用 CDP，可以在全局模式下使用 no cdp run 命令。如果需要使用 CDP，但需要针对特定接口停止 CDP 通告，可以在该接口模式下使用 no cdp enable 命令。

6.2 静态路由的配置

通过配置静态路由，可以将远程网络添加至路由表。当 IOS 获知远程网络并且用于到达远程网络的接口时，只要送出接口为 up 状态，它就会将该路由添加到路由表中。静态路由包括远程网络的网络地址和子网掩码，以及下一跳路由器或送出接口的 IP 地址。直连路由在路由表中以代码 C 表示，而静态路由在路由表中以代码 S 表示。

配置静态路由需要注意的事项主要有：
① 两台相连的路由器接口必须在同一子网；
② 一台路由器的不用接口必须在不同子网；
③ 配置每一个路由器到达所有网络或子网的路由（直接相连的网络或子网除外）；
④ 静态路由的配置要避免网络或子网的重叠的发生。

6.2.1 静态路由配置命令

静态路由可以在全局模式下使用 ip route 命令进行配置。
使用命令 ip route 配置静态路由的语法是：
Route(config)#ip route network-address subnet-mask { ip-address |

exit-interface}

各个参数的含义如下：
① network-address：要加入路由表的远程网络的目的网络地址；
② subnet-mask：要加入路由表的远程网络的子网掩码；
③ ip-address：一般指下一跳上路由器与本路由器直连的接口的 IP 地址；
④ exit-interface：将数据包转发到目的网络时使用的送出接口。

其中，参数 {ip-address | exit-interface} 可以使用一个或两个。

6.2.2 带下一跳段静态路由的配置

首先在各路由器特权模式下启用 debug ip routing，使 IOS 在新路由添加到路由表时显示相关消息。因为三台路由器只配置了基本接口信息，因此路由器的路由表中只含有直连网络的路由信息。

路由器 R1 的路由表如下。

```
R1#show ip route
Gateway of last resort is not set
C    172.16.0.0/16 is directly connected, Serial0/0/0
C    192.168.1.0/24 is directly connected, FastEthernet0/0
```

下面进行静态路由的配置，使用 ip route 命令，在 R1 上为每个网络配置静态路由。在图 6-1 拓扑中，R1 不知道的远程路由有 172.17.0.0/16（R2 和 R3 之间的串行网络）、192.168.2.0/24（R2 上的 LAN）和 192.168.3.0/24（R3 上的 LAN），使用命令 ip route 172.17.0.0 255.255.0.0 172.16.1.2、ip route 192.168.2.0 255.255.255.0 172.16.1.2 和 ip route 192.168.3.0 255.255.255.0 172.16.1.2 添加静态路由。

```
R1#debug ip routing
IP routing debugging is on
R1#config terminal
Enter configuration commands, one per line. End with CNTL/Z.
R1(config)#ip route 172.17.0.0 255.255.0.0 172.16.1.2
R1(config)#RT: SET_LAST_RDB for 172.17.0.0/16
 NEW rdb: via 172.16.1.2
RT: add 172.17.0.0/16 via 172.16.1.2, static metric [1/0]
RT: NET-RED 172.17.0.0/16
R1(config)#ip route 192.168.2.0 255.255.255.0 172.16.1.2
R1(config)#RT: SET_LAST_RDB for 192.168.2.0/24
 NEW rdb: via 172.16.1.2
RT: add 192.168.2.0/24 via 172.16.1.2, static metric [1/0]
RT: NET-RED 192.168.2.0/24
R1(config)#ip route 192.168.3.0 255.255.255.0 172.16.1.2
R1(config)#RT: SET_LAST_RDB for 192.168.3.0/24
 NEW rdb: via 172.16.1.2
RT: add 192.168.3.0/24 via 172.16.1.2, static metric [1/0]
RT: NET-RED 192.168.3.0/24
```

debug ip routing 的输出表明，该路由已经添加至路由表。在 R1 上输入命令 show ip route 查看路由表，可以看到新添加的路由已经加入路由表。

```
R1#show ip route
Gateway of last resort is not set
C    172.16.0.0/16 is directly connected, Serial0/0/0
S    172.17.0.0/16 [1/0] via 172.16.1.2
C    192.168.1.0/24 is directly connected, FastEthernet0/0
S    192.168.2.0/24 [1/0] via 172.16.1.2
S    192.168.3.0/24 [1/0] via 172.16.1.2
```

下面对路由表的输出进行分析。

① S：路由表中表示静态路由的代码，S 即 static。直连路由是 C，动态路由有 R、O、D 等。

② 172.17.0.0：该路由的目的网络地址。路由器对源网络不感兴趣，只考虑将数据包发送到哪儿，所以一般情况下不涉及源网络地址（源路由除外）。

③ /16：该路由的子网掩码。如/16=255.255.0.0，/24=255.255.255.0。

④ [1/0]：该静态路由的管理距离和度量值。

管理距离是设定各条路由的优先级（0~255），比如直连路由的默认管理距离是 0，静态路由的管理距离是 1，动态路由 RIP 为 120，OSPF 为 110。如果在路由表中有多条到达同一目标网络的路由，则选择管理距离最小的路由进行数据转发，这样避免了同时使用多条路径进行数据转发的混乱问题。

度量值是各种路由协议衡量到达目的网络的"路径长度"，静态路由的度量值默认为 0。如果路由器中存在同种动态路由协议生成的，并且到达同一目标网络的多条路由，则选定度量值较小的路由进行数据转发，表示该路径到达目的网络的"路径开销"最小或者"路径长度"最短。

管理距离反映了各种类型的路由协议生成的，并且到达同一目标网络的多个路由表项的优先级，度量值则反映同种路由协议生成的，并且到达同一目标网络的多个路由表项的优先级。

⑤ via 172.16.1.2：下一跳路由器的 IP 地址，即 S2 上的 Serial0/0/0 接口的 IP 地址。目的地址与前 16 位与 172.17.0.0 前 16 位匹配的所有数据包，都将使用此路由转发数据包。

R1 上配置的 3 条静态路由都有相同的下一跳地址 172.16.1.2，这种情况是正常的，因为所有发往远程网络的数据包都必须经过路由器 R2，即下一跳路由器。

也可以使用命令 show running-config 来检查运行配置，以验证所配置的静态路由，配置完成后使用命令 copy running-config startup-config，把配置文件保存到 NVRAM 中。

```
R1#show running-config
Building configuration...
Current configuration : 847 bytes
!
hostname R1
!
ip classless
ip route 172.17.0.0 255.255.0.0 172.16.1.2
ip route 192.168.2.0 255.255.255.0 172.16.1.2
ip route 192.168.3.0 255.255.255.0 172.16.1.2
```

!
end

6.2.3 路由表的原理与静态路由

（1）路由表原理

路由器在进行数据包转发时，会依据一定的原理，主要原理如下。

① 每台路由器根据自身路由表中的信息独立做出决策。R1 的路由表中有 3 条静态路由，它根据自己路由表的信息独立做出转发决定。R1 不会咨询网络中其他路由器的路由表，它也不知道其他路由器是否有到达其他网络的路由。网络管理员负责确保每台路由器都能获知远程网络。

② 一台路由器的路由表中包含某些信息，并不表示其他路由器也含相同的信息。R1 不知道其他路由器的路由表中有哪些信息。如 R1 有一条通过 R2 到达 192.168.3.0/24 网络的路由，所有与这条路由匹配的数据包都将转发给路由器 R2。R1 并不知道 R2 是否有到达 192.168.3.0/24 网络的路由。同样，网络管理员负责确保下一跳路由器有到达该网络的路由。

③ 两个网络之间路径的路由信息并不能提供反向路径。网络通信大部分都是双向的，这表示数据包必须在相关终端设备之间进行双向传输，来自 PC1 的数据包可以到达 PC3，因为所有相关的路由器都有指向目的网络 192.168.2.0/24 的路由，但是，从 PC3 到 PC1 的返回数据包能否成功到达，取决于相关路由器是否包含返回路径。

（2）配置路由器 R2 和 R3 的静态路由

在本案例中，配置路由器 R2 和 R3 的静态路由，实现所有路由器都具有到达目的网络的路由。

路由器 R2 的配置如下：

```
R2(config)#ip route 192.168.1.0 255.255.255.0 172.16.1.1
R2(config)#ip route 192.168.3.0 255.255.255.0 172.17.1.1
```

路由器 R3 的配置如下：

```
R3(config)#ip route 172.16.0.0 255.255.0.0 172.17.1.2
R3(config)#ip route 192.168.1.0 255.255.255.0 172.17.1.2
R3(config)#ip route 192.168.2.0 255.255.255.0 172.17.1.2
```

（3）查看路由表

使用命令 show ip route 检验所有路由器的静态路由是否加入路由表。

路由器 R1 的路由表如下：

```
R1#show ip route
Gateway of last resort is not set
C    172.16.0.0/16 is directly connected, Serial0/0/0
S    172.17.0.0/16 [1/0] via 172.16.1.2
C    192.168.1.0/24 is directly connected, FastEthernet0/0
S    192.168.2.0/24 [1/0] via 172.16.1.2
S    192.168.3.0/24 [1/0] via 172.16.1.2
```

路由器 R2 的路由表如下：

```
R2#show ip route
Gateway of last resort is not set
C    172.16.0.0/16 is directly connected, Serial0/0/0
C    172.17.0.0/16 is directly connected, Serial0/0/1
```

```
S    192.168.1.0/24 [1/0] via 172.16.1.1
C    192.168.2.0/24 is directly connected, FastEthernet0/0
S    192.168.3.0/24 [1/0] via 172.17.1.1
```
路由器 R3 的路由表如下：
```
R3#show ip route
Gateway of last resort is not set
S    172.16.0.0/16 [1/0] via 172.17.1.2
C    172.17.0.0/16 is directly connected, Serial0/0/1
S    192.168.1.0/24 [1/0] via 172.17.1.2
S    192.168.2.0/24 [1/0] via 172.17.1.2
C    192.168.3.0/24 is directly connected, FastEthernet0/0
```
（4）检验端到端连通性

在路由器 R1 上 ping 其他路由器接口，能 ping 通，表明全网能互通。
```
R1#ping 172.16.1.2
Type escape sequence to abort.
Sending 5, 100-byte ICMP Echos to 172.16.1.2, timeout is 2 seconds:
!!!!!
Success rate is 100 percent (5/5), round-trip min/avg/max = 1/4/7 ms
R1#ping 172.17.1.2
Type escape sequence to abort.
Sending 5, 100-byte ICMP Echos to 172.17.1.2, timeout is 2 seconds:
!!!!!
Success rate is 100 percent (5/5), round-trip min/avg/max=1/6/12 ms
R1#ping 172.17.1.1
Type escape sequence to abort.
Sending 5, 100-byte ICMP Echos to 172.17.1.1, timeout is 2 seconds:
!!!!!
Success rate is 100 percent (5/5), round-trip min/avg/max=2/8/11 ms
R1#ping 192.168.3.1
Type escape sequence to abort.
Sending 5, 100-byte ICMP Echos to 192.168.3.1, timeout is 2 seconds:
!!!!!
Success rate is 100 percent (5/5),round-trip min/avg/max = 2/7/16 ms
R1#ping 192.168.2.1
Type escape sequence to abort.
Sending 5, 100-byte ICMP Echos to 192.168.2.1, timeout is 2 seconds:
!!!!!
Success rate is 100 percent (5/5), round-trip min/avg/max=3/6/10 ms
```
将网络中的 PC 的 IP 地址设置后，并且正确设置网关，便能够 ping 通全网计算机，如图 6-2 所示。

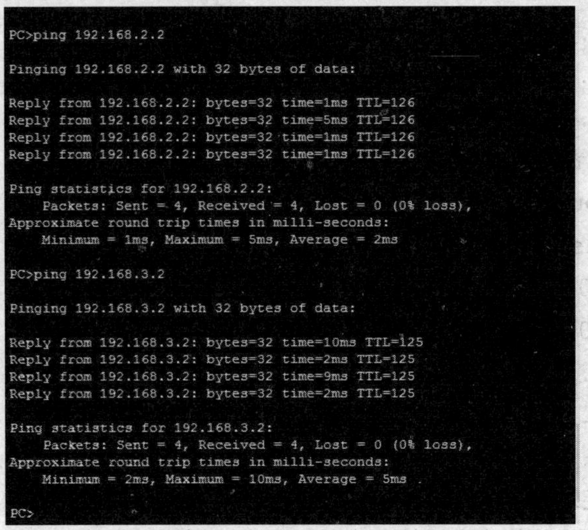

```
PC>ping 192.168.2.2

Pinging 192.168.2.2 with 32 bytes of data:

Reply from 192.168.2.2: bytes=32 time=1ms TTL=126
Reply from 192.168.2.2: bytes=32 time=5ms TTL=126
Reply from 192.168.2.2: bytes=32 time=1ms TTL=126
Reply from 192.168.2.2: bytes=32 time=1ms TTL=126

Ping statistics for 192.168.2.2:
    Packets: Sent = 4, Received = 4, Lost = 0 (0% loss),
Approximate round trip times in milli-seconds:
    Minimum = 1ms, Maximum = 5ms, Average = 2ms

PC>ping 192.168.3.2

Pinging 192.168.3.2 with 32 bytes of data:

Reply from 192.168.3.2: bytes=32 time=10ms TTL=125
Reply from 192.168.3.2: bytes=32 time=2ms TTL=125
Reply from 192.168.3.2: bytes=32 time=9ms TTL=125
Reply from 192.168.3.2: bytes=32 time=2ms TTL=125

Ping statistics for 192.168.3.2:
    Packets: Sent = 4, Received = 4, Lost = 0 (0% loss),
Approximate round trip times in milli-seconds:
    Minimum = 2ms, Maximum = 10ms, Average = 5ms
PC>
```

图 6-2 PC 能 ping 通全网计算机

6.2.4 通过递归路由查找解析送出接口

（1）递归查询理解

在路由器转发任何数据包之前，必须确定路由表中用于转发数据包的送出接口，将此过程称为路由解析。下面以图 6-1 中 R1 路由表为例，学习路由解析过程。R1 有到达远程网络 192.168.3.0/24 的静态路由，该路由会将所有的数据包转发至下一跳 IP 地址 172.16.1.2。

```
S    192.168.3.0/24 [1/0] via 172.16.1.2
```

查找路由只是查询过程的第一步。R1 必须确定如何到达下一跳 IP 地址 172.16.1.2。它将进行第二次搜索，以查找与 172.16.1.2 匹配的路由。在本案例中，IP 地址 172.16.1.2 与直连网络 172.16.0.0/16 的路由相匹配。

```
C    172.16.0.0/16 is directly connected, Serial0/0/0
```

172.16.0.0 路由是一个直连的网络，送出接口是 serial0/0/0。此次查找将告知路由器数据包从此接口转发出去，因此，将任何数据包转发到 192.168.3.0/24 网络，实际上经过了两次路由表查找过程。如果路由器转发数据包前需要执行多次路由表查找，那么它的查找过程就是一种递归路由查找。

在此案例中，数据包的目的地址与静态路由 192.168.3.0/24 匹配，下一跳 IP 地址是 172.16.1.2，静态路由的下一跳地址 172.16.1.2 与直连网络 172.16.0.0/16 匹配，送出接口为 serial0/0/0，说明只有下一跳 IP 地址，而没有送出接口的每一条路由器，都必须使用路由表中有送出接口的另一条路由，来解析下一跳 IP 地址。通常，这些路由将解析为路由表中直连网络的路由，因为直连路由始终包含送出接口。

（2）送出接口关闭

如果送出接口关闭，如 R1 的 serial0/0/0 关闭，则静态路由 192.168.3.0/24 无法解析到送出接口，将从路由表中删除该路由，使用 debug ip routing 观察路由表变化，再使用命令 show ip route 查看路由表。

```
R1#debug ip routing
IP routing debugging is on
R1#config terminal
```

```
Enter configuration commands, one per line. End with CNTL/Z.
R1(config)#interface s0/0/0
R1(config-if)#shutdown
R1(config-if)#
%LINK-5-CHANGED:Interface Serial0/0/0, changed state to administra
tively down
%LINEPROTO-5-UPDOWN: Line protocol on Interface Serial0/0/0,changed
state to down
RT: interface Serial0/0/0 removed from routing table
RT: del 172.16.0.0 via 0.0.0.0, connected metric [0/0]
RT: delete network route to 172.16.0.0
RT: NET-RED 172.16.0.0/16
RT: del 172.17.0.0 via 172.16.1.2, static metric [1/0]
RT: delete network route to 172.17.0.0
RT: NET-RED 172.17.0.0/16
RT: del 192.168.2.0 via 172.16.1.2, static metric [1/0]
RT: delete network route to 192.168.2.0
RT: NET-RED 192.168.2.0/24
RT: del 192.168.3.0 via 172.16.1.2, static metric [1/0]
RT: delete network route to 192.168.3.0
RT: NET-RED 192.168.3.0/24
R1#show ip route
Codes: C - connected, S-static, I- IGRP, R - RIP, M - mobile, B - BGP
D - EIGRP, EX - EIGRP external, O - OSPF, IA - OSPF inter area
N1 - OSPF NSSA external type 1, N2 - OSPF NSSA external type 2
E1 - OSPF external type 1, E2 - OSPF external type 2, E - EGP
i - IS-IS, L1 - IS-IS level-1,L2- IS-IS level-2, ia - IS-IS inter area
* - candidate default, U - per-user static route, o - ODR
P - periodic downloaded static route
Gateway of last resort is not set
C  192.168.1.0/24 is directly connected, FastEthernet0/0
```

从 debug 命令的输出可以看出，首先删除了直连路由 172.16.0.0，然后删除 3 条静态路由 172.17.0.0、192.168.2.0 和 192.168.3.0，因为这三条路由都被解析到送出接口 serial0/0/0。现在路由表中只有一条直连路由 C 192.168.1.0/24 is directly connected, FastEthernet0/0。

但是，这些静态路由仍然保存在 R1 的运行配置内，使用命令 no shutdown 将该接口重启开启后，这些静态路由会重新安装到路由表中。

6.2.5 带送出接口静态路由的配置

我们已经分析了路由器 R1 到达远程网络 192.168.3.0/24 的静态路由，需要经过 2 次解析，找到送出接口完成数据包转发。为了提高转发效率，可以在静态路由配置，设置下一跳参数时，不使用 IP 地址，而是直接使用送出接口。

（1）删除静态路由

当目的网络不再存在，或者网络拓扑发生变化，中间地址或送出接口需要修改时，需要对已经配置的静态路由进行修改。已经配置完成的静态路由无法修改,必须先删除静态路由,然后重新配置一条。

删除静态路由,只需要在添加静态路由的命令前添加 no 即可。比如已经使用命令 ip route 192.168.3.0 255.255.255.0 172.16.1.2 添加了一条静态路由,如果要删除该路由,使用命令 no ip route 192.168.3.0 255.255.255.0 172.16.1.2 即可。

(2) 为路由器 R1 配置带送出接口的静态路由

将静态路由删除后,使用命令 ip route 192.168.3.0 255.255.255.0 serial0/0/0 配置带送出接口的静态路由,然后使用命令 show ip route 查看路由表的变化,可以看到路由表中关于目的网络地址 192.168.3.0/24,不再使用 IP 地址显示下一跳,而是使用送出接口,此送出接口与该静态路由使用下一跳 IP 地址时,最终解析出的送出接口相同。

需要注意的是,此路由显示为直连路由"directly connected",这并不是表示该路由是直接相连网络或直接相连路由,该路由仍是静态路由。

```
R1(config)#no ip route 192.168.3.0 255.255.255.0 172.16.1.2
R1(config)#ip route 192.168.3.0 255.255.0.0 serial0/0/0
R1(config)#end
R1#show ip route
Codes: C - connected, S-static,I - IGRP, R - RIP, M - mobile, B - BGP
D - EIGRP, EX - EIGRP external, O - OSPF, IA - OSPF inter area
N1 - OSPF NSSA external type 1, N2 - OSPF NSSA external type 2
E1 - OSPF external type 1, E2 - OSPF external type 2, E - EGP
i - IS-IS, L1-IS-IS level-1, L2 - IS-IS level-2, ia - IS-IS inter area
* - candidate default, U - per-user static route, o - ODR
P - periodic downloaded static route
Gateway of last resort is not set
C    172.16.0.0/16 is directly connected, Serial0/0/0
S    172.17.0.0/16 [1/0] via 172.16.1.2
C    192.168.1.0/24 is directly connected, FastEthernet0/0
S    192.168.2.0/24 [1/0] via 172.16.1.2
S    192.168.3.0/24 is directly connected, Serial0/0/0
```
将路由器 R1 的另外两条配置好的静态路由也删除,改成带送出接口的静态路由。
```
R1(config)#no ip route 192.168.2.0 255.255.255.0 172.16.1.2
R1(config)#ip route 192.168.2.0 255.255.255.0 serial0/0/0
R1(config)#no ip route 172.17.0.0 255.255.0.0 172.16.1.2
R1(config)#ip route 172.17.0.0 255.255.0.0 serial0/0/0
```
(3) 为路由器 R2 和 R3 配置带送出接口的静态路由

使用同样的方法,将路由器 R2 和 R3 配置的静态路由删除,配置成带送出接口的静态路由。
```
R2(config)#no ip route 192.168.1.0 255.255.255.0 172.16.1.1
R2(config)#ip route 192.168.1.0 255.255.255.0 serial0/0/0
R2(config)#no ip route 192.168.3.0 255.255.255.0 172.17.1.1
R2(config)#ip route 192.168.3.0 255.255.255.0 serial0/0/1
R3(config)#no ip route 192.168.2.0 255.255.255.0 172.17.1.2
R3(config)#ip route 192.168.2.0 255.255.255.0 serial0/0/0
R3(config)#no ip route 192.168.1.0 255.255.255.0 172.17.1.2
R3(config)#ip route 192.168.1.0 255.255.255.0 serial0/0/0
```

```
R3(config)#no ip route 172.16.0.0 255.255.0.0 172.17.1.2
R3(config)#ip route 172.16.0.0 255.255.0.0 serial0/0/0
```
（4）检验静态路由配置

如果对静态路由进行了修改，要进行检查，以确保更改生效并且修改正确，可以使用命令 show running-config，分别查看路由器 R1、R2 和 R3 的配置，再使用命令 show ip route 分别查看三个路由器的路由，可以看到下一跳都有 IP 地址并且变为送出接口，说明修改正确。

```
R1#show running-config
ip classless
ip route 192.168.3.0 255.255.255.0 Serial0/0/0
ip route 172.17.0.0 255.255.0.0 Serial0/0/0
ip route 192.168.2.0 255.255.255.0 Serial0/0/0
R2#show running-config
ip classless
ip route 192.168.1.0 255.255.255.0 Serial0/0/0
ip route 192.168.3.0 255.255.255.0 Serial0/0/1
R3#show running-config
ip route 172.16.0.0 255.255.0.0 Serial0/0/1
ip route 192.168.2.0 255.255.255.0 Serial0/0/1
ip route 192.168.1.0 255.255.255.0 Serial0/0/1
R1#show ip route
C    172.16.0.0/16 is directly connected, Serial0/0/0
S    172.17.0.0/16 is directly connected, Serial0/0/0
C    192.168.1.0/24 is directly connected, FastEthernet0/0
S    192.168.2.0/24 is directly connected, Serial0/0/0
S    192.168.3.0/24 is directly connected, Serial0/0/0
R2#show ip route
C    172.16.0.0/16 is directly connected, Serial0/0/0
C    172.17.0.0/16 is directly connected, Serial0/0/1
S    192.168.1.0/24 is directly connected, Serial0/0/0
C    192.168.2.0/24 is directly connected, FastEthernet0/0
S    192.168.3.0/24 is directly connected, Serial0/0/1
R3#show ip route
S    172.16.0.0/16 is directly connected, Serial0/0/1
C    172.17.0.0/16 is directly connected, Serial0/0/1
S    192.168.1.0/24 is directly connected, Serial0/0/1
S    192.168.2.0/24 is directly connected, Serial0/0/1
C    192.168.3.0/24 is directly connected, FastEthernet0/0
```

若路由器 R1 使用命令 ping 通所有其他路由器接口，则说明静态路由工作正常。ping 的过程在配置带下一跳 IP 地址的静态路由中已经详细讲解，这里不再赘述。

（5）两种静态路由配置的不同应用

将图 6-1 拓扑修改为图 6-3 所示，即路由器 R1 和 R2 之间的链路修改为以太网链路，并且两个路由器均使用以太网接口 FastEthernet0/1 进行连接。

带送出接口的静态路由，可以提高路由表的查找效率，它是使用送出接口，而不是下一跳

IP 地址配置的静态路由,是大多数串行点对点网络的理想选择。它使用如 HDLC 和 PPP 协议的点对点网络,在数据包转发过程中不使用下一跳 IP 地址。

路由后的 IP 数据包被封装成目的地址,为第 2 层广播地址的 HDLC 第 2 层帧。这种类型的点对点串行链路类似于管道。管道只有两个端点,从一端进入的数据只有一个目的地,就是管道的另一端。在前面配置的案例中,任何通过 R1 的 serial0/0/0 接口发送的数据包只能到达一个目的地,就是 R2 的 serial0/0/0 接口。R2 的串口 IP 地址恰好为 172.16.1.2。

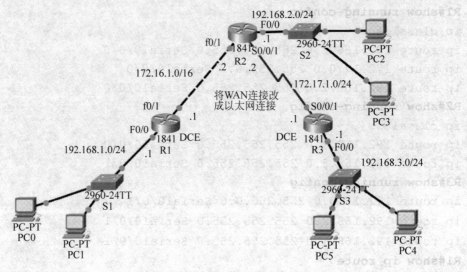

图 6-3 两种静态路由的对比

有时送出接口是以太网络,假设 R1 和 R2 之间的网络链路为以太网络链路,并且 R1 的 F0/1 接口连接到网络,如图 6-3 所示。可以使用以下命令设置一条 R1 到 192.168.1.0/24 网络的静态路由:

R1(config)# ip route 192.168.3.0 255.255.255.0 172.16.1.2

我们知道,IP 数据必须封装成带以太网目的 MAC 地址的以太网帧。如果数据包应该发送到下一跳路由器,则目的 MAC 地址必须与下一跳 IP 地址 172.16.1.2 匹配。R1 会在自己的 FastEthernet0/1ARP 表中查找 172.16.1.2,并据此获得相应的 MAC 地址。如果该条目不在 ARP 表中,R1 会通过 FastEthernet0/1 接口发出一个 ARP 请求,第 2 层广播请求 IP 地址 172.16.1.2 的设备告知其 MAC 地址。因为 R2 的 FastEthernet0/1 接口的 IP 地址 172.16.1.2,所以它会发送包含该接口 MAC 地址的 ARP 应答。R1 收到该 ARP 应答,随后将 IP 地址 172.16.1.2 及其关联的 MAC 地址添加到自身的 ARP 表中。接着,R1 使用 ARP 表中找到的目的 MAC 地址,将 IP 数据包封装成以太网帧。封装有数据包的以太网帧,从 FastEthernet0/1 接口发送到路由器 R2。

现在将静态路由配置为使用以太网送出接口,而不是下一跳 IP 地址,使用以下命令将到达目的网络 192.168.3.0/24 的静态路由更改为使用送出接口。

R1(config)# ip route 192.168.3.0 255.255.255.0 FastEthernet0/1

以太网络和点对点串行网络之间的区别在于,点对点网络只有一台其他设备位于网络中,即链路另一端只有一个路由器。而对于以太网络,可能会有许多不同的设备共享相同的多路访问网络,包括主机甚至多台路由器。如果仅仅在静态路由中制定以太网送出接口,路由器就没有充足的信息来决定哪一台设备是下一跳。在本案例中,R1 知道数据包需要封装成以太帧,并从 FastEthernet0/1 接口发送出去。但是,R1 不知道下一跳的 IP 地址,因此它无法决定该以太帧的目的 MAC 地址。根据拓扑结构和其他路由器的配置,该静态路由或许能正常工作,也或许不能正常工作。因此建议当送出接口是以太网络时,不要在静态路由中仅使用送出接口,可以在送出接口后再加上下一跳 IP 地址来实现。

```
R1(config)# ip route 192.168.3.0 255.255.255.0 FastEthernet0/1 172.16.1.2
```

该路由的路由表条目应该是:

```
S    192.168.3.0/24 [1/0] via 172.16.1.2 FastEthernet0/1
```

路由表过程仅需要执行一次查找,就可以同时获得送出接口和下一跳 IP 地址。对于串行点对点网络和以太网络来说,在静态路由中使用送出接口比较有利。路由表过程只需要执行一次查找就可以找到送出接口,不必为了解析下一跳地址再次进行查找。对于使用点对点串行网络的静态路由,最好只配置送出接口。对于点对点串行接口,数据包传送程序从不使用路由表中的下一跳地址,因此不需要配置该地址。对于使用出现以太网络的静态路由,最好同时使用下一跳 IP 地址和送出接口来配置。

6.2.6 汇总静态路由

汇总路由是一条可以用来表示多条路由的单独的路由。汇总路由一定是具有相同的送出接口或下一跳 IP 地址的连续网络的集合。

(1) 汇总路由用来缩减路由表的大小

较小的路由表可以使路由表查找过程更加高效,因为需要搜索的路由条目更少。如果可以使用一条静态路由代替多条静态路由,则可减少路由表。在许多情况中,一条静态路由可用于代表成百上千条路由。可以使用一个网络地址代表多个子网,如 10.0.0.0/16、10.1.0.0/16、10.2.0.0/16、10.3.0.0/16、10.4.0.0/16、10.5.0.0/16,一直到 10.255.0.0/16,所有这些网络都可以用一个网络地址 10.0.0.0/8 代表。

(2) 路由汇总

如果目的网络可以汇总成一个网络地址,并且多条静态路由都使用相同的送出接口或下一跳 IP 地址,可以将多条路由汇总成一条静态路由,其拓扑如图 6-4 所示,汇总路由地址表修改为表 6-2。

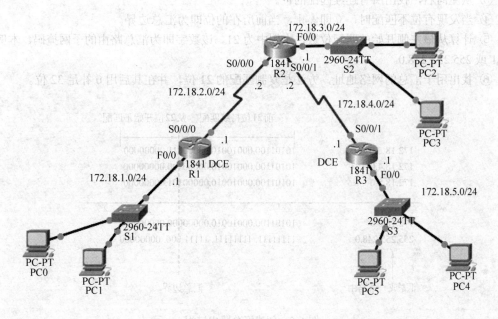

图 6-4 汇总路由拓扑图

表 6-2 汇总路由地址表

设备	接口	IP地址	子网掩码	默认网关
R1	F0/0	172.18.1.1	255.255.255.0	
	S0/0/0	172.18.2.1	255.255.255.0	
R2	F0/0	172.18.3.1	255.255.255.0	
	S0/0/0	172.18.2.2	255.255.255.0	
	S0/0/1	172.18.4.2	255.255.255.0	
R3	F0/0	172.18.5.1	255.255.255.0	
	S0/0/1	172.18.4.1	255.255.255.0	
PC0	NIC	172.18.1.2	255.255.255.0	172.18.1.1
PC1	NIC	172.18.1..3	255.255.255.0	172.18.1.1
PC2	NIC	172.18.3.2	255.255.255.0	172.18.3.1
PC3	NIC	172.18.3.3	255.255.255.0	172.18.3.1
PC4	NIC	172.18.5.2	255.255.255.0	172.18.5.1
PC5	NIC	172.18.5.3	255.255.255.0	172.18.5.1

路由器 R1 需要配置三条静态路由,这三条静态路由都通过相同的接口 serial0/0/0 进行转发,R1 的三条静态路由分别是:

```
ip route 172.18.3.0 255.255.255.0 serial0/0/0
ip route 172.18.4.0 255.255.255.0 serial0/0/0
ip route 172.18.5.0 255.255.255.0 serial0/0/0
```

可以将所有这些路由汇总成一条静态路由,即 172.18.3.0/24、172.18.4.0/24 和 172.18.5.0/24,可以汇总成 172.18.0.0/21 网络。因为这三条路由使用相同的送出接口,而且它们可以汇总成一个 172.18.0.0 255.255.248.0 网络,所以可以创建一条汇总路由。

(3) 计算汇总路由过程

以下是创建汇总路由 172.18.0.0/21 的过程,如图 6-5 所示。

① 以二进制格式写出想要创建汇总路由的网络地址。
② 找出用于汇总的子网掩码,从最左侧的位开始。
③ 从左向右,找出所有连续匹配的位。
④ 当发现有位不匹配时,立即停止,当前所在的位即为汇总边界。
⑤ 计算从最左侧开始的匹配位数,本例中为 21。该数字即为汇总路由的子网掩码,本例中为/21 或 255.255.248.0。
⑥ 找出用于汇总的网络地址,方法是复制匹配的 21 位,并在其后用 0 补足 32 位。

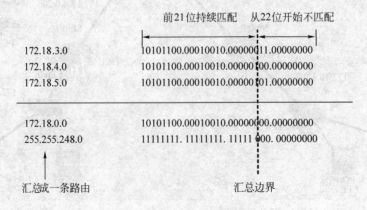

图 6-5 创建汇总路由过程

通过上述步骤，将 R1 的 3 条静态路由汇总成 1 条静态路由，该路由使用汇总网络地址 172.18.0.0 255.255.248.0。

使用同样的方法，R3 需要设置的静态路由有：
```
ip route 172.18.1.0 255.255.255.0 serial0/0/0
ip route 172.18.2.0 255.255.255.0 serial0/0/0
ip route 172.18.3.0 255.255.255.0 serial0/0/0
```
因为这三条路由使用相同的送出接口，它们可以汇总成一个 172.18.0.0 255.255.252.0 网络。

（4）配置汇总路由

配置路由器 R1、R2 和 R3 所有连接的接口 IP 地址，并在 R1 和 R3 设置时钟频率后，设置汇总路由。
```
R1(config)#ip route 172.18.0.0 255.255.248.0 serial0/0/0
R3(config)#ip route 172.18.0.0 255.255.252.0 serial0/0/1
```
路由器 R2 因为有两个送出接口，不能使用汇总路由，正常设置以下路由：
```
R2(config)#ip route 172.18.1.0 255.255.255.0 serial0/0/0
R2(config)#ip route 172.18.5.0 255.255.255.0 serial0/0/1
```
然后使用 show ip route 查看路由器的路由表。

```
R1#show ip route
172.18.0.0/16 is variably subnetted, 3 subnets, 2 masks
S   172.18.0.0/21 is directly connected, Serial0/0/0
C   172.18.1.0/24 is directly connected, FastEthernet0/0
C   172.18.2.0/24 is directly connected, Serial0/0/0

R2#show ip route
172.18.0.0/24 is subnetted, 5 subnets
S   172.18.1.0 is directly connected, Serial0/0/0
C   172.18.2.0 is directly connected, Serial0/0/0
C   172.18.3.0 is directly connected, FastEthernet0/0
C   172.18.4.0 is directly connected, Serial0/0/1
S   172.18.5.0 is directly connected, Serial0/0/1

R3#show ip route
172.18.0.0/16 is variably subnetted, 3 subnets, 2 masks
S   172.18.0.0/22 is directly connected, Serial0/0/1
C   172.18.4.0/24 is directly connected, Serial0/0/1
C   172.18.5.0/24 is directly connected, FastEthernet0/0
```
从路由表中可以看到，路由器 R1 和 R3 的路由表 3 条路由汇总成 1 条路由。

（5）通过 ping 命令检验汇总路由

将计算机的 IP 地址、子网掩码和默认网关设置后，在 IP 地址是 172.18.1.2 的计算机上能 ping 通 172.18.5.2 的计算机，如图 6-6 所示，说明全网能够通信，汇总路由成功。

6.2.7 默认路由（缺省路由）

默认路由使用零或者没有比特匹配的方法来表示全部路由。换言之，如果没有一条具体路由被匹配，那么静态路由就将被匹配。

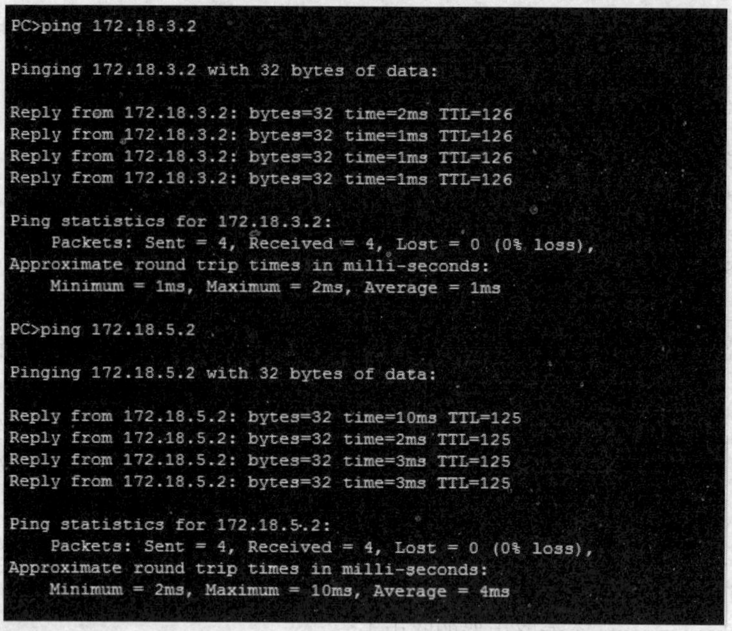

```
PC>ping 172.18.3.2

Pinging 172.18.3.2 with 32 bytes of data:

Reply from 172.18.3.2: bytes=32 time=2ms TTL=126
Reply from 172.18.3.2: bytes=32 time=1ms TTL=126
Reply from 172.18.3.2: bytes=32 time=1ms TTL=126
Reply from 172.18.3.2: bytes=32 time=1ms TTL=126

Ping statistics for 172.18.3.2:
    Packets: Sent = 4, Received = 4, Lost = 0 (0% loss),
Approximate round trip times in milli-seconds:
    Minimum = 1ms, Maximum = 2ms, Average = 1ms

PC>ping 172.18.5.2

Pinging 172.18.5.2 with 32 bytes of data:

Reply from 172.18.5.2: bytes=32 time=10ms TTL=125
Reply from 172.18.5.2: bytes=32 time=2ms TTL=125
Reply from 172.18.5.2: bytes=32 time=3ms TTL=125
Reply from 172.18.5.2: bytes=32 time=3ms TTL=125

Ping statistics for 172.18.5.2:
    Packets: Sent = 4, Received = 4, Lost = 0 (0% loss),
Approximate round trip times in milli-seconds:
    Minimum = 2ms, Maximum = 10ms, Average = 4ms
```

图 6-6　PC0 能 ping 通全网其他计算机

（1）最精确匹配

数据包的目的 IP 地址可能会与路由表中的多条路由匹配。如路由表中有以下两条路由：

```
172.18.0.0/24 is subnetted, 3 subnets
S    172.18.1.0 is directly connected, Serial0/0/0
C    172.18.0.0/16 is directly connected, Serial0/0/1
```

如果有一个数据包，目的 IP 地址是 172.18.1.16，该 IP 地址与这两条路由都匹配。路由表查找过程将使用最精确匹配。因为 172.18.1.0/24 路由有 24 位匹配，而 172.18.0.0/16 路由有 16 位匹配，所以将使用有 24 位匹配的静态路由，即最长匹配。随后，数据包被封装成第 2 层帧，并通过 Serial0/0/0 接口发送出去。路由条目中的子网掩码，决定数据包的目的 IP 地址必须有多少位匹配，才能使用这条路由。

如果出现以下情况，将使用静态路由。

① 把外面的网络注入自己的路由域时，比如，连接到 ISP 网络的边缘路由器，往往会配置缺省静态路由。

② 路由表中没有其他路由与数据包的目的网络匹配。也就是说，路由表中不存在更为精确的匹配。

③ 如果一台路由器仅有另外一台路由器与之相连，该路由器称为末节路由器。

（2）配置默认静态路由

配置默认静态路由的语法与配置静态路由的语法类似，但网络地址和子网掩码均为 0。

Route(config)#ip route 0.0.0.0　0.0.0.0 {ip-address | exit-interface}

0.0.0.0　0.0.0.0 网络地址和子网掩码也称为全网路由。

在图 6-1 中，R1 是短截路由器，它仅和 R2 连接。目前 R1 有 3 条静态路由，用于到达拓扑中的远程网络，这 3 条路由的送出接口都是 serial0/0/0，并且都将数据包转发到下一跳路由器 R2。R1 的 3 条路由分别是：

ip route 192.168.3.0 255.255.255.0 serial0/0/0

```
ip route 192.168.2.0 255.255.255.0 serial0/0/0
ip route 172.17.0.0 255.255.0.0 serial0/0/0
```
这 3 条路由非常适合做成默认静态路由，可以在 R1 上用 1 条默认路由代替所有静态路由。首先删除已经配置好的 3 条静态路由。

```
R1(config)#no ip route 192.168.3.0 255.255.255.0 serial0/0/0
R1(config)#no ip route 192.168.2.0 255.255.255.0 serial0/0/0
R1(config)#no ip route 172.17.0.0 255.255.0.0 serial0/0/0
```
然后配置默认静态路由，使用相同的送出接口。
```
R1(config)#ip route 0.0.0.0 0.0.0.0 serial0/0/0
```
（3）检验默认静态路由

在设置默认静态路由之前，使用命令 show ip route 查看路由器 R1 的路由表，发现有 3 条静态路由。

```
R1#show ip route
C    172.16.0.0/16 is directly connected, Serial0/0/0
S    172.17.0.0/16 is directly connected, Serial0/0/0
C    192.168.1.0/24 is directly connected, FastEthernet0/0
S    192.168.2.0/24 is directly connected, Serial0/0/0
S    192.168.3.0/24 is directly connected, Serial0/0/0
```
设置完默认静态路由后，再使用命令 show ip route 查看路由器 R1 的路由表，发现只有一条路由：S* 0.0.0.0/0 is directly connected, Serial0/0/0 表示这是一条默认静态路由，S*表示该静态路由是一条默认路由。默认路由在路由器上十分常见。这样，路由器便不需要存储通往 Internet 中所有网络的路由，而可以存储一条默认路由来代表不在路由表中的所有路由。

```
R1#show ip route
C    172.16.0.0/16 is directly connected, Serial0/0/0
C    192.168.1.0/24 is directly connected, FastEthernet0/0
S*   0.0.0.0/0 is directly connected, Serial0/0/0
```

6.3 静态路由故障排除

对静态路由进行正确的管理和排错是非常重要的。当一个静态路由不再需要的时候，该路由必须要从配置文件中删除。

6.3.1 静态路由和数据包转发过程

以图 6-1 为例，PC1 正在向 PC4 发送数据包，描述使用静态路由转发数据包的过程。

① 数据包到达 R1 的 FastEthernet 0/0 接口。

② R1 没有一条具体的路由通往目的网络 192.168.3.0/24，因此 R1 使用默认静态路由。

③ R1 将数据包封装成新的帧。因为到 R2 的链路为点到点链路，所以 R1 添加了"全 1"的地址作为第 2 层目的地址。

④ 帧从 serial 0/0/0 接口转发出去，数据包到达 R2 的 Serial 0/0/0 接口。

⑤ R2 将帧解封并查找通往目的地的路由。R2 有一条静态路由可以通过 Serial0/0/1 到达 192.168.3.0/24。

⑥ R2 将数据包封装成新的帧。因为到 R3 的链路为点到点链路，所以 R2 添加了"全 1"

的地址作为第 2 层目的地址。
　　⑦ 帧从 Serial0/0/1 接口转发出去，数据包到达 R3 的 Serial0/0/1 接口。
　　⑧ R3 将帧解封并查找通往目的地的路由。R3 有一条直连路由可以通过 FastEthernet 0/0 到达 192.168.3.0/24。
　　⑨ R3 在 ARP 表中查找与 192.168.3.2 匹配的条目，目的是找出 PC3 的第 2 层 MAC 地址。
　　a. 如果相应条目不存在，则 R3 从 FastEthernet 0/0 发出 ARP 请求。
　　b. PC3 发送 ARP 应答，其中包含 PC3 的 MAC 地址。
　　⑩ R3 将数据包封装成新的帧。在该帧中，接口 FastEthernet 0/0 的 MAC 地址为第 2 层源地址，PC3 的 MAC 地址为目的 MAC 地址。
　　⑪ 帧从 FastEthernet 0/0 接口转发出去，数据包到达 PC3 的网卡接口。

6.3.2　路由缺失故障排除

排错是获得更多经验和提高技能的过程。排错要从最简单和最明显的问题着手，如容易出错的接口出于 shutdown 状态或者 IP 配置错误等。在基本的问题被解决后，再查找比较复杂的静态路由等问题。

导致网络出现问题的原因可能有以下几种情况：
① 接口故障；
② 服务提供商断开连接；
③ 链路出现过饱和状态；
④ 网络管理员输入了错误的信息。

当网络发生变化时，连接可能会中断。作为网络管理员，要及时、快速解决这些问题，简单有效的方法是使用命令检查网络状态。使用 ping 命令检查网络连通性；使用命令 traceroute 跟踪网络数据包，查找断点；使用命令 show ip route 查看路由器的路由表；使用命令 show ip interface brief 查看接口状态信息；使用命令 show cdp neighbors detail 获得有关直连思科设备的 IP 配置信息等。

6.3.3　解决路由缺失问题

以图 6-1 案例为例，如果 PC0 无法 ping 通 PC4，使用 ping 命令能 ping 通路由器 R2，但是 R3 没有反应，可以使用命令查看路由器 R2 的路由表。

```
R2#show ip route
C    172.16.0.0/16 is directly connected, Serial0/0/0
C    172.17.0.0/16 is directly connected, Serial0/0/1
S    192.168.1.0/24 is directly connected, Serial0/0/0
C    192.168.2.0/24 is directly connected, FastEthernet0/0
S    192.168.3.0/24 is directly connected, Serial0/0/0
```

从路由表中可以看到，到目的网络 192.168.3.0/24 的网络配置错误，因为网络 192.168.3.0 连接在路由器 R3 上，路由器 R2 应该使用送出接口 Serial0/0/1，但是在配置路由时使用了送出接口 Serial0/0/0。

要纠正此问题，必须要先删除错误的路由，因为即使配置正确的路由，也不会自动删除错误的路由，然后再配置正确的路由，可以将送出接口修改为 Serial0/0/1。

```
R2(config)#no ip route 192.168.3.0 255.255.255.0 serial0/0/0
R2(config)#ip route 192.168.3.0 255.255.255.0 serial0/0/1
```

本章小结

在本章中，我们学习了如何使用静态路由连接远程网络。远程网络是指只有通过将数据包转发至另一台路由器才能到达的网络。静态路由配置很简单，但是，在大型网络中，这种手动操作可能会造成很大的麻烦。

静态路由可以配置为使用下一跳 IP 地址，通常是下一跳路由器的 IP 地址。当使用下一跳 IP 地址时，路由表过程必须将该地址解析到送出接口。在点对点串行链路上，使用送出接口来配置静态路由通常更为有效。在类似以太网之类的多路访问网络中，可以同时为静态路由配置下一跳 IP 地址和送出接口。

静态路由的默认管理距离为"1"。该管理距离同样适用于同时配置有下一跳地址和送出接口的静态路由。只有当静态路由中的下一跳 IP 地址能够解析到送出接口时，该路由才能输入路由表中。无论使用下一跳 IP 地址，还是送出接口配置静态路由，如果用于转发数据包的送出接口不在路由表中，则路由表不会包含该静态路由。

在许多情况下，多条静态路由可以总结为一条静态路由。这意味着路由表中的条目数量会随之减少，路由表查找过程也因此变得更快。覆盖面最广的汇总路由是默认路由，此路由的网络地址和子网掩码均为 0.0.0.0。如果路由表中没有更加精确的匹配条目，路由表使用默认路由将数据包转发到另一台路由器。

课后习题

一、选择题

1. R1#show interface serial0/0/0 命令的输出显示内容为：serial0/0/0 is up,line protocol is down，线路协议为 down 的原因最可能是（　　）。
   A．serial0/0/0 为关闭状态　　　　　　B．路由器未连接电缆
   C．远程路由器正在使用 serial0/0/0 接口　　D．尚未设置时钟频率

2. （　　）地址可以用来汇总 172.18.0.0/24 到 172.18.7.0/24 的所有网络。
   A．172.18.0.0/21　　　　　　　　　B．172.18.0.0/22
   C．172.18.0.0 255.255.255.248　　　D．172.18.0.0 255.255.252.0

3. 指向下一跳 IP 的静态路由，在路由表中显示的管理距离和度量是（　　）。
   A．管理距离为 0，度量为 0　　　　B．管理距离为 0，度量为 1
   C．管理距离为 1，度量为 0　　　　D．管理距离为 1，度量为 1

4. 两个独立子网上的主机之间无法通信，网络管理员怀疑其中一个路由表中缺少路由，可以使用（　　）三条命令来帮助排查第三层连通性问题。
   A．ping　　　　　　　B．show arp　　　　　　C．traceroute
   D．show ip route　　　E．show controllers　　　F．show cdp neighbors

5. 通过检查 show ip interface brief 命令的输出可以得到（　　）信息。
   A．接口速度和双工设置　　B．接口 MTU　　　C．错误
   D．接口 MAC 地址　　　　E．接口 IP 地址

6. 下面哪三个是静态路由的特征（　　）。
   A. 降低路由器的内存和处理负担
   B. 确保路径总是可用的
   C. 用来动态的寻找到达目标网络的最佳路径
   D. 在到目标网络只有一条路由时使用
   E. 减少配置时间
7. 下面（　　）是 IOS 命令 show cdp neighbors 的功能。
   A. 它显示了邻居思科路由器的端口类型和平台
   B. 它显示了所有非思科路由器的设备功能代码
   C. 它显示了网络中所有设备的平台信息
   D. 它显示了邻居路由器使用的协议封装
8. 下面关于直连路由的描述正确的是（　　）。
   A. 只要电缆连接到路由器上它就会出现在路由表中
   B. 当 IP 地址在接口上配置好后它就会出现在路由器表中
   C. 当在路由器接口模式下输入 no shutdown 命令后它就会出现在路由表中
9. 当外发接口不可用时，路由表中的静态路由条目有何变化（　　）。
   A. 该路由将从路由表中删除
   B. 路由器将轮询邻居以查找替用路由
   C. 该路由将保持在路由表中，因为它是静态路由
   D. 路由器将重定向该静态路由，以补偿下一跳设备的缺失
10. 路由器配置有到达每个目的网络的静态路由，下列哪两种情况需要管理员变更该路由器上配置的静态路由（　　）。
    A. 目的网络不再存在
    B. 目的网络移到同一路由器的不同接口
    C. 源地址和目的地址之间的路径已升级为带宽更高的网络
    D. 处于维护目的，远程目的网络接口需要关闭 15 分钟
    E. 拓扑结构发生变化，导致现有的下一跳地址或送出接口无法访问。

二、简答题
1. 列举用于显示接口信息的命令。
2. 什么是 CDP？阐述禁用 CDP 的理由。
3. 写出配置静态路由和默认静态路由的语法格式。
4. 简述带下一跳地址和带送出接口的静态路由的区别。
5. 简述汇总路由和缺省路由的优点。
6. 静态路由配置错误时，为什么要在配置正确路由之前删除？

三、应用题
观察 show cdp neighbors 命令的输出，画出该输出表示的拓扑结构，标明设备之间的连接并标记接口。

```
R1#show cdp neighbors
Capability Codes: R - Router, T - Trans Bridge, B - Source Route Bridge
                  S - Switch, H - Host, I - IGMP, r - Repeater, P - Phone
Device ID   Local Intrfce   Holdtme   Capability   Platform   Port ID
S1          Fas 0/0         141       S            2960       Fas 0/24
R2          Ser 0/0/0       148       R            C1841      Ser 0/0/0
R2#show cdp neighbors
```

```
Capability Codes: R - Router, T - Trans Bridge, B - Source Route Bridge
                  S - Switch, H - Host, I - IGMP, r - Repeater, P - Phone
Device ID    Local Intrfce    Holdtme    Capability    Platform    Port ID
S2           Fas 0/0          168        S             2960        Fas 0/24
R1           Ser 0/0/0        168        R             C1841       Ser 0/0/0
R3           Ser 0/0/1        168        R             C1841       Ser 0/0/1
R3#show cdp neighbors
Capability Codes: R - Router, T - Trans Bridge, B - Source Route Bridge
                  S - Switch, H - Host, I - IGMP, r - Repeater, P - Phone
Device ID    Local Intrfce    Holdtme    Capability    Platform    Port ID
S3           Fas 0/0          139        S             2960        Fas0/24
R2           Ser 0/0/1        146        R             C1841       Ser0/0/1
```

第 7 章 距离矢量路由协议（RIP）

第 6 章已经学习了使用静态路由配置网络互联，本章学习使用动态路由协议进行网络互联的配置。在大型网络中通常采用动态路由协议，一般情况下，网络会同时使用动态路由协议和静态路由，与仅使用静态路由相比，可以减少管理和运行方面的成本。在大多数网络中，通常只使用一种动态路由协议，但是也存在网络的不同部分使用不同路由协议的情况。

7.1 RIPv1 概述

7.1.1 动态路由协议介绍

（1）动态路由协议功能

动态路由协议是用于路由器之间交换路由信息的协议。通过动态路由协议，路由器可以动态地共享有关远程网络的信息，并自动将信息添加到各自的路由表中。路由协议可以确定到达各个网络的最佳路径，然后将路径添加到路由表中。使用动态路由协议的主要好处是，只要网络拓扑结构发生了变化，路由器就会相互交换路由信息。通过这种信息交换，路由器不仅能够自动获知新增加的网络，还可以在当前网络连接失败时找出备用路径。路由协议由一组处理进程、算法和消息组成，用于交换路由信息，并将其选择的最佳路径添加到路由表中。路由协议的功能包括：

① 发现远程网络；
② 维护最新路由信息；
③ 选择通往目的网络的最佳途径；
④ 目前路径无法使用时找出新的最佳路径。

网络发现是路由协议的一项功能，通过该功能路由器能够与使用相同路由协议的其他路由器共享网络信息。动态路由协议使路由器能够自动从其他路由器获知远程网络，这样便无需在每台路由器上配置指向这些远程网络的静态路由。这些网络以及到达每个网络的最佳路径，将添加到路由器的路由表中，并被标记为通过特定动态路由协议获知的网络。在初次网络发现后，动态路由协议将更新并维护其路由表中的网络。动态路由协议不仅会确定通往各个网络的最佳路径，同时还会在初始路径不可用或者拓扑结构发生变化时确定新的最佳路径，因此，动态路由协议比静态路由更具优势。如果使用动态路由协议，则路由器无需网络管理员的参与，即可自动与其他路由器共享路由信息，并对拓扑结构的变化作出反应。

（2）动态路由协议与静态路由协议的比较

与静态路由相比，动态路由协议需要的管理开销较少，但是运行动态路由协议需要占用一部分路由器资源，包括 CPU 时间和网络链路带宽，见表 7-1。动态路由确实在很多方面优于静态路由，不过，现今的网络仍会用到静态路由。而实际上，网络通常是将静态路由和动态路由结合使用。

表 7-1 动态路由与静态路由的比较

比较内容	静态路由	动态路由
配置的复杂性	网络规模越大越复杂	通常不受网络规模限制
管理员所需知识	不需要额外的专业知识	需要掌握高级的知识和技能
拓扑结构变化	需要管理员参与	自动根据拓扑结构变化进行调整

比较内容	静态路由	动态路由
可扩展性	适合简单的网络拓扑结构	适合各类拓扑结构的网络
安全性	更安全	存在安全隐患
资源使用情况	不需要额外的资源	占用CPU、内存和链路带宽
可预测性	总是通过同一路径到达网络	根据当前网络拓扑结构确定路径

（3）动态路由协议分类

动态路由协议有很多种，具体分类见表7-2。

表7-2 动态路由协议分类

类别	动态路由协议				
	内部网关协议				外部网关协议
	距离矢量路由协议		链路状态路由协议		路径矢量
有类	RIP	IGRP			EGP
无类	RIPv2	EIGRP	OSPFv2	IS-IS	EGPv4
IPv6	RIPng	EIGRP(IPv6)	OSPFv3	IS-IS(IPv6)	EGPv4（IPv6）

路由IP数据包时常用的动态路由协议有：

RIP(Routing Information Protocol,路由信息协议)；

IGRP(Interior Gateway Protocol,内部网关路由协议)；

EIGRP（Enhanced Interior Gateway Routing Protocol,增强型内部网关路由协议)；

OSPF（Open Shortest Path First,开放最短路径优先)；

IS-IS（Intermediate System to Intermediate System Routing Protocol,中间系统到中间系统)；

BGP（Border Gateway Protocol,边界网关协议)。

其中，IGRP和EIGRP是Cisco专有的路由协议，IGRP是早期的路由协议，已经被EIGRP所取代。在大多数情况下，路由器的路由表中同时包括静态路由和动态路由。

（4）距离矢量路由协议和链路状态路由协议

距离矢量是指以距离和方向构成的矢量来通告路由信息。距离按跳数等度量来定义，方向则是下一跳的路由器或送出接口。距离矢量协议通常使用贝尔曼-福特（Bellman-Ford）算法来确定最佳路径。某些距离矢量协议会定期向所有邻近的路由器发送完整的路由表。在大型网络中，这些路由更新的数据量会愈趋庞大，因而会在链路中产生大规模的通信流量。路由器唯一了解的远程网络信息就是到该网络的距离（即度量），以及可通过哪条路径或哪个接口到达该网络。距离矢量路由协议并不了解确切的完整网络拓扑图，距离矢量协议适用于以下情形：

① 网络结构简单、扁平，不需要特殊的分层设计；

② 管理员没有足够的知识来配置链路状态协议和排查故障；

③ 特定类型的网络拓扑结构，如集中星形（Hub-and-Spoke）网络；

④ 无需关注网络最差情况下的收敛时间。

与距离矢量路由协议的运行过程不同，配置了链路状态路由协议的路由器，可以获取所有其他路由器的信息，创建网络的完整拓扑结构。链路状态路由器使用链路状态信息创建拓扑图，并在拓扑结构中选择到达所有目的网络的最佳路径。链路状态路由协议不采用定期更新机制，在网络完成收敛之后，只在网络拓扑结构发生变化时才发送链路状态更新信息。

链路状态协议适用于以下情形：

① 网络进行了分层设计，大型网络通常如此；

② 管理员对于网络中采用的链路状态路由协议非常熟悉；

③ 网络对收敛速度的要求极高。

（5）有类路由协议和无类路由协议的比较（图7-1）

有类路由协议在路由信息更新过程中不发送子网掩码信息，如RIPv1。路由协议的路由信息更新中不包括子网掩码，子网掩码根据网络地址的第一组二进制八位数来确定。由于有类协议不包括子网掩码，因此并不适用于所有的网络环境。如果网络使用多个子网掩码划分子网，那么就不能使用有类路由协议。也就是说，有类路由协议不支持 VLSM（可变长子网掩码）。有类路由协议包括 RIPv1 和 IGRP。

在无类路由协议的路由信息更新中，同时包括网络地址和子网掩码。如今的网络已不再按照类来分配地址，子网掩码也就无法根据网络地址的第一个二进制八位数来确定，大部分网络都需要使用无类路由协议，因为无类路由协议支持 VLSM、非连续网络。无类路由协议包括 RIPv2、EIGRP、OSPF、IS-IS 和 BGP 等。

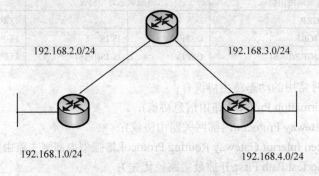

有类网络:整个网络拓扑结构使用同一子网掩码

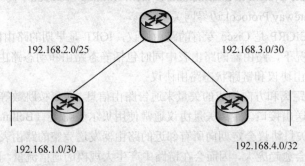

无类网络:整个网络拓扑结构使用不同子网掩码

图7-1 有类网络与无类网络的比较

（6）度量

要选择最佳路径，路由协议必须能够评估和区分所有可用的路径。度量是指路由协议用来分配到达远程网络的路由开销的值。有多条路径通往同一远程网络时，路由协议使用度量来确定最佳的路径。每一种路由协议都有自己的度量，例如，RIP 使用跳数，EIGRP 使用带宽和延迟，OSPF 使用的是带宽。跳数是指数据包达到目的网络必须通过的路由器的数量，是最简单的度量方式。不同的路由协议使用不同的度量，一种路由协议使用的度量可能会与另一种路由协议存在差异。由于使用的度量不同，两种不同的路由协议对于同一目的网络可能会选择不同的路径。比如，RIP会选择跳数最少的路径，而 OSPF 则会选择带宽最多的路径。IP 路由协议中使用的度量参数如下。

① 跳数：一种简单的度量，计算的是数据包所必须经过的路由器数量。

② 带宽：通过优先考虑最高带宽的路径来做出选择。
③ 负载：考虑特定链路的通信量使用率。
④ 延迟：考虑数据包经过某个路径所花费的时间。
⑤ 可靠性：通过接口错误技术或以往的链路故障次数，估计出现链路故障的可能性。
⑥ 开销：由 IOS 或网络管理员确定的值，表示优先选择某个路由。开销既可以表示一个度量，也可以表示多个度量的组合，还可以表示路由策略。

各路由协议的度量如下。
① RIP：跳数，选择跳数最少的路由作为最佳路径。
② IGRP 和 EIGRP：带宽、延迟、可靠性和负载，通过这些参数计算综合度量值最小的路由作为最佳路径。默认情况下，仅使用带宽和延迟。
③ IS-IS 和 OSPF：开销，选择开销最低的路由作为最佳途径。Cisco 采用 OSPF 使用的带宽。

通过命令 show ip route 可以查看与特定路由关联的度量值。对于路由表条目，括号中的第二个值即为度量值。在路由器 R3 中，采用 RIP 协议，到目的网络 192.168.40.0 的路由距离为 2 跳，路由的度量值即为 2。

```
R3#show ip route
R    192.168.10.0/24 [120/2] via 192.168.40.2, 00:00:25, Serial0/0/1
R    192.168.20.0/24 [120/1] via 192.168.40.2, 00:00:25, Serial0/0/1
R    192.168.30.0/24 [120/1] via 192.168.40.2, 00:00:25, Serial0/0/1
C    192.168.40.0/24 is directly connected, Serial0/0/1
C    192.168.50.0/24 is directly connected, FastEthernet0/0
```

（7）收敛

收敛是指所有路由器的路由表达到一致的过程。当所有路由器都获取到完整而准确的网络信息时，网络即完成收敛。收敛时间是指路由器共享网络信息、计算最佳路径，并更新路由表所花费的时间。网络在完成收敛后才可以正常运行，因此，大部分网络都需要在很短的时间内完成收敛。收敛过程既具协作性，又具独立性。路由器之间需要共享路由信息，各自路由器也必须独立计算拓扑结构变化对各自路由过程所产生的影响。由于路由器独立更新网络信息以与拓扑结构保持一致，所以，路由器通过收敛来达成一致状态。收敛的有关属性包括路由信息的传播速度，以及最佳路径的计算方法，可以根据收敛速度来评估路由协议。收敛速度越快，路由协议的性能就越好。通常，RIP 和 IGRP 收敛较慢，而 EIGRP 和 OSPF 收敛较快。

可以根据以下特征来比较不同动态路由协议的性能。
① 收敛时间：收敛时间是指网络拓扑结构中的路由器共享路由信息，并使各台路由器掌握的网络情况达到一致所需的时间。收敛速度越快，协议的性能越好。在发生了改变的网络中，收敛速度缓慢会导致不一致的路由表无法及时得到更新，从而可能造成路由环路。
② 可扩展性：可扩展性表示根据一个网络所部署的路由协议，该网络能达到的规模。网络规模越大，路由协议需要具备的可扩展性越强。
③ 无类（使用 VLSM）或有类：无类路由协议在更新中会提供子网掩码。此功能支持使用可变长子网掩码（VLSM），总结路由的效果也更好。有类路由协议不包括子网掩码且不支持 VLSM。
④ 资源使用率：资源使用率包括路由协议的要求（如内存空间）、CPU 利用率和链路带宽利用率。资源要求越高，对硬件的要求越高，如此才能对路由协议工作和数据包转发过程提供有力支持。
⑤ 实现和维护：实现和维护体现了对于所部署的路由协议，网络管理员实现和维护网络时，

（8）负载均衡

路由协议根据度量值最低的路由来选择最佳路径。如果通往同一目的网络的多条路由具有相同的度量值，那么路由器会在这些开销相同的路径之间进行"负载均衡"，数据分组会使用所有路由开销相同的路径转发出去。要查看负载均衡是否起作用，可检查路由表。如果路由表中有多个路由条目与同一目的网络关联，则负载均衡正在起作用。运行 show ip route 命令后，可以看到到达目的网络 192.168.10.0 有两条路径，分别是 192.168.40.2（serial0/0/1）和 192.168.30.2（serial0/0/0），这两条路由称为等价路由。

```
R2#show ip route
R    192.168.10.0/24 [120/2] via 192.168.40.2, 00:00:25, Serial0/0/1
                    [120/2] via 192.168.30.2, 00:00:25, Serial0/0/0
```

（9）管理距离

路由器通过静态路由和动态路由协议，了解与其直连的临近网络以及远程网络的信息。实际上，路由器可能会通过多个来源获知通往同一网络的路由。那么路由器应该选择在路由表中添加哪条路由呢？由于不同的路由协议使用不同的度量（例如，RIP 使用跳数，而 OSPF 使用带宽），因此，不能通过比较度量值来确定最佳路径。

管理距离（Administrative Distance,AD）定义路由来源的优先级别。对于每个路由来源（包括动态路由协议，静态路由、直连网络），使用管理距离值按从高到低的优选顺序来排定优先级。如果从多个不同的路由来源获取到同一目的网络的路由信息，Cisco 路由器会使用 AD 功能来选择最佳路径。管理距离是从 0 到 255 的整数值，值越低表示路由来源的优先级别越高，管理距离值为 0 表示优先级别最高。只有直连网络的管理距离为 0，而且这个值不能更改。静态路由和动态路由协议的管理距离是可以修改的。管理距离值为 255 表示路由器不信任该路由来源，并且不会将其添加到路由表中。不同的路由协议有不同的默认管理距离值，见表 7-3。

表 7-3　默认管理距离值

路 由 来 源	管理距离（AD）值
直连路由	0
静态路由	1
EIGRP 汇总路由	5
外部 BGP	20
内部 EIGRP	90
IGRP	100
OSPF	110
IS-IS	115
RIP	120
外部 EIGRP	170
内部 BGP	200

使用命令 show ip route 查看路由器 R3 的路由表，括号中的第一个值即为 AD 值。可以看到 R3 有一条通往 192.168.10.0/24 网络的 RIP 路由，AD 值为 120。有一条通过 192.168.70.0/24 网络的静态路由，其 AD 值为 1。

```
R3#show ip route
R    192.168.10.0/24 [120/2] via 192.168.40.2, 00:00:25, Serial0/0/1
```

```
R    192.168.20.0/24 [120/1] via 192.168.40.2, 00:00:25, Serial0/0/1
R    192.168.30.0/24 [120/1] via 192.168.40.2, 00:00:25, Serial0/0/1
S    192.168.70.0/24 [1/0] via 172.16.1.2
C    192.168.40.0/24 is directly connected, Serial0/0/1
C    192.168.50.0/24 is directly connected, FastEthernet0/0
```

① 动态路由协议和管理距离　除了可以使用命令 show ip route 查看 AD 值，也可以使用命令 show ip protocols 查看 AD 值，此命令可以显示路由器当前运行的各种路由协议的全部信息，其中，Distance 就是 AD 值，RIP 协议是 120。

```
R2#show ip protocols
Routing Protocol is "rip"
Sending updates every 30 seconds, next due in 4 seconds
Invalid after 180 seconds, hold down 180, flushed after 240
Outgoing update filter list for all interfaces is not set
Incoming update filter list for all interfaces is not set
Redistributing: rip
Default version control: send version 1, receive any version
  Interface              Send    Recv       Triggered RIP Key-chain
  FastEthernet0/0          1      2 1
  Serial0/0/0              1      2 1
  Serial0/0/1              1      2 1
Automatic network summarization is in effect
Maximum path: 4
Routing for Networks:
  192.168.20.0
  192.168.30.0
  192.168.40.0
Passive Interface(s):
Routing Information Sources:
  Gateway          Distance      Last Update
  192.168.20.1       120         00:00:21
  192.168.40.1       120         00:00:04
Distance: (default is 120)
```

② 静态路由协议和管理距离　管理员可以通过输入静态路由，配置到达目的网络的最佳路径，因为静态路由的默认 AD 值为 1。也就是说，除了直接相连网络的默认 AD 值为 0 以外，静态路由是优先级最高的路由来源。

静态路由配置可以使用下一跳 IP 地址的方法和送出接口的方法进行配置，默认的 AD 值均为 1。使用下一条 IP 地址配置的静态路由会列出 AD 值，如 S 172.17.0.0/16 [1/0] via 172.16.1.2，AD 值为 1。不过，使用特定的送出接口配置静态路由，运行 show ip route 命令后不会列出其 AD 值，如 S 192.168.3.0/24 is directly connected, Serial0/0/0，显示 directly connected（直连），没有列出 AD 值信息，这并不表示该静态路由的 AD 值为 0，因为任何静态路由，包括送出接口配置的静态路由，AD 值都是 1。只有直连网络的 AD 值才是 0。

```
R1#show ip route
C    172.16.0.0/16 is directly connected, Serial0/0/0
S    172.17.0.0/16 [1/0] via 172.16.1.2
C    192.168.1.0/24 is directly connected, FastEthernet0/0
S    192.168.2.0/24 [1/0] via 172.16.1.2
S    192.168.3.0/24 is directly connected, Serial0/0/0
```

可以使用命令 show ip route 192.168.3.0 命令查看路由的详细信息，包括距离。

```
R1#show ip route 192.168.3.0
Routing entry for 192.168.3.0/24
Known via "static", distance 1, metric 0 (connected)
Routing Descriptor Blocks:
* directly connected, via Serial0/0/0
Route metric is 0, traffic share count is 1
```

③ 直连网络和管理距离 在接口上配置 IP 地址并启用以后，路由表中就会显示相应的直接相连网络。直接相连的网络的 AD 值为 0，表示该网络是优先级别最高的路由来源。对于路由器而言，最好的路由就是与其接口直接相连的网络。因此，直接相连的网络的管理距离不能更改，并且其他路由来源的管理距离不能为 0。路由表中的 C 172.16.0.0/16 is directly connected, Serial0/0/0 表示直连路由，该路由条目的开头有一个字母 C，表示这是直接相连的网络，要查看直接相连的网络的 AD 值，可使用命令 show ip route 192.168.3.0。

7.1.2 距离矢量路由协议

RIP 是一种较为简单的内部网关协议（Interior Gateway Protocol，IGP），主要用于规模较小的网络中。由于 RIP 的实现较为简单，协议本身的开销对网络的性能影响比较小，并且在配置和维护管理方面也比 OSPF 或 IS-IS 容易，因此在实际组网中仍有广泛的应用。距离-矢量路由选择算法，也称为 Bellman-Ford 算法，其基本思想是路由器周期性地向其相邻路由器广播自己知道的路由信息，用于通知相邻路由器自己可以到达的网络以及到达该网络的距离（通常用"跳数"表示），相邻路由器可以根据收到的路由信息修改和刷新自己的路由表，如图 7-2 所示。

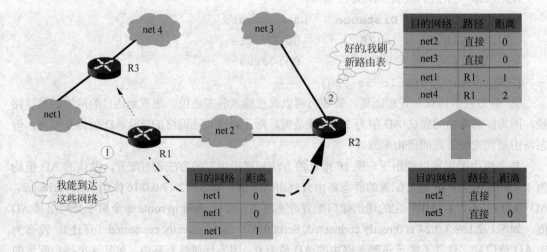

图 7-2 距离-矢量路由选择算法基本思想

第 7 章 距离矢量路由协议（RIP）

路由器 R1 向相邻的路由器（如 R2）广播自己的路由信息，通知 R2 自己可以到达 net1、net2 和 net4。由于 R1 送来的路由信息包含了两条 R2 不知的路由（到达 net1 和 net4 的路由），于是 R2 将 net1 和 net4 加入自己的路由表，并将下一站指定 R1。也就是说，如果 R2 收到目的网络为 net1 和 net4 的 IP 数据报，它将转发给路由器 R1，由 R1 进行再次投递。由于 R1 到达网络 net1 和 net4 的距离分别为 0 和 1，因此，R2 通过 R1 到达这两个网络的距离分别是 1 和 2。

下面，对距离-矢量路由选择算法进行具体描述。

首先，路由器启动时对路由表进行初始化，该初始路由表包含所有去往与本路由器直接相连的网络路径。因为去往直接相连的网络不经过相互之间的路由器，所以初始化的路由表中各路径的距离均为 0。图 7-3（a）显示了路由器 R1 附近的网络拓扑结构，图 7-3（b）给出了路由器 R1 的初始路由表。

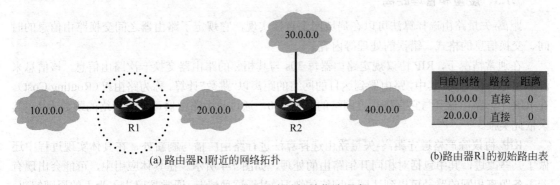

(a) 路由器R1附近的网络拓扑　　　　　　　　　　(b) 路由器R1的初始路由表

图 7-3　路由器启动初始化路由表

然后，各路由器周期性地向其相邻路由器广播自己的路由表信息。与该路由器直接相连（位于同一物理网络）的路由器收到该路由表报文后，据此对本地路由表进行刷新，刷新时，路由器逐项检查来自相邻路由器的路由信息报文，遇到下列项目，必须修改本地路由表（假设路由器 R_i 收到的路由信息报文）。

① R_j 列出的某项目 R_i 路由表中没有，则 R_i 路由表中应增加相应项目，其"目的网络"是 R_j 表中的"目的网络"，其"距离"为 R_j 表中的距离加 1，而"路径"则为 R_j。

② R_j 去往某目的地的距离比 R_i 去往该目的地的距离减 1 还小。这种情况说明 R_i 去往某目的网络时，如果经过 R_j，距离会更短。于是，R_i 需要修改本表中的内容，其"目的网络"不变，"距离"为 R_j 表中的距离加 1，"路径"为 R_j。

③ R_i 去往某目的地经过 R_j，而 R_j 去往该目的地的路径发生变化，则：

如果 R_j 不再包含去往某目的地的路径，则 R_i 中相应路径需删除；

如果 R_j 去往某目的地的距离发生变化，则 R_i 表中相应的"距离"需修改，以 R_j 中的"距离"加 1 取代之。

距离-矢量路由选择算法的最大优点是算法简单、易于实现。但是，由于路由器的路径变化需要像波浪一样从相邻路由器传播出去，过程非常缓慢，有可能造成慢收敛等问题，因此，它不适合应用于路由剧烈变化的或大型的互联网网络环境。另外，距离-矢量路由选择算法要求互联网中的每个路由器都参与路由信息的交换和计算，而且需要交换的路由信息报文和自己的路由表的大小几乎一样，因此，需要交换的信息量极大。

见表 7-4，假设 R_i 和 R_j 为相邻路由器，对距离-矢量路由选择算法给出了直观说明。

表 7-4 按照距离-矢量路由选择算法更新路由表

R_i 原路由表			R_j 广播的路由信息		R_i 刷新后的路由表		
目的网络	路径	距离	目的网络	距离	目的网络	路径	距离
10.0.0.0	直接	0	10.0.0.0	4	10.0.0.0	直接	0
30.0.0.0	R_n	7	30.0.0.0	4	30.0.0.0	R_j	5
40.0.0.0	R_j	3	40.0.0.0	2	40.0.0.0	R_j	3
45.0.0.0	R_l	4	41.0.0.0	3	41.0.0.0	R_j	4
180.0.0.0	R_j	5	180.0.0.0	5	45.0.0.0	R_l	4
190.0.0.0	R_m	10			180.0.0.0	R_j	6
199.0.0.0	R_j	6			190.0.0.0	R_m	10

7.1.3 度量和管理距离

距离-矢量路由选择算法可以在局域网上直接实现，它规定了路由器之间交换路由信息的时间、交换信息的格式、错误的处理等内容。

在通常情况下，RIP 协议规定路由器每 30s 与其相邻的路由器交换一次路由信息，该信息来源于本地的路由表，其中，路由器到达目的网络的距离以"跳数"计算，称为路由权（Routing Cost）。在 RIP 中，路由器到与它直接相连网络的跳数为 0，通过一个路由器可达的网络的跳数为 1，其余依此类推。

RIP 协议除严格遵守距离-矢量路由选择算法进行路由广播与刷新外，在具体实现过程中还做了某些改进，其中包括对相同开销路由的处理，如图 7-4 所示。在具体应用中，可能会出现有若干条距离相同的路径可以到达同一网络的情况。对于这种情况，通常按照先入为主的原则解决。如图 7-4 所示。

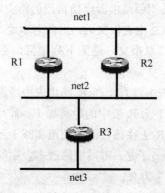

图 7-4 相同开销路由的处理

由于路由器 R1 和 R2 都与 net1 直接相连，所以它们都向相邻路由器 R3 发送到达 net1 距离为 0 的路由信息。R3 按照先入为主的原则，先收到哪个路由器的路由信息报文，就将去往 net1 的路径定为哪个路由器，直到该路径失效或被新的更短的路径代替。

对过时路由的处理，可根据距离-矢量路由选择算法，路由表中的一条路径被刷新，是因为出现了一条开销更小的路径，否则该路径会在路由表中保持下去。按照这种思想，一旦某条路径发生故障，过时的路由表项会在互联网中长期存在下去。假如 R3 到达 net1 经过 R1，如果 R1 发生故障后不能向 R3 发送路由刷新报文，那么，R3 关于到达 net1 需要经过 R1 的路由信息将永远保持下去，尽管这是一条坏路由。

为了解决这个问题，RIP 协议规定，参与 RIP 选路的所有机器都要为其路由表的每个表目增

第 7 章 距离矢量路由协议（RIP） 173

加一个定时器，在收到相邻路由器发送的路由刷新报文中，如果包含此路径的表目，则将定时器清零，重新开始计时。如果在规定时间内一直没有收到关于该路径的刷新信息，定时器时间到，说明该路径已经失效，需要将它从路由表中删除。RIP 协议规定路径的超时时间为 180s，相当于 6 个刷新周期。

慢收敛问题是 RIP 协议的一个严重缺陷。那么，慢收敛问题是怎样产生的呢？

慢收敛问题的产生如图 7-5 所示，对于一个正常的互联网拓扑结构，从 R1 可直接到达 net1，从 R2 经 R1（距离为 1）也可到达 net1。指出情况下，R2 收到 R1 广播的刷新报文后，会建立一条距离为 1 经 R1 到达 net1 的路由。

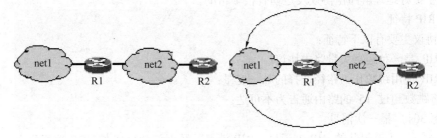

图 7-5　慢收敛问题的产生

现在，假设从 R1 到 net1 的路径因故障而崩溃，但 R1 仍然可以正常工作。当然，R1 一旦检测到 net1 不可到达，会立即将去往 net1 的路由废除，然后会发生以下两种可能情况。

① 在收到来自 R2 的路由刷新报文之前，R1 将修改后的路由信息广播给相邻的路由器 R2，于是 R2 修改自己的路由表，将原来经 R1 去往 net1 的路由删除，这没有什么问题。

② R2 赶在 R1 发送新的路由刷新报文之前，广播自己的路由刷新报文。该报文中必然包含一条说明 R2 经过一个路由器可以到达 net1 的路由。由于 R1 已经删除了到达 net1 的路由，按照距离-矢量路由选择算法，R1 会增加通过 R2 到达 net1 的新路径，不过路径的距离变为 2。这样，在路由器 R1 和 R2 之间就形成了环路。R2 认为通过 R1 可以到达 net1，R1 则认为通过 R2 可以到达 net1。尽管路径的"距离"会越来越大，但该路由信息不会从 R1 和 R2 的路由表中消失。这就是慢收敛问题产生的原因。

为了解决慢收敛问题，RIP 协议采用以下解决对策。

① 限制路径最大"距离"对策。产生路由环以后，尽管无效的路由不会从路由表中消失，但是其路径的"距离"会变得越来越大。为此，可以通过限制路径的最大"距离"来加速路由表的收敛。一点"距离"到达某一最大值，就说明该路由不可达，需要从路由表中删除。为限制收敛时间，RIP 规定 cost 取 0～15 之间的整数，大于或等于 16 的跳数被定义为无穷大，即目的网络或主机不可达。

② 水平分割对策（Split Horizon）。当路由器从某个网络接口发送 RIP 路由刷新报文时，其中不能包含从该接口获取的路由信息，这就是水平分割政策的基本原理。在图 7-5 中，如果 R2 不把从 R1 获得的路由信息再广播给 R1，R1 和 R2 之间就不可能出现路由环，这样就可避免慢收敛问题的发生。

③ 保持对策（Hold Down）。仔细分析慢收敛的原因，会发现崩溃路由的信息传播比正常路由的信息传播慢了许多。针对这种现象，RIP 协议的保持对策规定，在得知目的网络不可达后，一定时间内（RIP 规定为 60s），路由器不接收关于此网络的任何可到达信息。这样，可以给路由崩溃信息以充分的传播时间，使它尽可能赶在路由环形成之前传出去，防止慢收敛问题的出现。

④ 带触发刷新的毒性逆转对策（Posion Reverse）。当某路径崩溃后，最早广播此路由的路由

器,将原路由保留在若干路由刷新报文中,但指明该路由的距离为无限长(距离为 16)。与此同时,还可以使用触发刷新技术,一旦检测到路由崩溃,立即广播刷新报文,而不必等待下一个刷新周期。

7.1.4 RIPv1 的特征和消息格式

RIPv1 是一个路由协议,像其他协议一样,它具有特殊信息字段的格式,如 IP 协议包含源 IP 地址和目的 IP 地址的信息。路由协议同样具有包含信息的字段,RIPv1 路由协议的一个字段就是 IP 地址段,它包含的是 IP 网络地址。路由器使用这些字段中的信息共享路由信息。研究这些字段对于更好地理解路由协议及运动有很多帮助。

(1) RIP 特征

RIP 协议主要有以下特征:

① RIP 是一种距离矢量路由协议;
② RIP 使用跳数作为路径选择的唯一度量;
③ 将跳数超过 15 的路由通告为不可达;
④ 每 30s 广播一次消息。

图 7-6 显示了已封装的 RIPv1 消息。RIP 消息的数据部分封装在 UDP 数据段内,其源端口号和目的端口号都被设为 520。在消息从所有配置了 RIP 的接口发送出去之前,IP 报头和数据链路报头会加入广播地址作为目的地址。

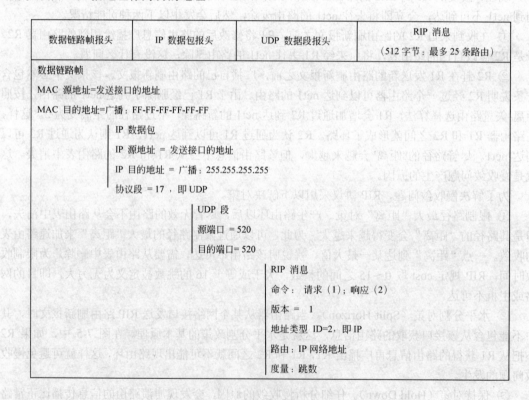

图 7-6 已封装的 RIPv1 消息

(2) RIP 消息格式:RIP 报头

图 7-7 显示了 RIPv1 消息的细节,表 7-5 列出了消息的主要字段。

第 7 章 距离矢量路由协议（RIP）

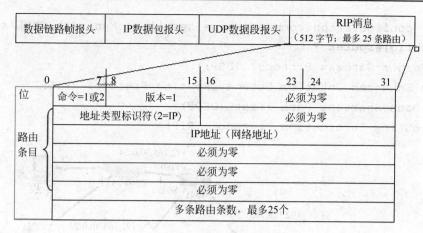

图 7-7 RIPv1 消息格式

表 7-5 RIPv1 消息字段描述

字 段	描 述
命令	1 表示请求，2 表示应答
版本	1 表示 RIPv1，2 表示 RIPv2
地址类型标识符	2 表示 IP，如果请求完整的路由表则设置为 0
IP 地址	目的路由的地址，可以是网络、子网或主机地址
度量	1 到 16 之间的跳数。在发出消息前发送方路由器会增加度量

RIP 报头长度为四个字节，这四个字节被划分为三个字段。命令字段指定了消息类型；版本字段设置为 1，表示为 RIPv1；第三个字段被标记为必须为零；必须为零字段用于为协议将来的扩展预留空间。

（3）RIP 消息格式：路由条目

消息的路由条目部分包含三个字段，其内容如下：
① 地址类型标识符（设置为 2 代表 IP 地址，但在路由器请求完整的路由表时设置为 0）；
② IP 地址；
③ 度量。

路由条目部分代表一个目的路由及与其关联的度量。一个 RIP 更新最多可包含 25 个路由条目。数据报最大可以是 512 个字节，不包括 IP 或 UDP 报头。

7.2 RIPv1 的基本配置

7.2.1 案例描述

某公司三个子公司通过路由器进行连接，网络拓扑结构如图 7-8 所示，编址结构见表 7-6。本拓扑结构与第 6 章拓扑结构类似，区别就是编址不同。

7.2.2 配置过程

（1）启用 RIP 协议

要启用动态路由协议，需要进入全局配置模式并使用 router 命令，在空格后输入"？"，将显示 IOS 所支持的所有可用路由协议列表。

```
R1#configure terminal
```

```
Enter configuration commands, one per line. End with CNTL/Z.
R1(config)#router ?
bgp   Border Gateway Protocol (BGP)
eigrp Enhanced Interior Gateway Routing Protocol (EIGRP)
ospf  Open Shortest Path First (OSPF)
rip   Routing Information Protocol (RIP)
```

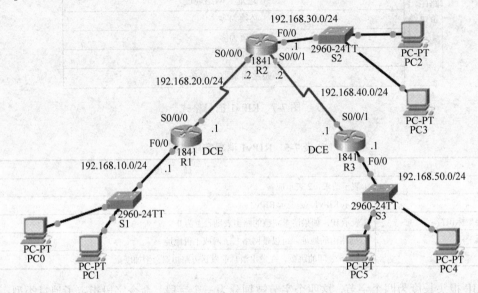

图 7-8 某公司网络拓扑结构

表 7-6 编址结构

设备	接口	IP 地址	子网掩码	默认网关
R1	F0/0	192.168.10.1	255.255.255.0	
	S0/0/0	192.168.20.1	255.255.255.0	
R2	F0/0	192.168.30.1	255.255.255.0	
	S0/0/0	192.168.20.2	255.255.255.0	
	S0/0/1	192.168.40.2	255.255.255.0	
R3	F0/0	192.168.50.1	255.255.255.0	
	S0/0/1	192.168.40.1	255.255.255.0	
PC0	NIC	192.168.10.2	255.255.255.0	192.168.10.1
PC1	NIC	192.168.10.3	255.255.255.0	192.168.10.1
PC2	NIC	192.168.30.2	255.255.255.0	192.168.30.1
PC3	NIC	192.168.30.3	255.255.255.0	192.168.30.1
PC4	NIC	192.168.50.2	255.255.255.0	192.168.50.1
PC5	NIC	192.168.50.3	255.255.255.0	192.168.50.1

要进入路由器配置模式进行 RIP 配置，可在全局配置模式下输入命令 router rip，操作符将从全局配置模式变成 R1(config-router)#模式。该命令并不直接启动 RIP 过程，但通过它用户可以进入该路由协议的配置模式，此时不会发送路由更新。

如果需要从设备上彻底删除 RIP 路由过程，需要使用相反的命令 no router rip，该命令会停止 RIP 过程，并清除所有现在的 RIP 配置。

（2）指定网络

进入 RIP 路由器配置模式后，路由器便按照指示开始运行 RIP 协议。路由器需要了解应该使用哪些本地接口与其他路由器进行通信，以及需要向其他路由器通告哪些本地连接的网络。

为网络启用 RIP 路由，可在路由器配置模式下使用 network 命令，并输入每个直连网络的有类网络地址。

使用命令 network 指定网络的语法是：

```
Route(config)#network directly-connected-classful-network-address
```

network 命令的作用是，在属于某个指定网络的所有接口上启用 RIP，相关接口将开始发送和接收 RIP 更新；在每 30s 一次的 RIP 路由更新中，向其他路由器通告该指定网络。

路由器 R1、R2 和 R3 设置指定网络，命令如下：

```
R1(config)#router rip
R1(config-router)#network 192.168.10.0
R1(config-router)#network 192.168.20.0
R2(config)#router rip
R2(config-router)#network 192.168.20.0
R2(config-router)#network 192.168.30.0
R2(config-router)#network 192.168.40.0
R3(config)#router rip
R3(config-router)#network 192.168.40.0
R3(config-router)#network 192.168.50.0
```

使用 network 命令进行 RIP 配置时，必须输入有类网络地址，如果输入了接口的 IP 地址，而不是有类网络地址，如输入命令 R1(config-router)#network 192.168.10.1，则 IOS 不给出错误提示，直接将其变为有类网络地址 192.168.10.0。

（3）使用 show ip route 检验 RIP

RIP 协议配置完成后，应该使用命令 show iproute 查看路由表，并且用命令 show ip protocols 查看路由协议的详细信息。以确保协议配置正确。如果网络出现问题，还可以用 debug ip rip 命令查看详细信息。在路由器 R1、R2 和 R3 上，分别使用命令 show ip route 查看路由表。可以看到每个路由器的路由表中，都有了 5 条路由，说明每个路由器都包含了到达拓扑结构中所有目的网络的路由，也就是三个路由器都已经收敛。

```
R1#show ip route
Codes: C - connected, S - static, I - IGRP,R-RIP, M-mobile,B - BGP
D - EIGRP, EX - EIGRP external, O - OSPF, IA - OSPF inter area
N1 - OSPF NSSA external type 1, N2 - OSPF NSSA external type 2
E1 - OSPF external type 1, E2 - OSPF external type 2, E - EGP
i - IS-IS, L1 - IS-IS level-1, L2 - IS-IS level-2,ia-IS-IS inter area
* - candidate default, U - per-user static route, o - ODR
P - periodic downloaded static route
Gateway of last resort is not set
C    192.168.10.0/24 is directly connected, FastEthernet0/0
C    192.168.20.0/24 is directly connected, Serial0/0/0
R    192.168.30.0/24 [120/1] via 192.168.20.2, 00:00:22, Serial0/0/0
R    192.168.40.0/24 [120/1] via 192.168.20.2, 00:00:22, Serial0/0/0
R    192.168.50.0/24 [120/2] via 192.168.20.2, 00:00:22, Serial0/0/0
```

```
R2#show ip route
R    192.168.10.0/24 [120/1] via 192.168.20.1, 00:00:00, Serial0/0/0
C    192.168.20.0/24 is directly connected, Serial0/0/0
C    192.168.30.0/24 is directly connected, FastEthernet0/0
C    192.168.40.0/24 is directly connected, Serial0/0/1
R    192.168.50.0/24 [120/1] via 192.168.40.1, 00:00:15, Serial0/0/1
R3#show ip route
R    192.168.10.0/24 [120/2] via 192.168.40.2, 00:00:25, Serial0/0/1
R    192.168.20.0/24 [120/1] via 192.168.40.2, 00:00:25, Serial0/0/1
R    192.168.30.0/24 [120/1] via 192.168.40.2, 00:00:25, Serial0/0/1
C    192.168.40.0/24 is directly connected, Serial0/0/1
C    192.168.50.0/24 is directly connected, FastEthernet0/0
```

现在以 R1 获知的一条 RIP 路由为例，解读路由表中显示的输出。

```
R 192.168.50.0/24 [120/2] via 192.168.20.2, 00:00:22, Serial0/0/0
```

通过检查路由列表中是否存在带 R 代码的路由，可快速得知路由器上是否确实运行着 RIP。如果没有配置 RIP，将不会看到任何 RIP 路由。紧跟在 R 代码后的是远程网络地址和子网掩码（192.168.50.0/24）。AD 值（RIP 为 120）和到该网络的距离（2 跳）显示在括号中。

此外，输出中还列出了通告路由器的下一跳 IP 地址（地址为 192.168.20.2 的 R2），以及自上次更新以来已经过了多少秒（本例中为 00:00:22）。最后列出的是路由器用来向该远程网络转发数据的送出接口（Serial0/0/0）。

（4）使用 show ip protocols 检验 RIP

如果路由表中缺少某个网络，可以使用 show ip protocols 命令检查路由配置。show ip protocols 命令会显示路由器当前配置的路由协议。其输出可用于检验大多数 RIP 参数，从而确认：是否已配置 RIP 路由；发送和接收 RIP 更新的接口是否正确；路由器通告的网络是否正确和 RIP 邻居是否发送了更新。

```
R1#show ip protocols
Routing Protocol is "rip"
Sending updates every 30 seconds, next due in 4 seconds
Invalid after 180 seconds, hold down 180, flushed after 240
Outgoing update filter list for all interfaces is not set
Incoming update filter list for all interfaces is not set
Redistributing: rip
Default version control: send version 1, receive any version
  Interface          Send  Recv  Triggered RIP Key-chain
  FastEthernet0/0     1     2 1
  Serial0/0/0         1     2 1
Automatic network summarization is in effect
Maximum path: 4
Routing for Networks:
  192.168.10.0
  192.168.20.0
Routing Information Sources:
```

```
Gateway          Distance       Last Update
192.168.20.2     120            00:00:09
Distance: (default is 120)
```
① `Routing Protocol is 'rip`

输出的第一行表示 RIP 路由已配置并正在路由器 R1 上运行。

② `Sending updates every 30 seconds, next due in 4 seconds`
```
Invalid after 180 seconds, hold down 180, flushed after 240
```
此部分是一些计时器，其中显示了该路由器发送下一轮更新的时间，在本例中为从当时起 4s 后。

③ `Outgoing update filter list for all interfaces is not set`
```
Incoming update filter list for all interfaces is not set
Redistributing: rip
```
此部分信息与过滤更新和重分布路由有关。

④ `Default version control: send version 1, receive any version`
```
Interface          Send    Recv    Triggered RIP   Key-chain
FastEthernet0/0    1       2 1
Serial0/0/0        1       2 1
```
这部分输出包含与当前配置的 RIP 版本和参与 RIP 更新的接口相关信息。

⑤ `Automatic network summarization is in effect`
```
Maximum path: 4
```
这部分输出显示路由器 R2 当前正在有类网络边界上汇总，并且默认情况下将使用最多四条等价路由执行流量负载均衡。

⑥ `Routing for Networks:`
```
192.168.10.0
192.168.20.0
```
此时会列出使用 network 命令配置的有类网络，R1 会在其 RIP 更新中包含这些网络。

⑦ `Routing Information Sources:`
```
Gateway          Distance       Last Update
192.168.20.2     120            00:00:09
Distance: (default is 120)
```
此处，RIP 邻居将作为 Routing Information Sources 列出。Gateway 是向 R1 发送更新的邻居的下一跳 IP 地址。Distance 是 R1 对该邻居所发送的更新使用的 AD。Last Update 是自上次收到该邻居的更新以来经过的秒数。

（5）使用 debug ip rip 检验 RIP

大多数 RIP 配置错误都涉及 network 语句配置错误或者缺少 network 语句配置，以及在有类环境中配置了不连续的子网。对于这种情况，可使用一个很有效的命令 debug ip rip，找出 RIP 更新中存在的问题，该命令将在发送和接收 RIP 路由更新时显示这些更新信息。因为更新是定期发送的，所以需要等到下一轮更新开始才能看到命令输出。

```
R2#debug ip rip
RIP: received v1 update from 192.168.40.1 on Serial0/0/1
    192.168.50.0 in 1 hops
RIP: received v1 update from 192.168.20.1 on Serial0/0/0
    192.168.10.0 in 1 hops
```

```
RIP: sending v1 update to 255.255.255.255 via Serial0/0/0 (192.168.20.2)
RIP: build update entries
network 192.168.30.0 metric 1
network 192.168.40.0 metric 1
network 192.168.50.0 metric 2
RIP: sending v1 update to 255.255.255.255 via FastEthernet0/0 (192.168.30.1)
RIP: build update entries
network 192.168.10.0 metric 2
network 192.168.20.0 metric 1
network 192.168.40.0 metric 1
network 192.168.50.0 metric 2
RIP: sending v1 update to 255.255.255.255 via Serial0/0/1 (192.168.40.2)
RIP: build update entries
network 192.168.10.0 metric 2
network 192.168.20.0 metric 1
network 192.168.30.0 metric 1
```

① RIP: received v1 update from 192.168.40.1 on Serial0/0/1
```
192.168.50.0 in 1 hops
```
看到一条来自 R3 Serial 0/0/1 接口的更新。请注意，R3 只向网络 192.168.40.0 发送了一条路由。R3 不会再发送其他路由，否则便违反了水平分割规则，所以 R3 不能将 R2 以前发送给 R3 的网络通告给 R2。

② RIP: received v1 update from 192.168.20.1 on Serial0/0/0
```
192.168.10.0 in 1 hops
```
更新接收来自 R1 的信息。同理，由于水平分割规则，R1 仅发送了一条路由，即 192.168.10.0 网络。

③ RIP: sending v1 update to 255.255.255.255 via Serial0/0/0 (192.168.20.2)
```
RIP: build update entries
network 192.168.30.0 metric 1
network 192.168.40.0 metric 1
network 192.168.50.0 metric 2
```
R2 发送自己的更新，R2 创建要发往 R1 的更新，其中包含三条路由。R2 不会通告 R2 和 R1 共有的网络，即 192.168.20.0 网络，同时由于水平分割规则的作用，它也不会通告 192.168.10.0 网络。

④ RIP: sending v1 update to 255.255.255.255 via FastEthernet0/0 (192.168.30.1)
```
RIP: build update entries
network 192.168.10.0 metric 2
network 192.168.20.0 metric 1
network 192.168.40.0 metric 1
network 192.168.50.0 metric 2
```
R2 创建一个要从 FastEthernet0/0 接口发出的更新。该更新包括除网络 192.168.30.0（此网络连接在接口 FastEthernet0/0 上）以外的整个路由表。

⑤ RIP: sending v1 update to 255.255.255.255 via Serial0/0/1 (192.168.40.2)
```
RIP: build update entries
```

```
network 192.168.10.0 metric 2
network 192.168.20.0 metric 1
network 192.168.30.0 metric 1
```
最后，R2 创建要发往 R3 的更新，其中包含三条路由。R2 不会通告 R2 和 R3 共有的网络，即 192.168.40.0 网络，同时由于水平分割规则的作用，它也不会通告 192.168.50.0 网络。

如果再等待 30s，将发现所有调试输出重复出现，这是因为 RIP 每 30s 就会发送定期更新。要停止监控 R2 上的 RIP 更新，可输入 no debug ip rip 命令或简单地输入 undebug all，就可以结束输出。通过检查此调试输出，可以确认 R2 上的 RIP 路由工作完全正常。

（6）使用 ping 检验 RIP

路由协议工作正常后，可以在路由器 R1 上 ping 其他路由器的所有接口，发现都能 ping 通，说明全网已经连通，RIP 协议工作正常。

```
R1#ping 192.168.20.2
Type escape sequence to abort.
Sending 5, 100-byte ICMP Echos to 192.168.20.2, timeout is 2 seconds:
!!!!!
Success rate is 100 percent(5/5),round-trip min/avg/max=15/34/62 ms
R1#ping 192.168.30.1
Type escape sequence to abort.
Sending 5, 100-byte ICMP Echos to 192.168.30.1, timeout is 2 seconds:
!!!!!
Success rate is 100 percent (5/5),round-trip min/avg/max=15/27/31 ms
R1#ping 192.168.40.2
Type escape sequence to abort.
Sending 5, 100-byte ICMP Echos to 192.168.40.2, timeout is 2 seconds:
!!!!!
Success rate is 100 percent (5/5),round-trip min/avg/max=15/28/32 ms
R1#ping 192.168.40.1
Type escape sequence to abort.
Sending 5, 100-byte ICMP Echos to 192.168.40.1, timeout is 2 seconds:
!!!!!
Success rate is 100 percent (5/5),round-trip min/avg/max=48/57/63 ms
R1#ping 192.168.50.1
Type escape sequence to abort.
Sending 5, 100-byte ICMP Echos to 192.168.50.1, timeout is 2 seconds:
!!!!!
Success rate is 100 percent (5/5),round-trip min/avg/max=47/62/78 ms
```
（7）被动接口

有些路由器含有一些不和其他路由器相连的接口，因此，没有必要从这些接口向外发送路由更新，可以在这些接口中使用命令 passive-interface 阻止路由更新。

① 关闭 RIP 更新的必要性　路由器 R2 的 FastEthernet0/0 接口连接的 LAN 没有 RIP 设备，R2 仍然会从该接口发送更新。R2 无法得知该 LAN 上是否有 RIP 设备，因此每 30s 就会发送一次更新，在 LAN 上发送不需要的更新会对网络造成以下影响：

a. RIP 更新是广播的方式传递，交换机将向所有端口进行转发更新，会浪费带宽资源。

b. LAN 上的所有设备都必须逐层处理更新，直到传输层后接收设备才会丢弃更新。

c. 在广播网络上通告更新会带来严重的安全风险。RIP 更新可能被嗅探软件截获，路由更新可能会被修改并重新发回该路由器，从而导致路由表根据错误度量误导流量。

② 停止不需要的 RIP 更新　如果要停止不需要的 RIP 更新，不能使用命令 no network 192.168.30.0 从配置中删除 192.168.30.0 网络，这样做的后果是 R2 将不会在发往 R1 和 R3 的更新中通告该 LAN。正确的解决方法是使用 passive-interface 命令，该命令可以阻止路由更新通过某个路由器接口传输，但仍然允许向其他路由器通告该网络。

使用命令 passive-interface 的语法是：

`Route(config-router)# passive-interface interface-type interface-number`

该命令会停止从指定接口发送路由更新，但是，从其他接口发出的路由更新，仍将通告指定接口所属的网络。

在图 7-1 中，路由器 R2 的 FastEthernet0/0 将阻止 RIP 更新，使用命令 passive-interface 进行配置。

```
R2(config)#router rip
R2(config-router)#passive-interface FastEthernet0/0
```

③ 查看被动接口　被动接口设置完成后，使用命令 show ip protocols 查看协议状态，可以看到接口 FastEthernet0/0 不在 Interface 部分列出，而是列在了一个新的部分，叫做 Passive Interface(s)。另外，网络 192.168.30.0 仍然列在 Routing for Networks 中，说明该网络仍然作为路由条目包含在发送到 R1 和 R3 的 RIP 更新中。

```
R2#show ip protocols
Routing Protocol is "rip"
Sending updates every 30 seconds, next due in 15 seconds
Invalid after 180 seconds, hold down 180, flushed after 240
Outgoing update filter list for all interfaces is not set
Incoming update filter list for all interfaces is not set
Redistributing: rip
Default version control: send version 1, receive any version
  Interface         Send    Recv    Triggered RIP Key-chain
  Serial0/0/0       1       2 1
  Serial0/0/1       1       2 1
Automatic network summarization is in effect
Maximum path: 4
Routing for Networks:
  192.168.20.0
  192.168.30.0
  192.168.40.0
Passive Interface(s):
  FastEthernet0/0
Routing Information Sources:
  Gateway           Distance        Last Update
  192.168.20.1      120             00:00:21
```

```
   192.168.40.1         120     00:00:04
Distance: (default is 120)
```

7.2.3 自动汇总

在路由表中，路由越少就意味着能够更快地找到需要的路由。汇总多条路由到一条路由就是路由汇总或者路由聚合。一些路由协议，如 RIP，能够在某些路由器上自动地汇总。

（1）修改拓扑

为了方便讨论自动汇总，对 RIP 拓扑结构进行修改，路由汇总拓扑如图 7-9 所示，地址表见表 7-7。

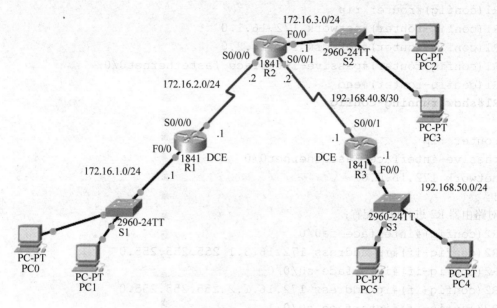

图 7-9 路由汇总拓扑

表 7-7 地址表

设备	接口	IP 地址	子网掩码	默认网关
R1	F0/0	172.16.1.1	255.255.255.0	
	S0/0/0	172.16.2.1	255.255.255.0	
R2	F0/0	172.16.3.1	255.255.255.0	
	S0/0/0	172.16.2.2	255.255.255.0	
	S0/0/1	192.168.40.9	255.255.255.252	
R3	F0/0	192.168.50.1	255.255.255.0	
	S0/0/1	192.168.40.10	255.255.255.252	
PC0	NIC	172.16.1.2	255.255.255.0	172.16.1.1
PC1	NIC	1172.16.1.3	255.255.255.0	172.16.1.1
PC2	NIC	172.16.3.2	255.255.255.0	172.16.3.1
PC3	NIC	172.16.3.3	255.255.255.0	172.16.3.1
PC4	NIC	192.168.50.2	255.255.255.0	192.168.50.1
PC5	NIC	192.168.50.3	255.255.255.0	192.168.50.1

对拓扑结构进行了如下修改：
- 使用 3 个有类网络：172.16.0.0/16、192.168.40.0/24、192.168.50.0/24；

- 将 172.16.0.0/16 网络划分为 3 个子网：172.16.1.0/24、172.16.2.0/24、172.16.3.0/24；
- 将 192.168.40.0/24 网络划分为单个子网 192.168.40.8/30。

(2) 配置自动汇总

对路由器 R1 进行以下配置：

```
R1(config)#interface fa0/0
R1(config-if)#ip address 172.16.1.1 255.255.255.0
R1(config-if)#interface s0/0/0
R1(config-if)#ip address 172.16.2.1 255.255.255.0
R1(config-if)#no router rip
R1(config)#router rip
R1(config-router)#network 172.16.1.0
R1(config-router)#network 172.16.2.0
R1(config-router)#passive-interface fastethernet0/0
R1(config-router)#end
```
R1#show running-config
```
!
router rip
 passive-interface FastEthernet0/0
 network 172.16.0.0
!
```

对路由器 R2 进行以下配置：

```
R2(config)#interface fa0/0
R2(config-if)#ip address 172.16.3.1 255.255.255.0
R2(config-if)#interface s0/0/0
R2(config-if)#ip address 172.16.1.2 255.255.255.0
R2(config-if)#interface s0/0/1
R2(config-if)#ip address 192.168.40.9 255.255.255.252
R2(config-if)#no router rip
R2(config)#router rip
R2(config-router)#network 172.16.0.0
R2(config-router)#network 192.168.40.8
R2(config-router)#passive-interface fastethernet0/0
R2(config-router)#end
```
R2#show running-config
```
!
router rip
 passive-interface FastEthernet0/0
 network 172.16.0.0
 network 192.168.40.0
!
```

对路由器 R3 进行以下配置：

```
R3(config)#interface s0/0/1
R3(config-if)#ip address 192.168.40.10 255.255.255.0
R3(config-if)#no router rip
```

```
R3(config)#router rip
R3(config-router)#network 192.168.50.0
R3(config-router)#network 192.168.40.0
R3(config-router)#passive-interface fastethernet0/0
R3(config-router)#end
R3#show running-config
!
router rip
passive-interface FastEthernet0/0
network 192.168.40.0
network 192.168.50.0
!
```

在路由器 R1 的配置中，两个子网都是使用 network 命令配置的，即 network 172.16.1.0 和 network 172.16.2.0，该配置从技术上讲是错误的，因为 RIPv1 在其更新中发送有类网络地址而不是子网。因此，IOS 把该配置改为正确的有类配置 network 172.16.0.0。

在路由器 R2 的配置中，子网 192.168.40.8 是使用 network 192.168.40.8 命令配置的，该配置从技术上讲也是错误的，IOS 把该配置改为正确的有类配置 network 192.168.40.0。

路由器 R3 的配置是正确的，运行配置与路由器配置模式下输入的配置相同。

7.2.4 默认路由和 RIPv1

（1）设置默认路由

默认路由是路由器用来在路由器中没有特定路由的情况下，表示所有路由的方法。默认路由经常用来访问非本地管理网络，如 Internet。为了方便讨论默认路由，对 RIP 拓扑结构进行修改，如图 7-10 所示。

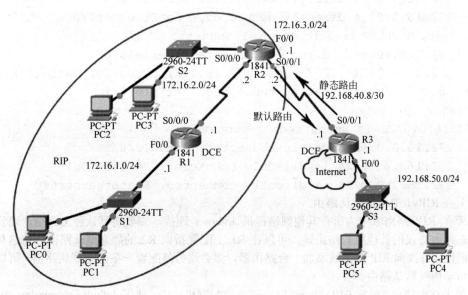

图 7-10　默认路由和 RIP 拓扑图

RIP 是第一个动态路由协议，在早期的客户与 ISP 之间，以及不同 ISP 之间使用非常广泛，但在现在的网络中，客户不需要与 ISP 交换路由更新，连接到 ISP 的客户路由器不需要 Internet 上所有路由的完整列表。相反，这些路由器上都有一条默认路由，可在客户路由器没有通往目的地的路由时,将所有流量发送到 ISP 路由器,而 ISP 则会配置一条指向客户路由器的静态路由,用于路由目的地为客户网络内部地址的流量。

在图 7-8 所示的案例中,R3 是接入 Internet 的服务提供商。R3 和 R2 不交换 RIP 更新,R2 使用默认路由来到达 R3 的 LAN 和路由表中未列出的所有其他目的地。R3 使用汇总静态路由来到达子网 172.16.1.0、172.16.2.0 和 172.16.3.0。使用现有的编址方案,再进行如下设置:

① 禁用 R2 上网络 192.168.4.0 的 RIP 路由;
② 为 R2 配置一条静态默认路由,以将默认流量发送给 R3;
③ 完全禁用 R3 上的 RIP 路由;
④ 为 R3 配置一条通往 172.30.0.0 子网的静态路由。

路由器 R2 和 R3 的配置改变如下:

```
R2(config)#router rip
R2(config-router)#no network 192.168.40.0
R2(config-router)#ip route 0.0.0.0 0.0.0.0 serial0/0/1
R3(config)#no router rip
R3(config)#ip route 172.16.0.0 255.255.252.0 serial0/0/1
```

使用命令 show ip route,可查看三个路由器的路由表。

```
R1#show ip route
    172.16.0.0/24 is subnetted, 2 subnets
C      172.16.1.0 is directly connected, FastEthernet0/0
C      172.16.2.0 is directly connected, Serial0/0/0
R      172.16.3.0/24 [120/1] via 172.16.2.2, 00:00:25, Serial0/0/0
R2#show ip route
    172.16.0.0/24 is subnetted, 2 subnets
C      172.16.1.0 is directly connected, Serial0/0/0
C      172.16.3.0 is directly connected, FastEthernet0/0
    192.168.40.0/30 is subnetted, 1 subnets
C      192.168.40.8 is directly connected, Serial0/0/1
R      172.16.1.0/24 [120/1] via 172.16.1.2, 00:00:20, Serial0/0/0
S*     0.0.0.0/0 is directly connected, Serial0/0/1
R3#show ip route
    172.16.0.0/22 is subnetted, 1 subnets
S      172.16.0.0 is directly connected, Serial0/0/1
C      192.168.40.0/24 is directly connected, Serial0/0/1
C      192.168.50.0/24 is directly connected, FastEthernet0/0
```

(2) 在 RIPv1 中传播默认路由

想要在 RIP 路由域中为所有其他网络提供 Internet 连接,需要将默认静态路由,通告给使用该动态路由协议的其他所有路由器。可以在 R1 上配置指向 R2 的静态默认路由,但这种方法没有扩展性。每次向 RIP 路由域添加一台路由器,都必须另外配置一条静态默认路由,可以让路由协议自动传播默认路由。

在许多路由协议(包括 RIP)中,可以在路由器配置模式中,使用 default-information originate 命令,指定该路由器为默认信息的来源,由该路由器在 RIP 更新中传播静态默认路由。

在路由器 R2 上使用 default-information originate 命令进行配置,然后,从 debug ip rip 的输出中可以看出,R2 向 R1 发送"全零"静态默认路由。使用命令 show ip route 查看 R1 的路由表,看到一条候选默认路由,该路由前标记有 R* 代码。R2 上的静态默认路由已经通过 RIP 更新传播到 R1。R1 现在可以连接到 R3 的 LAN 和 Internet 上的任何目的地。

7.3 RIPv2 的基本配置

7.3.1 RIPv2 概述

RIPv2（RIP 第 2 版）是无类路由协议，RIPv2 路由协议适用于某些环境，但与 EIGRP、OSPF 以及 IS-IS 等路由协议相比，它显然处于劣势，不仅功能要少得多，扩展性也较差。

虽然没有其他路由协议应用广泛，但前后两个版本的 RIP 在某些场合仍然有其用武之地。尽管 RIP 的功能远远少于在它之后出现的协议，但它的简单性以及在多种操作系统上的广泛应用，使得 RIP 非常适用于需要支持不同厂商产品的小型同构网络，尤其是 UNIX 环境。

RIPv2 实际是对 RIPv1 的增强和扩充，而不是一种全新的协议。其中一些增强功能包括：
① 路由更新中包含下一跳地址；
② 使用组播地址发送更新；
③ 可选择使用检验功能。

与 RIPv1 一样，RIPv2 也是距离矢量路由协议。这两个版本的 RIP 都存在以下特点和局限性：
① 使用抑制计时器和其他计时器来帮助防止路由环路；
② 使用带毒性反转的水平分割来防止路由环路；
③ 在拓扑结构发生变化时使用触发更新加速收敛；
④ 最大跳数限制为 15 跳，16 跳意味着网络不可达。

7.3.2 RIPv2 的限制

图 7-11 所示为 RIPv2 拓扑图，在此拓扑图中，R1 和 R3 都有属于 172.16.0.0/16 有类主网（B 类）的子网。另外，R1 和 R3 都通过 209.100.100.0/24 有类主网（C 类）的子网连接到 R2。由于 172.16.0.0/16 被 209.100.100.0/24 分隔，因此该拓扑结构是不连续的，不会收敛。IP 地址分配表见表 7-8。

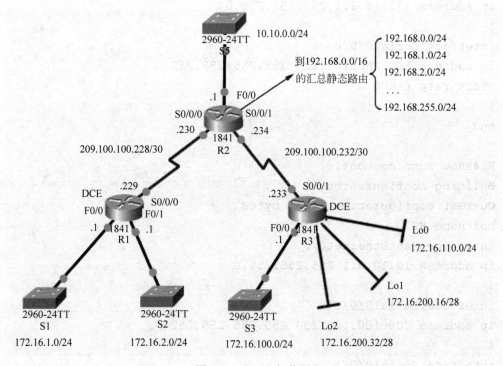

图 7-11 RIPv2 拓扑图

表 7-8 IP 地址分配表

设备	接口	IP 地址	子网掩码
R1	F0/0	172.16.1.1	255.255.255.0
R1	F0/1	172.16.2.1	255.255.255.0
R1	S0/0/0	209.100.100.229	255.255.255.252
R2	F0/0	10.10.0.1	255.255.255.0
R2	S0/0/0	209.100.100.230	255.255.255.252
R2	S0/0/1	209.100.100.234	255.255.255.252
R3	F0/0	172.16.100.1	255.255.255.0
R3	Lo0	172.16.110.1	255.255.255.0
R3	Lo1	172.16.200.17	255.255.255.240
R3	Lo2	172.16.200.33	255.255.255.240
R3	S0/0/1	209.100.100.233	255.255.255.252

① 对路由器 R1、R2 和 R3 进行接口 IP 等配置，使用命令 show running-config 查看启动配置。

```
R1#show running-config
Building configuration...
Current configuration : 785 bytes
hostname R1
interface FastEthernet0/0
ip address 172.16.1.1 255.255.255.0
!
interface FastEthernet0/1
ip address 172.16.2.1 255.255.255.0
!
interface Serial0/0/0
ip address 209.100.100.229 255.255.255.252
clock rate 64000
!
end

R2#show running-config
Building configuration...
Current configuration : 751 bytes
hostname R2
interface FastEthernet0/0
ip address 10.10.0.1 255.255.255.0
!
interface Serial0/0/0
ip address 209.100.100.230 255.255.255.252
!
interface Serial0/0/1
```

```
 ip address 209.100.100.234 255.255.255.252
!
End

R3#show running-config
Building configuration...
Current configuration : 789 bytes
hostname R3
interface Loopback0
ip address 172.16.110.1 255.255.255.0
!
interface Loopback1
ip address 172.16.200.17 255.255.255.240
!
interface Loopback2
ip address 172.16.200.33 255.255.255.240
!
interface FastEthernet0/0
ip address 172.16.100.1 255.255.255.0
!
interface Serial0/0/1
ip address 209.100.100.233 255.255.255.252
clock rate 64000
!
End
```

② 对路由器 R1、R2 和 R3 进行 RIPv1 配置。

```
R1(config)#router rip
R1(config-router)#network 172.16.0.0
R1(config-router)#network 209.100.100.0

R2(config)#ip route 192.168.0.0 255.255.0.0 null0
R2(config)#router rip
R2(config)#redistribute static
R2(config-router)#network 10.10.0.0
R2(config-router)#network 209.100.100.0

R3(config)#router rip
R3(config-router)#network 172.16.0.0
R3(config-router)#network 209.100.100.0
```

(1) 静态路由和空接口

在路由器 R2 上使用命令 ip route 192.168.0.0 255.255.0.0 Null0 配置静态超网路由。汇总路由允许使用一个高级别路由条目来代表多条低级别路由，从而达到缩小路由表大小的目的。R2 上的静态路由使用/16 掩码来总结从 192.168.0.0/24 到 192.168.255.0/24 的 256 个网络。

静态总结路由 192.168.0.0/16 代表的地址空间实际并不存在。为了模拟此静态路由，我们使用了一个空接口作为送出接口。不需要使用任何命令来创建或配置空接口。它始终为开启状态，但不会转发或接收流量。发送到空接口的流量会被它丢弃。在本示例中，空接口将作为静态路由的送出接口。在"静态路由"介绍过，静态路由必须具有活动的送出接口才会被添加到路由表中。虽然属于总结网络 192.168.0.0/16 的网络实际并不存在，但有了这个空接口，R2 便能在 RIP 中通告此静态路由。

(2) 环回接口

路由器 R3 使用了环回接口（Lo0、Lo1 和 Lo2）。环回接口是一种纯软件接口，用于模拟物理接口。与其他接口一样，可以为环回接口指定 IP 地址。其他路由协议（例如 OSPF）也会出于各种各样的目的而使用环回接口。在实验环境中，环回接口非常有用，它可用来创建额外的网络而不需要在路由器上添加实际接口。环回接口可以 ping 通，其子网也可在路由更新中加以通告。因此，环回接口非常适合用来模拟连接到同一路由器的多个网络。在本案例中，R3 无需四个 LAN 接口就能演示多个子网和 VLSM，可以使用环回接口。

(3) 路由重分布

可以将静态路由信息加入路由协议更新，获取来自某个路由源的路由，然后将这些路由发送到另一个路由源，这种技术称为"重分布"。在拓扑结构中，希望 R2 上的 RIP 过程重分布静态路由 (192.168.0.0/16)，即将该路由导入 RIP，然后使用 RIP 过程发送给 R1 和 R3。在路由器 R2 上实现路由重分布的命令是 redistribute static。

(4) 检验并测试连通性

首先使用命令 show ip interface brief 检查 R2 上的两条串行链路。

```
R2#show ip interface brief
Interface        IP-Address       OK? Method Status                Protocol
FastEthernet0/0  10.10.0.1        YES manual up                    up
FastEthernet0/1  unassigned       YES unset  administratively down down
Serial0/0/0      209.100.100.230  YES manual up                    up
Serial0/0/1      209.100.100.234  YES manual up                    up
```

从接口状态发现它们均为开启状态。如果链路为关闭状态，则命令输出中的 Status 字段或/和 Protocol 字段会显示 down。如果链路为开启状态，则两个字段都会显示 up，R2 通过串行链路直连到 R1 和 R3。

再使用 ping 命令进行验证发现，R2 间断地 ping 通子网 172.16.0.0/16，每次 R2 ping R1 或 R3 上的 172.30.0.0 子网时，都只有约 50%的 ICMP 消息能够成功。R1 ping 不通 R3 上的 LAN，R3 ping 不通 R1 上的 LAN。这就是 RIPv1 不能实现不连续网络的收敛，通信存在问题。

```
R2#ping 172.16.1.1
Type escape sequence to abort.
Sending 5, 100-byte ICMP Echos to 172.16.1.1, timeout is 2 seconds:
!U!.!
Success rate is 60 percent (3/5), round-trip min/avg/max=16/31/32 ms
R2#ping 172.16.100.1
Type escape sequence to abort.
Sending 5, 100-byte ICMP Echos to 172.16.100.1, timeout is 2 seconds:
!U!.!
Success rate is 60 percent(3/5),round-trip min/avg/max = 15/36/31 ms
```

第 7 章 距离矢量路由协议（RIP）

```
R1#ping 10.10.0.1
Type escape sequence to abort.
Sending 5, 100-byte ICMP Echos to 10.10.0.1, timeout is 2 seconds:
!!!!!
Success rate is 100 percent (5/5), round-trip min/avg/max=15/25/32 ms
R1#ping 172.16.100.1
Type escape sequence to abort.
Sending 5, 100-byte ICMP Echos to 172.16.100.1, timeout is 2 seconds:
.....
Success rate is 0 percent (0/5)

R3#ping 10.10.0.1
Type escape sequence to abort.
Sending 5, 100-byte ICMP Echos to 10.10.0.1, timeout is 2 seconds:
!!!!!
Success rate is 100 percent (5/5), round-trip min/avg/max=31/31/32 ms
R3#ping 172.16.1.1
Type escape sequence to abort.
Sending 5, 100-byte ICMP Echos to 172.16.1.1, timeout is 2 seconds:
.....
Success rate is 0 percent (0/5)
```

（5）RIPv1 不支持不连续网络

RIPv1 是有类路由协议，本协议在路由更新中不包含子网掩码，因此，RIPv1 不支持不连续网络、VLSM 和 CIDR（无类域间路由）超网。

在路由器 R2 上 ping 172.16.0.0 的任何一个子网，都是间断地 ping 通，使用命令 show ip route 查看 R2 的路由表，可以看到 R2 有两条到达 172.16.0.0/16 网络的等价路由，这是因为 R1 和 R3 都向 R2 发送了有关 172.16.0.0/16 网络，且更新了度量值为 1 跳的 RIPv1，由于 R1 和 R3 自动汇总子网，所以 R2 的路由表中就包含了两条 172.16.0.0/16 网络的主网地址。

```
R2#show ip route
     10.0.0.0/24 is subnetted, 1 subnets
C       10.10.0.0 is directly connected, FastEthernet0/0
R    172.16.0.0/16 [120/1] via 209.100.100.229, 00:00:17, Serial0/0/0
                    [120/1] via 209.100.100.233, 00:00:16, Serial0/0/1
S    192.168.0.0/16 is directly connected, Null0
     209.100.100.0/30 is subnetted, 2 subnets
C       209.100.100.228 is directly connected, Serial0/0/0
C       209.100.100.232 is directly connected, Serial0/0/1
```

在路由器 R2 上使用命令 debug ip rip，查看 RIPv1 更新的接收和送出内容，从显示中可以看出，R2 从接口 Serial0/0/1 先收到了来自 R3 的路由，然后又从接口 Serial0/0/0 收到了来自 R1 的路由。

```
R2#debug ip rip
```

```
RIP protocol debugging is on
R2#RIP: received v1 update from 209.100.100.233 on Serial0/0/1
172.16.0.0 in 1 hops
RIP:sending v1 update to 255.255.255.255 via Serial0/0/1 (209.100.100.234)
RIP: build update entries
network 10.0.0.0 metric 1
network 209.100.100.228 metric 1
RIP: received v1 update from 209.100.100.229 on Serial0/0/0
172.16.0.0 in 1 hops
RIP:sending v1 update to 255.255.255.255 via Serial0/0/0(209.100.100.230)
RIP: build update entries
network 10.0.0.0 metric 1
network 209.100.100.232 metric 1
```

使用命令 show ip route 查看 R1 的路由表，发现 R1 中存在子网 172.16.1.0/24 和 172.16.2.0/24，但是 R1 没有向 R2 发送这些子网，R3 的路由表与 R1 类似。R1 与 R3 都是边界路由器，只会在其 RIPv1 路由更新中，向 R2 发送汇总网络 172.16.0.0/16，结果 R2 只知道 172.16.0.0/16 有类网络，而不知道任何 172.16.0.0 子网。

```
R1#show ip route
R    10.0.0.0/8 [120/1] via 209.100.100.230, 00:00:20, Serial0/0/0
     172.16.0.0/24 is subnetted, 2 subnets
C    172.16.1.0 is directly connected, FastEthernet0/0
C    172.16.2.0 is directly connected, FastEthernet0/1
     209.100.100.0/30 is subnetted, 2 subnets
C    209.100.100.228 is directly connected, Serial0/0/0
R    209.100.100.232 [120/1] via 209.100.100.230, 00:00:20, Serial0/0/0
```

（6）RIPv1 不支持 VLSM

由于 RIPv1 不会在路由更新中发送子网掩码，所以它不支持 VLSM。R3 配置了 VLSM 子网，有 172.16.100.0/24（FastEthernet0/0）、172.16.110.0/24（Loopback0）、172.16.200.16/28（Loopback1）和 172.16.200.32/28（Loopback2），这些子网都属于 B 类网络 172.16.100.0/16。

观察 R1 和 R3 发送给 R2 的更新，可以看到，RIPv1 要么将子网汇总为有类边界，要么使用送出接口的子网掩码来确定要通告的网络。

（7）RIPv1 不支持 CIDR

在路由器 R2 上使用命令 ip route 192.168.0.0 255.255.0.0 null0，配置了到达 192.168.0.0/16 网络的静态路由，并使用命令 redistribute static 指示在 RIP 更新中包含该路由，该静态路由是 192.168.0.0/24（范围从 192.168.0.0/24 到 192.168.255.0/24）的汇总。

查看 R2 的路由表，发现该路由在路由表中，但是查看 R1 的路由表，没有该静态路由，按照预期，R1 路由表中应该有此静态路由。在 R2 的 debug ip rip 中，发现 RIPv1 在发往 R1 和 R3 的更新中，都没有包含此静态路由。这是因为配置的静态路由 192.168.0.0 的子网掩码是/16，其位数比 C 类有类掩码/24 要少，由于掩码比有类网络短，因此在发给其他路由器的更新中不包含此路由。RIPv1 和其他有类路由协议无法支持 CIDR 路由，CIDR 路由是使用比路由的有类掩码更小的子网掩码汇总而成的路由。RIPv1 会忽略路由表中的这些超网，不会将它们包含在发往其他路由器的更新中。这是因为接收路由器只能对更新应用有类掩码，而不能使用比它短的/16 掩码。

7.3.3 配置 RIPv2

RIPv2 配置与 RIPv1 类似,只要加一个额外的 RIPv2 命令,但是使用 RIPv2 的结果是不同的,它允许在网络中使用 VLSM 和 CIDR。

（1）RIPv2 消息格式

与第 1 版一样,RIPv2 封装在使用 520 端口的 UDP 数据段中,最多可以包含 25 条路由。RIPv2 的消息格式如图 7-12 所示,为了比较与 RIPv1 区别,也列出了 RIPv1 的消息格式。RIPv2 和 RIPv1 的消息格式基本相同,但是 RIPv2 添加了两项重要扩展。

RIPv2 消息格式的第一项扩展是添加了子网掩码字段,这样 RIP 路由条目中就能包含 32 位掩码,因此,接收路由器在确定路由的子网掩码时,不再依赖于入站接口的子网掩码或有类掩码。

RIPv2 消息格式的第二项扩展是添加了下一跳地址。下一跳地址用于标识比发送路由器更佳的下一跳地址。如果此字段设为全零,则发送路由器的地址便是最佳的下一跳地址。

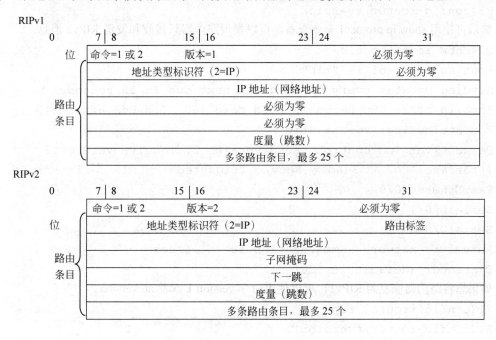

图 7-12 比较 RIPv1 和 RIPv2 的消息格式

（2）启用和检验 RIPv2

默认情况下,配置了 RIP 过程的思科路由器会运行 RIPv1。不过,尽管路由器只发送 RIPv1 消息,但它可以同时解释 RIPv1 和 RIPv2 消息。RIPv1 路由器会忽略路由条目中的 RIPv2 字段。

使用命令 show ip protocol,可以显示 R2 配置为使用 RIPv1,但是会接收两个版本的 RIP 消息。

```
R2#show ip protocols
Routing Protocol is "rip"
Sending updates every 30 seconds, next due in 15 seconds
Invalid after 180 seconds, hold down 180, flushed after 240
Redistributing: rip, static
Default version control: send version 1, receive any version
  Interface        Send    Recv   Triggered RIP   Key-chain
  FastEthernet0/0  1       2 1
```

```
Serial0/0/1          1         2 1
Serial0/0/0          1         2 1
Automatic network summarization is in effect
Distance: (default is 120)
```

配置路由器 R1、R2 和 R3 使用 RIPv2 的命令是 version 2。该命令将 RIP 版本修改为使用第 2 版，此命令应在路由域的所有路由器上配置。现在，RIP 过程将在所有更新中包含子网掩码。

```
R1(config)#router rip
R1(config-router)#version 2
R2(config)#router rip
R2(config-router)#version 2
R3(config)#router rip
R3(config-router)#version 2
```

然后再使用 show ip protocol 命令查看，可以发现路由器只接收和发送 RIPv2 消息。

```
R2#show ip protocols
Routing Protocol is "rip"
Sending updates every 30 seconds, next due in 15 seconds
Invalid after 180 seconds, hold down 180, flushed after 240
Redistributing: rip, static
Default version control: send version 2, receive version 2
Interface           Send      Recv    Triggered    RIP    Key-chain
FastEthernet0/0     2         2
Serial0/0/1         2         2
Serial0/0/0         2         2
Automatic network summarization is in effect
Distance: (default is 120)
```

如果想将路由器恢复为 RIPv1，可以使用命令 version 1 或者 no version。

```
R1(config)#router rip
R1(config-router)#version 1
R2(config)#router rip
R2(config-router)#version 1
R3(config)#router rip
R3(config-router)#version 1

R1(config)#router rip
R1(config-router)#no version
R2(config)#router rip
R2(config-router)# no version
R3(config)#router rip
R3(config-router)#no version
```

7.3.4 自动汇总和 RIPv2

将路由器修改为 RIPv2 版本后，因为 RIPv2 是无类路由协议，使用命令 show ip route 查看

第 7 章　距离矢量路由协议（RIP）

路由器 R2 的路由表，本应该看到单个的 172.16.0.0 子网，然而，从显示结果中看到仍然有两条等价路径的汇总路由 172.16.0.0/16，路由器 R1 和 R3 仍然不包含对方的 172.16.0.0 子网。

```
R2#show ip route
     10.0.0.0/24 is subnetted, 1 subnets
C       10.10.0.0 is directly connected, FastEthernet0/0
R    172.16.0.0/16 [120/1] via 209.100.100.229, 00:00:03, Serial0/0/0
                   [120/1] via 209.100.100.233, 00:00:09, Serial0/0/1
S    192.168.0.0/16 is directly connected, Null0
     209.100.100.0/30 is subnetted, 2 subnets
C       209.100.100.228 is directly connected, Serial0/0/0
C       209.100.100.232 is directly connected, Serial0/0/1
```

RIPv1 和 RIPv2 的唯一差别是，R1 和 R3 现在均具有达到 192.168.0.0/16 的路由，此路由是在 R2 配置，并由 RIP 重分布的静态路由。

```
R1#show ip route
R    10.0.0.0/8 [120/1] via 209.100.100.230, 00:00:25, Serial0/0/0
     172.16.0.0/24 is subnetted, 2 subnets
C       172.16.1.0 is directly connected, FastEthernet0/0
C       172.16.2.0 is directly connected, FastEthernet0/1
R    192.168.0.0/16 [120/1] via 209.100.100.230, 00:00:25, Serial0/0/0
     209.100.100.0/30 is subnetted, 2 subnets
C       209.100.100.228 is directly connected, Serial0/0/0
R       209.100.100.232 [120/1] via 209.100.100.230, 00:00:25, Serial0/0/0
```

使用命令 debug ip rip 查看路由器 R1 发送的 RIPv2 更新包，发现在更新包中仍然是有类汇总的子网掩码，即仍然是 172.16.0.0/16 有类网络地址，而不是单个的 172.16.1.0/24 和 172.16.2.0/24。

```
R1#debug ip rip
RIP protocol debugging is on
RIP: sending v2 update to 224.0.0.9 via Serial0/0/0 (209.100.100.229)
RIP: build update entries
       172.16.0.0/16 via 0.0.0.0, metric 1, tag 0
RIP: received v2 update from 209.100.100.230 on Serial0/0/0
       10.0.0.0/8 via 0.0.0.0 in 1 hops
       192.168.0.0/16 via 0.0.0.0 in 1 hops
       209.100.100.232/30 via 0.0.0.0 in 1 hops
```

默认情况下，RIPv1 和 RIPv2 一样，都会在主网边界自动汇总，路由器 R1 和 R3 仍会将 172.16.0.0 子网汇总为 B 类地址。使用命令 show ip protocols，可以看到路由器已经启动自动汇总，即 Automatic network summarization is in effect。

```
R1#show ip protocols
Routing Protocol is "rip"
Sending updates every 30 seconds, next due in 5 seconds
Invalid after 180 seconds, hold down 180, flushed after 240
Redistributing: rip
```

```
Default version control: send version 2, receive 2
  Interface              Send    Recv    Triggered RIP    Key-chain
  FastEthernet0/0        2       2
  FastEthernet0/1        2       2
  Serial0/0/0            2       2
Automatic network summarization is in effect
```

version 2 命令带来的唯一改变是，现在 R2 的更新中包含 192.168.0.0/16 网络。这是因为 RIPv2 在更新中，会同时包括网络地址 192.168.0.0 和子网掩码 255.255.0.0。现在，路由器 R1 和 R3 都会通过 RIPv2 收到这一重分布的静态路由，并将此路由输入到各自的路由表中。

7.3.5 禁用 RIPv2 中的自动汇总

如果要修改 RIPv2 自动汇总行为，可以在路由器配置模式下使用命令 no auto-summary。此命令对于 RIPv1 无效。

```
R1(config)#router rip
R1(config-router)# no auto-summary
R2(config)#router rip
R2(config-router)# no auto-summary
R3(config)#router rip
R3(config-router)# no auto-summary
```

禁用自动汇总后，RIPv2 不再在边界路由器上将子网汇总为有类网络，RIPv2 在路由更新中包含所有子网以及相应掩码。使用命令 show ip protocols，查看已经禁用自动网络汇总，即 Automatic network summarization is not in effect。

```
R1#show ip protocols
Routing Protocol is "rip"
Sending updates every 30 seconds, next due in 5 seconds
Invalid after 180 seconds, hold down 180, flushed after 240
Redistributing: rip
Default version control: send version 2, receive 2
  Interface              Send    Recv    Triggered RIP    Key-chain
  FastEthernet0/0        2       2
  FastEthernet0/1        2       2
  Serial0/0/0            2       2
Automatic network summarization is not in effect
```

7.3.6 检验 RIPv2 更新

现在已经将路由协议修改为 RIPv2，并且禁用了自动汇总功能，查看路由器 R2 的路由表，路由表中不再有两条等价路由的汇总路由，每个子网和掩码都有自己单个的条目，以及到达该子网的送出接口和下一跳地址，R2 路由表对于 172.16.0.0/16 子网完全收敛。

```
R2#show ip route
     10.0.0.0/24 is subnetted, 1 subnets
C       10.10.0.0 is directly connected, FastEthernet0/0
     172.16.0.0/16 is variably subnetted, 7 subnets, 3 masks
R       172.16.0.0/16 is possibly down,routing via 209.100.100.229,
```

```
Serial0/0/0
                       [120/1] via 209.100.100.233, 00:01:48, Serial0/0/1
R    172.16.1.0/24 [120/1] via 209.100.100.229, 00:00:21, Serial0/0/0
R    172.16.2.0/24 [120/1] via 209.100.100.229, 00:00:21, Serial0/0/0
R    172.16.100.0/24 [120/1] via 209.100.100.233, 00:00:29, Serial0/0/1
R    172.16.110.0/24 [120/1] via 209.100.100.233, 00:00:29, Serial0/0/1
R    172.16.200.16/28[120/1] via 209.100.100.233, 00:00:29, Serial0/0/1
R    172.16.200.32/28 [120/1] via 209.100.100.233, 00:00:29, Serial0/0/1
S    192.168.0.0/16 is directly connected, Null0
     209.100.100.0/30 is subnetted, 2 subnets
C    209.100.100.228 is directly connected, Serial0/0/0
C    209.100.100.232 is directly connected, Serial0/0/1
```

R1 路由表包含 172.16.0.0/16 所有子网，对子网 172.16.0.0/16 完全收敛，其中还包含来自 R3 的子网。

```
R1#show ip route
     10.0.0.0/8 is variably subnetted, 2 subnets, 2 masks
R    10.10.0.0/24 [120/1] via 209.100.100.230, 00:00:27, Serial0/0/0
     172.16.0.0/16 is variably subnetted, 6 subnets, 2 masks
C    172.16.1.0/24 is directly connected, FastEthernet0/0
C    172.16.2.0/24 is directly connected, FastEthernet0/1
R    172.16.100.0/24 [120/2] via 209.100.100.230, 00:00:27, Serial0/0/0
R    172.16.110.0/24 [120/2] via 209.100.100.230, 00:00:27, Serial0/0/0
R    172.16.200.16/28 [120/2] via 209.100.100.230, 00:00:27, Serial0/0/0
R    172.16.200.32/28 [120/2] via 209.100.100.230, 00:00:27, Serial0/0/0
R    192.168.0.0/16 [120/1] via 209.100.100.230, 00:00:27, Serial0/0/0
     209.100.100.0/30 is subnetted, 2 subnets
C    209.100.100.228 is directly connected, Serial0/0/0
R    209.100.100.232 [120/1] via 209.100.100.230, 00:00:27, Serial0/0/0
```

R3 路由表包含 172.16.0.0/16 所有子网，对子网 172.16.0.0/16 完全收敛，其中还包含来自 R1 的子网。

```
R3#show ip route
     10.0.0.0/8 is variably subnetted, 2 subnets, 2 masks
R    10.10.0.0/24 [120/1] via 209.100.100.234, 00:00:25, Serial0/0/1
     172.16.0.0/16 is variably subnetted, 7 subnets, 3 masks
R    172.16.1.0/24 [120/2] via 209.100.100.234, 00:00:25, Serial0/0/1
R    172.16.2.0/24 [120/2] via 209.100.100.234, 00:00:25, Serial0/0/1
C    172.16.100.0/24 is directly connected, FastEthernet0/0
C    172.16.110.0/24 is directly connected, Loopback0
C    172.16.200.16/28 is directly connected, Loopback1
C    172.16.200.32/28 is directly connected, Loopback2
R    192.168.0.0/16 [120/1] via 209.100.100.234, 00:00:25, Serial0/0/1
     209.100.100.0/30 is subnetted, 2 subnets
```

```
R    209.100.100.228 [120/1] via 209.100.100.234, 00:00:25, Serial0/0/1
C    209.100.100.232 is directly connected, Serial0/0/1
```

使用命令 debug ip rip 检验无类域间路由协议,RIPv2 确实正在发送和接收路由更新中的子网掩码信息,这里的子网掩码采用斜线记法。还可以观察到,一个接口的更新在发送到另一个接口之前,会先增加度量。

```
R2#debug ip rip
RIP protocol debugging is on
R2#RIP: received v2 update from 209.100.100.233 on Serial0/0/1
   172.16.100.0/24 via 0.0.0.0 in 1 hops
   172.16.110.0/24 via 0.0.0.0 in 1 hops
   172.16.200.16/28 via 0.0.0.0 in 1 hops
   172.16.200.32/28 via 0.0.0.0 in 1 hops
RIP: received v2 update from 209.100.100.229 on Serial0/0/0
   172.16.1.0/24 via 0.0.0.0 in 1 hops
   172.16.2.0/24 via 0.0.0.0 in 1 hops
RIP: sending v2 update to 224.0.0.9 via Serial0/0/1 (209.100.100.234)
RIP: build update entries
    10.10.0.0/24 via 0.0.0.0, metric 1, tag 0
    172.16.1.0/24 via 0.0.0.0, metric 2, tag 0
    172.16.2.0/24 via 0.0.0.0, metric 2, tag 0
    192.168.0.0/16 via 0.0.0.0, metric 1, tag 0
    209.100.100.228/30 via 0.0.0.0, metric 1, tag 0
```

7.3.7 VLSM 与 CIDR

无类路由协议,如 RIPv2,在它们的路由更新中包含子网掩码,这就允许无类路由协议同时支持 VLSM 和 CIDR。

(1) RIPv2 与 VLSM

由于无类路由协议,如 RIPv2,可同时带有网络地址和子网掩码,因此这类协议无需在主网边界将这些网络汇总为有类地址,所以,无类路由协议支持 VLSM。使用 RIPv2 的路由器,也不再需要使用入站接口的掩码,确定路由通告中的子网掩码,网络和掩码会明确包含在每个路由的更新中。

(2) RIPv2 和 CIDR

DICR 是无类域间路由,目的是提供路由信息聚合机制。此目的涉及超网划分的概念,超网是一组连续有类网络,可以作为一个网络来定义。在路由器 R2 上配置了一个超网,即通往单个网络(用于代表多个网络或子网)的静态路由。

超网的掩码在有类掩码下,此处是/16,比有类掩码/24 要小。要让超网包含到路由更新中,路由协议必须具备携带掩码的能力。也就是说,此协议必须与 RIPv2 一样是无类路由协议。

```
R2(config)#ip route 192.16.0.0 255.255.0.0 null0
```

在有类环境中,192.168.0.0 网络地址与 C 类掩码/24(即 255.255.255.0)相关联,而在当今的网络中,不再将网络地址和有类掩码相关联。在本例中,192.168.0.0 网络的掩码是/6(255.255.0.0)。此路由可以代表一系列的 192.168.0.0/24 网络,或许多不同的地址范围。要将此路由加入动态路由更新的唯一方法,就是使用可以包含/16 掩码的无类路由协议。

7.3.8 RIPv2 的校验和排错

（1）检验和排错命令

对 RIPv2 进行检验和故障排除的方法有许多种，许多用于 RIPv2 的命令，也可用于对其他路由协议进行检验和故障排除。对于 RIPv2 的排除一般遵循如下步骤：

① 确保所有链路（接口）已启用，而且运行正常；

② 检查布线；

③ 检查并确保每个接口均配置了正确的 IP 地址和子网掩码；

④ 除所有不再需要的配置命令，或者已被其他命令所替代的配置命令。

可以使用命令来协助检查 RIPv2 配置，一般常用命令包括以下几种：

① show ip route 这是用来检查网络收敛情况的第一条命令。在检查路由表时，务必仔细查找预期会出现在路由表中的路由，以及那些不应该出现在路由表中的路由。

② show ip interface brief 如果路由表中缺少某个网络，通常是因为某个接口未启用或配置不正确。该命令可快速检验所有接口的状态。

③ show ip protocols 该命令可检验几项重要情况，其中包括检验 RIP 是否启用、RI 的版本、自动汇总的状态，以及 network 语句中包含的网络。该命令输出底部"Routing Information Sources"（路由信息来源）下列出的是，路由器当前正在从其接收更新的 RIP 邻居。

④ debug ip rip 要想检查路由器发送和接收的路由更新的内容，debug ip rip 是绝佳的选择。有时，可能会出现路由器收到路由，但该路由并未加入路由表的情况。出现这种情况的原因可能是所通告的同一网络还配置有静态路由。默认情况下，静态路由的管理距离比动态路由协议的更小，因而会优先加入路由表。

⑤ ping 检验链路连通性的简便方法之一是使用 ping 命令。如果端到端的 ping 不成功，则首先 ping 本地接口。如果成功，则 ping 直连网络上的路由器接口。如果还是成功，则继续 ping 每台后继路由器上的接口。一旦 ping 失败，则检查两台路由器以及它们之间的所有路由器，找出 ping 失败的位置和原因。

⑥ show running-config show running-config 可用于检查当前配置的所有命令。由于该命令只是简单列出当前配置，一般来说采用其他命令会更有效，也能提供更多信息，但是，show running-config 命令在确定是否有明显遗漏或配置错误方面很有帮助。

（2）常见 RIPv2 问题

对有关 RIPv2 的问题进行故障排除时，可以检查以下几个方面。

① 版本 对运行 RIP 的网络进行故障排除的一个很好的切入点，是检验所有的路由器是否都配置了 RIP 第 2 版。虽然 RIPv1 和 RIPv2 相互兼容，但 RIPv1 不支持不连续子网、VLSM 或 CIDR 超网路由。除非有特殊原因，否则所有路由器上最好都使用相同的路由协议。

② Network 语句 network 语句不正确或缺少 network 语句也会产生问题。network 语句有两个作用：启用路由协议，以在任何本地接口上发送和接收所属网络的更新，以及在发往邻居路由器的路由更新中包括所属网络。network 语句不正确或缺少，将导致路由更新丢失，以及接口无法发送或接收路由更新。

③ 自动汇总 如果希望发送具体的子网而不仅是汇总路由，那么请务必禁用自动汇总功能。

7.4 路由表的结构与查找过程

作为网络管理员，排查网络故障时必须要深入了解路由表，了解路由表的结构及其查找过程，都会有助于诊断任何路由表问题。例如，可能会遇到这样的情况：路由表包含所有认为应该包含的路由，但却没有按照预期的方式来转发数据包。这时，如果知道如何一步步查看数据包目的 IP 地址的查找过程，就可以确定数据包是否按预期的方式传送，是否传送到了其他地方，为何会传送到该地方，或者数据包是否已被丢弃。

7.4.1 路由表的结构

（1）实验拓扑

使用由三个路由器组成的简单网络，实验网络拓扑如图 7-13 所示。R1 和 R2 同属于 172.16.0.0/16 网络，该网络有多个 172.16.0.0/24 子网。R2 和 R3 通过 192.168.1.0/24 网络连接。请注意，R3 也有一个 172.16.4.0/24 子网，它与 R1 和 R2 所属的 172.16.0.0 网络是相分隔的（即不连续）。

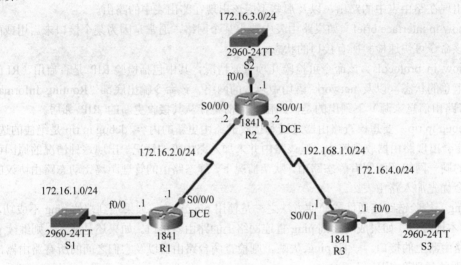

图 7-13 实验网络拓扑

（2）第 1 级路由

首先配置路由器 R1 和 R3 的接口。

```
R1(config)#interface fastEthernet0/0
R1(config-if)#ip address 172.16.1.1 255.255.255.0
R1(config-if)#no shutdown
R1(config-if)#interface serial0/0/0
R1(config-if)#ip address 172.16.2.1 255.255.255.0
R1(config-if)#clock rate 64000
R1(config-if)#no shutdown

R3(config)#interface fastEthernet0/0
R3(config-if)#ip address 172.16.4.1 255.255.255.0
R3(config-if)#no shutdown
R3(config-if)#interface s serial 0/0/1
R3(config-if)#ip address 192.168.1.1 255.255.255.0
R3(config-if)#no shutdown
```

然后配置 R2 的接口，并使用命令 debug ip routing 查看添加路由条目的路由表过程。

```
R2#debug ip routing
IP routing debugging is on
R2#config terminal
R2(config)#interface serial 0/0/1
R2(config-if)#ip address 192.168.1.2 255.255.255.0
R2(config-if)#clock rate 64000
R2(config-if)#no shutdown
%LINK-5-CHANGED: Interface Serial0/0/1, changed state to up
%LINEPROTO-5-UPDOWN: Line protocol on Interface Serial0/0/1, changed
state to up
RT: interface Serial0/0/1 added to routing table
RT: SET_LAST_RDB for 192.168.1.0/24
  NEW rdb: is directly connected
RT: add 192.168.1.0/24 via 0.0.0.0, connected metric [0/0]
RT: NET-RED 192.168.1.0/24
R2(config-if)#end
R2#undebug all
All possible debugging has been turned off
```

输入命令 no shutdown 后，debug ip routing 命令的输出结果显示，该路由已经添加到路由表中。再使用命令 show ip route 查看，已经添加了直连路由。

```
R2#show ip route
C    192.168.1.0/24 is directly connected, Serial0/0/1
```

路由表并不是一个平面数据库，路由表实际上是一个分层结构，在查找路由并转发数据包时，这样的结构可加快查找进程。在此结构中包括若干个层级，简单地将所有路由分为两级讨论，即第 1 级路由和第 2 级路由。

下面详细查看路由表条目，了解第 1 级路由和第 2 级路由。

```
C    192.168.1.0/24 is directly connected, Serial0/0/1
```

第 1 级路由是指子网掩码等于或小于网络地址有类掩码的路由。192.168.1.0/24 属于第 1 级网络路由，因为它的子网掩码等于网络有类掩码；/24 是 C 类网络（如 192.168.1.0 网络）的有类掩码。

第 1 级路由可用作：

① 默认路由：是指地址为 0.0.0.0/0 的静态路由；

② 超网路由：是指掩码小于有类掩码的网络地址；

③ 网络路由：是指子网掩码等于有类掩码的路由，网络路由也可以是父路由。

第 1 级路由的来源可以是直连网络、静态路由或动态路由协议。第 1 级路由如图 7-14 所示。

第 1 级路由 192.168.1.0/24 可进一步定义为最终路由，如图 7-15 所示。最终路由是指包含下一跳 IP 地址（另一路径）和送出接口的路由。直连网络 192.168.1.0/24 属于第 1 级网络路由，因为它的子网掩码与有类掩码相同。同时该路由也是一条最终路由，因为它包含送出接口 Serial 0/0/1。

```
C    192.168.1.0/24 is directly connected, Serial0/0/1
```

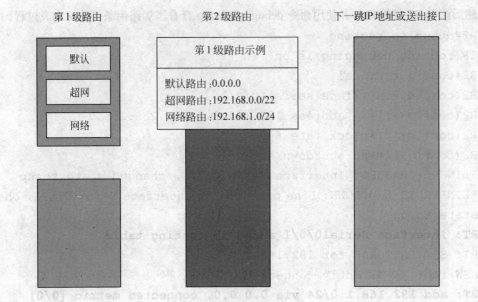

图 7-14 路由表：第 1 级路由

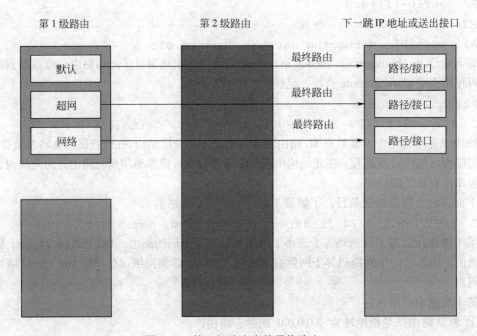

图 7-15 第 1 级路由中的最终路由

(3) 父路由和子路由：有类路由

在上一小节中，介绍了某条路由可以既是第 1 级网络路由，同时也是最终路由。现在，介绍另一种类型的第 1 级网络路由：父路由，以及第 2 级路由：子路由。

使用命令配置 R2 的 172.16.3.1/24 接口，以及用命令 show ip route 查看路由表。

```
R2(config)#interface fastEthernet0/0
R2(config-if)#ip address 172.16.3.1 255.255.255.0
R2(config-if)#no shutdown
```

```
R2(config-if)#end
R2#show ip route
     172.16.0.0/24 is subnetted, 1 subnets
C    172.16.3.0 is directly connected, FastEthernet0/0
C    192.168.1.0/24 is directly connected, Serial0/0/1
```

请注意，现在路由表中实际上多了两个条目：一个条目是父路由；另一个条目是子路由。在向路由表中添加 172.16.3.0 子网时，也添加了另一条路由 172.16.0.0。第一个条目 172.16.0.0/24 中不包含任何下一跳 IP 地址或送出接口信息。此路由称为第 1 级父路由。

在路由表中出现两条路由，如图 7-16 所示。

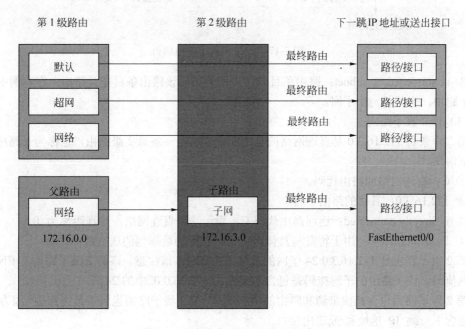

图 7-16 路由表：父/子路由关系

第 1 级父路由是指不包含任何网络的下一跳 IP 地址或送出接口的网络路由。父路由实际上是表示存在第 2 级路由的一个标题，第 2 级路由也称为子路由。只要向路由表中添加一个子网，就会在表中自动创建 第 1 级父路由。也就是说，只要向路由表中输入一条掩码大于有类掩码的路由，就会在表中生成父路由。子网是父路由的第 2 级子路由，在本示例中，自动生成的第 1 级父路由为：

```
172.16.0.0/24 is subnetted, 1 subnets
```

第 2 级路由是指有类网络地址的子网路由。与第 1 级路由一样，第 2 级路由的来源可以是直连网络、静态路由或动态路由协议。在本示例中，第 2 级路由实际上是在配置 FastEthernet 0/0 接口时，被添加到网络中的子网路由：

```
C    172.16.3.0 is directly connected, FastEthernet0/0
```

路由表中第 1 级路由和第 2 级路由的详细内容如图 7-17 所示。

(4) 第 1 级父路由

现在分析一下第 1 级父路由的路由表条目。该父路由包含以下信息。

① 172.16.0.0：子网的有类网络地址。请记住，Cisco IP 路由表是按有类方式构建的。

② /24：所有子路由的子网掩码。如果子路由使用了可变长子网掩码 (VLSM)，则子网掩码

不包含在父路由中，而是包含在各条子路由中。

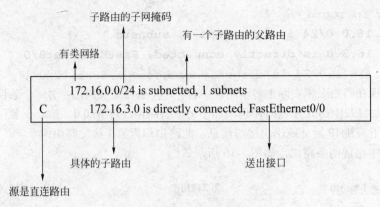

图 7-17　父路由和子路由解析

③ is subnetted, 1 subnet：路由条目的这一部分指明该路由条目是父路由，在本例中，它有一条子路由，也就是一个子网。

（5）第 2 级子路由

第二个条目 172.16.3.0 是直连网络的真正路由。这是一条第 2 级路由，也称为子路由，它包含以下信息。

① C：直连网络的路由代码。

② 172.16.3.0：具体的路由条目。

③ is directly connected：连同路由代码 C，表示这是直连网络，管理距离为 0。

④ FastEthernet0/0：用于转发与具体路由条目匹配的数据包的送出接口。

第 2 级子路由是 172.16.3.0/24 子网的具体路由条目。请注意，该第 2 级子路由（子网）不包括子网掩码。该子路由的子网掩码是包含在父路由 172.16.0.0 中的 /24。

第 2 级子路由包含路由来源和路由的网络地址。第 2 级子路由也属于最终路由，因为第 2 级路由包含下一跳 IP 地址和/或送出接口。

为路由器 R2 配置最后一个接口，并查看路由表。

```
R2(config)#interface serial0/0/0
R2(config-if)#ip address 172.16.2.2 255.255.255.0
R2(config-if)#no shutdown
R2(config-if)#end
R2#show ip route
    172.16.0.0/24 is subnetted, 2 subnets
C   172.16.2.0 is directly connected, Serial0/0/0
C   172.16.3.0 is directly connected, FastEthernet0/0
C   192.168.1.0/24 is directly connected, Serial0/0/1
```

从路由表中可以看到同一父路由 172.16.0.0/24 的两条子路由。172.16.2.0 和 172.16.3.0 都属于同一父路由，因为两者都属于 172.16.0.0/16 有类网络。由于两条子路由的子网掩码相同，因此父路由仍旧保留 /24 掩码，只不过现在显示了两个子网。在讨论路由查找过程时将会分析父路由的作用。

第 1 级父路由和第 2 级子路由的关系如图 7-18 所示。

第 7 章 距离矢量路由协议（RIP）

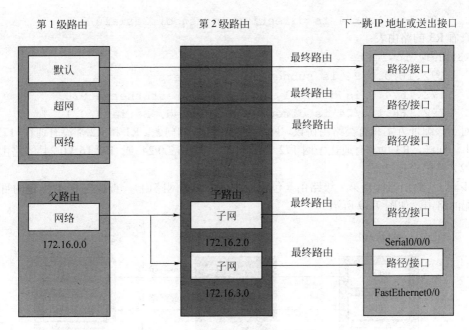

图 7-18 路由表：父/子路由关系

7.4.2 路由表的查找过程

（1）路由表

当路由器在它的一个接口上接收数据包时，路由表查找过程用来把进入数据包目的 IP 地址和路由表中的条目进行对比。数据包的目的 IP 地址和路由表中路由的最佳匹配，将用来决定从哪个接口转发该数据包。用下列命令可以对路由器进行 RIPv1 配置，并查看路由表。

```
R1(config)#router rip
R1(config-router)#network 172.16.0.0
R2(config)#router rip
R2(config-router)#network 172.16.0.0
R2(config-router)#network 192.168.1.0
R3(config)#router rip
R3(config-router)#network 172.16.0.0
```

查看 R1 的路由表：

```
R1#show ip route
    172.16.0.0/24 is subnetted, 3 subnets
C   172.16.1.0 is directly connected, FastEthernet0/0
C   172.16.2.0 is directly connected, Serial0/0/0
R   172.16.3.0 [120/1] via 172.16.2.2, 00:00:01, Serial0/0/0
R   192.168.1.0/24 [120/1] via 172.16.2.2, 00:00:01, Serial0/0/0
```

查看 R2 的路由表：

```
R2#show ip route
    172.16.0.0/24 is subnetted, 3 subnets
R   172.16.1.0 [120/1] via 172.16.2.1, 00:00:13, Serial0/0/0
C   172.16.2.0 is directly connected, Serial0/0/0
C   172.16.3.0 is directly connected, FastEthernet0/0
```

```
C    192.168.1.0/24 is directly connected, Serial0/0/1
```
查看 R3 的路由表：
```
R3#show ip route
     172.16.0.0/24 is subnetted, 1 subnets
C    172.16.4.0 is directly connected, FastEthernet0/0
C    192.168.1.0/24 is directly connected, Serial0/0/1
```
对于该编址方案和有类路由协议，网络存在连通性的问题。R1 和 R2 都没有通往 172.16.4.0 的路由。同样，R3 也没有通往子网 172.16.1.0/24、172.16.2.0/24 或 172.16.3.0/24 的路由。

（2）路由查找过程

步骤 1：路由器检查第 1 级路由（包括网络路由和超网路由），查找与 IP 数据包的目的地址最匹配的路由，如图 7-19 所示。

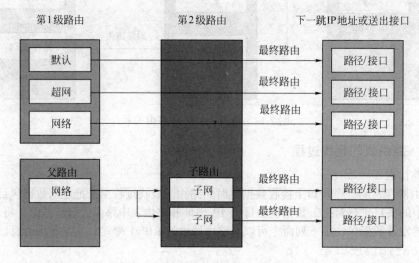

图 7-19　路由表查找过程：步骤 1

步骤 1a：如果最佳匹配的路由是第 1 级最终路由（有类网络路由、超网路由或默认路由），则会使用该路由转发数据包，如图 7-20 所示。

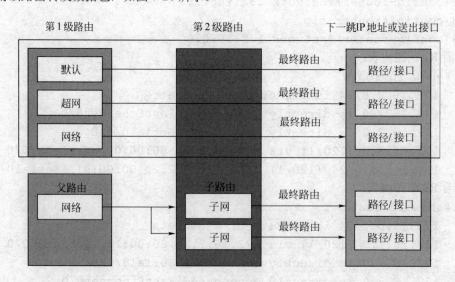

图 7-20　路由表查找过程：步骤 1a

步骤 1b：如果最佳匹配的路由是第 1 级父路由，则继续步骤 2，如图 7-21 所示。

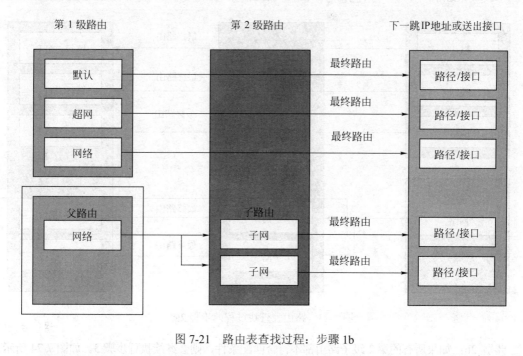

图 7-21　路由表查找过程：步骤 1b

步骤 2：路由器检查该父路由的子路由（子网路由），以找到最佳匹配的路由。如图 7-22 所示。

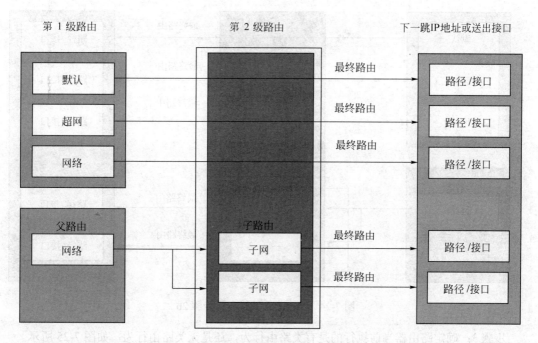

图 7-22　路由表查找过程：步骤 2

步骤 2a：如果在第 2 级路由中存在匹配的路由，则会使用该子网转发数据包，如图 7-23 所示。

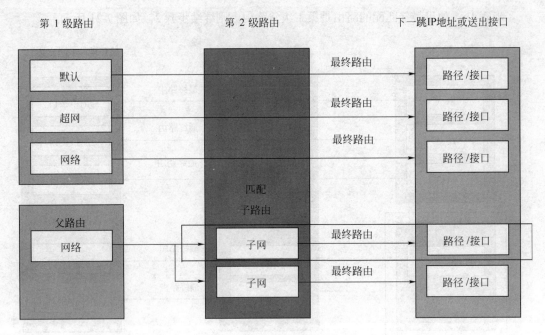

图 7-23　路由表查找过程：步骤 2a

步骤 2b：如果所有的第 2 级子路由都不符合匹配条件，则会继续执行步骤 3。如图 7-24 所示。

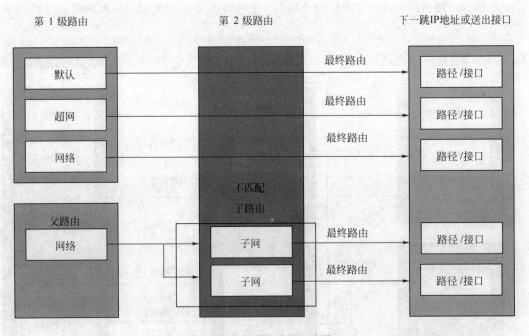

图 7-24　路由表查找过程：步骤 2b

步骤 3：确定路由器当前执行的是有类路由行为，还是无类路由行为，如图 7-25 所示。
步骤 3a：如果执行的是有类路由行为，则会终止查找过程并丢弃数据包。如图 7-26 所示。
步骤 3b：如果执行的是无类路由行为，则继续在路由表中搜索第 1 级超网路由以寻找匹配条目，若是存在默认路由，也会对其进行搜索，如图 7-27 所示。

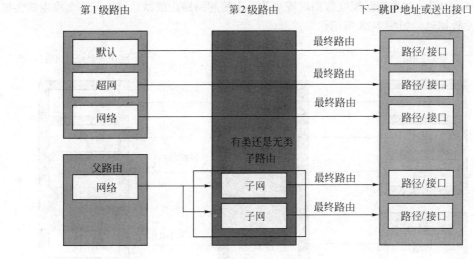

图 7-25　路由表查找过程：步骤 3

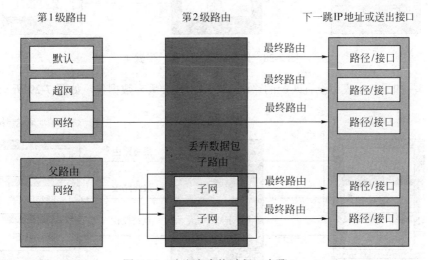

图 7-26　路由表查找过程：步骤 3a

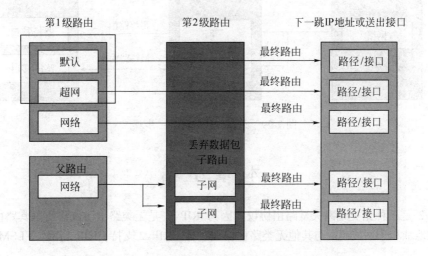

图 7-27　路由表查找过程：步骤 3b

步骤4：如果此时存在匹配位数相对较少的第1级超网路由或默认路由，那么路由器会使用该路由转发数据包。如图7-28所示。

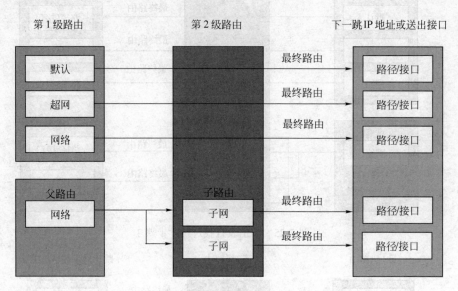

图7-28 路由表查找过程：步骤4

步骤5：如果路由表中没有匹配的路由，则路由器会丢弃数据包，如图7-29所示。

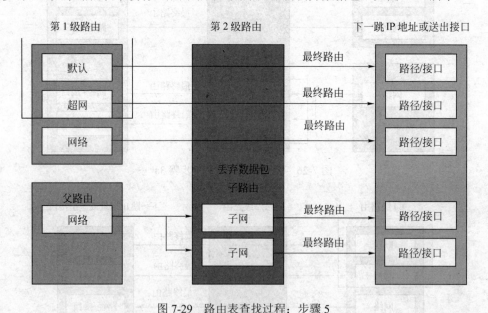

图7-29 路由表查找过程：步骤5

本 章 小 结

RIPv2是一种无类距离矢量路由协议。因为RIPv2是无类路由协议，所以其路由更新中会包含网络地址和子网掩码。与其他无类路由协议一样，RIPv2支持CIDR超网、VLSM和不连续网络。

第 7 章 距离矢量路由协议（RIP）

RIPv1 有类路由协议不支持不连续网络，因为它们会在主网边界上自动汇总。如果路由器从多台路由器处收到通告相同有类汇总路由的路由更新，那么该路由器无法确定其中每条汇总路由所代表的子网。这一弱点将导致一系列意外的结果，例如数据包被错误路由。

RIP 的默认版本为版本 1，命令 version 2 用于将 RIP 版本改为 RIPv2。与 RIPv1 一样，RIPv2 也在主网边界自动汇总，但是，可以使用 no auto-summary 命令禁用 RIPv2 自动汇总。必须禁用自动汇总才能支持不连续网络。RIPv2 还支持 CIDR 超网和 VLSM，因为其每个路由更新中的网络地址都会包含子网掩码。可以使用 debug ip rip 命令，查看其送出的 RIP 更新中是如何包含子网掩码和网络地址的。show ip protocols 命令，可显示 RIP 现在正发送和接收的版本 2 更新情况，以及是否启用了自动汇总。

课后习题

选择题

1. 以下属于 RIPV2 特点的是（　　）。
   A．有类路由协议　　　　　　B．可变长度子网掩码　　　　C．采用广播地址更新
   D．手动路由汇总　　　　　　E．使用 SPF 算法计算路径

2. 运行 RIP 的路由器在从通告中收到新路由的信息后，首先会做（　　）。
   A．立即将其加入路由表中
   B．调整新路由的度量以显示增加的路由距离
   C．将该路由从其传入接口以外的所有其他接口通告出去
   D．发送 ping 数据包，以检验该路径是否为可行路由

3. RIP 路由协议将（　　）度量值视为无穷。
   A．0　　　　　　　B．15　　　　　　　C．16　　　　　　　D．255

4. 下列有关 RIP 的陈述，（　　）是正确的。
   A．它每 60s 便会向网络中的所有其他路由器广播更新
   B．它每 90s 便会使用多播地址向其他路由器发送更新
   C．它将在发生链路故障时发送更新
   D．更新中仅包含自上次更新以来路由所发生的变化

5. 以下（　　）事件将导致触发更新。
   A．更新路由计时器超时　　　　　　B．接收到损坏的更新消息
   C．路由表中安装了一条路由　　　　D．网络已达到收敛

6. 在 RIPv2 中，如何禁用自动汇总（　　）。
   A．Router（config）# no auto-summary　　　B．Router（config-router）# no auto-summary
   C．Router（config-if）# no auto-summary　　D．不建议禁用自动汇总

7. 对于自动汇总，RIPv2 默认的行为是（　　）。
   A．默认情况下，在 RIPv2 中启用自动汇总
   B．默认情况下，在 RIPv2 中禁用自动汇总
   C．RIPv2 中没有自动汇总，汇总只能是手工的

8. （　　）是无类路由协议定义的特性。
   A．发送非汇总子网地址的能力　　　　B．在路由广播中包含子网掩码的能力
   C．发送像线路状态广播的更新　　　　D．使用其他度量，而不是跳数

9. 通过下列（　　）特征可确定路由是否为最终路由。

A．该路由显示子网掩码　　　　　　　　B．该路由为父路由
C．该路由是管理员配置的　　　　　　　D．该路由包含送出接口

10．如果数据包与路由表中的第 1 级父路由匹配，那么查找过程中下一步会发生（　　）。
A．由于第 1 级父路由需要送出接口，因此路由器会丢弃该数据包
B．路由器会查找具有送出接口的第 2 级子路由
C．路由器会将数据包从所有接口发送出去
D．路由器会向所有相连的网络发出 ARP 消息，以查找通往目的地的接口

11．哪两条命令可确定是否启用了 RIP 的自动汇总功能（　　）。
A．show running-config　　　B．show ip route　　　C．show ip interface
D．show interface　　　　　　E．show ip protocols

12．关于 RIPv2 的陈述，下列（　　）是正确的。
A．RIPv2 会使用最有效的掩码自动汇总
B．RIPv2 会在主网边界自动汇总
C．RIPv2 需要手动配置才能自动汇总
D．默认情况下，RIPv1 和 RIPv2 处理路由汇总的方式不同

13．如果未指定版本，RIP 路由协议的默认行为是（　　）。
A．只发送和接收 RIPv1 的更新
B．只发送 RIPv1 的更新，但接收 RIPv1 和 RIPv2 的更新
C．只接收 RIPv1 的更新，但发送 RIPv1 和 RIPv2 的更新
D．发送和接收 RIPv1 和 RIPv2 的更新

14．下列（　　）情况受 RIPv2 支持，而不受 RIPv1 支持。
A．从网络一端到另一端的距离为 16 跳　　B．EIGRP 重分布
C．192.168.0.0/16 网络　　　　　　　　　D．拥有 3 个以上接口的路由器

15．RIPv1 和 RIPv2 的区别是（　　）。
A．只有 RIPv1 才在其更新中提供身份认证
B．只有 RIPv1 才使用水平分割来阻止路由环路
C．只有 RIPv2 才使用 16 跳作为"无穷"距离的度量值
D．只有 RIPv2 才在路由更新中发送子网掩码信息

第 8 章 增强型距离矢量路由协议（EIGRP）

EIGRP (Enhanced Interior Gateway Routing Protocol)即增强型内部网关路由协议，此协议由 IGRP 协议发展而来，称为增强型的 IGRP。

8.1 EIGRP 简介

EIGRP 结合了链路状态和距离矢量路由协议的优点，采用弥散修正算法（DUAL）来实现快速收敛，运行 EIGRP 的路由器存储了邻居的路由表，因此能够快速适应网络中的变化。如果本地路由表中没用合适的路由，且拓扑表中没用合适的备用路由，EIGRP 将查询邻居以发现替代路由。查询将不断传播，直到找到替代路由或确定不存在替代路由。同时，可以不发送定期的路由更新信息，以便减少带宽的占用，支持 Appletalk、IP、Novell 和 NetWare 等多种网络层协议。EIGRP 的功能包括可靠传输协议 (RTP)、限定更新、扩散更新算法 (DUAL)、建立邻接关系、邻居表和拓扑表。

8.1.1 EIGRP 的消息格式

EIGRP 消息的数据部分封装在数据包内。此数据字段称为 TLV（类型/长度/值）。如图 8-1 所示，通常 TLV 类型有 EIGRP 参数、IP 内部路由和 IP 外部路由。每个 EIGRP 数据包无论类型如何，都具有 EIGRP 数据包报头，EIGRP 数据包报头和 TLV 被封装到一个 IP 数据包中。在该 IP 数据包报头中，协议字段被设为 88 以代表 EIGRP，目的地址则被设为组播 224.0.0.10。如果 EIGRP 数据包被封装在以太网帧内，则目的 MAC 地址也是一个组播地址：01-00-5E-00-00-0A。

数据链路帧报头	IP 数据包报头	EIGRP 数据包报头	类型/长度/值类型
数据链路帧 MAC 源地址=发送接口的地址 MAC 目的地址=组播：：01-00-5E-00-00-0A			
	IP 数据包 IP 源地址=发送接口的地址 IP 目的地址=组播：224.0.0.10 协议字段=88（表示 EIGRP）		
		EIGRP 数据包 EIGRP 数据包类型的操作码 AS 编号	
			TLV 类型 一些类型包括：0X0001 EIGRP 参数 0X0102 IP 内部路由 0X0103 IP 外部路由

图 8-1 封装的 EIGRP 消息

每条 EIGRP 消息都包含该报头，如图 8-2 所示。

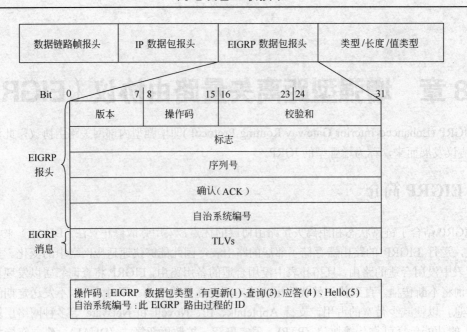

图 8-2　EIGRP 数据报头

Opcode（操作码）用于指定 EIGRP 数据包类型，具体的报文类型见表 8-1。

表 8-1　EIGRP 报文类型

编　　码	报　文　类　型
1	Update（更新）
2	Request（请求）
3	Query（查询）
4	Reply（应答）
5	Hello

其中，Update 报文用来更新路由，Request 报文目前不再使用，Query 报文和 Reply 报文用于查询和应答，Hello 报文用来维护邻居关系。

① 标志（Flags）：(0x01 表示 INIT，0x02 表示 CR)，INIT 标志表示发送给新邻居的第一个初始化 Update 报文，这个报文将携带所有的路由信息，而以后的普通 Update 报文将只携带变化了的路由信息。

② 序列号（Sequence Number）：报文的序列号，用于确认机制，不需要确认的报文，如 Hello 报文，这个域为 0。

③ 确认（Ack）：报文携带的确认信息，表示已经收到了此序列号的报文。

④ 自治系统编号（Autonomous System Number，AS）：用于指定 EIGRP 路由进程，Cisco 路由器可以运行多个 EIGRP 实例。自治系统是由单个实体管理的一组网络，这些网络通过统一的路由策略连接到 Internet。自治系统如图 8-3 所示，A、B、C、D 四家公司全部由 ISP1 管理和控制。ISP1 在代表这些公司向 ISP2 通告路由时，会提供一个统一的路由策略。有关创建、选择和注册自治系统的指导原则，在 RFC 1930 中有规定，AS 编号由互联网编号指派机构（IANA）分配，该机构同时也负责分配 IP 地址空间。当地 RIR 负责从其获得的 AS 编号块中为实体分配编号。在 2007 年之前，AS 编号的长度为 16 位，范围为 0~65535；现在的 AS 编号长度为 32 位，可用编号数目增加到超过 40 亿个。

第8章 增强型距离矢量路由协议（EIGRP） 215

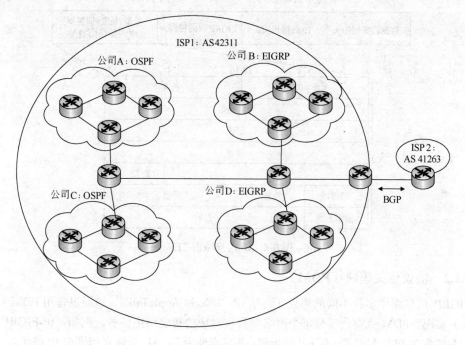

图 8-3　自治系统

需要自治系统编号的通常为 ISP（Internet 服务提供商）、Internet 主干提供商，以及连接其他实体的大型机构。这些 ISP 和大型机构使用外部网关路由协议 BGP（边界网关协议）传播路由信息。BGP 是唯一一个在配置中使用实际自治系统编号的路由协议。

使用 IP 网络的绝大多数公司和机构不需要 AS 编号，因为它们都由诸如 ISP 等更高一级的机构来管理。这些公司在自己的网络内部使用 RIP、EIGRP、OSPF 和 IS-IS 等内部网关协议来路由数据包。它们是 ISP 的自治系统内各自独立的诸多网络之一。ISP 负责在自治系统内以及与其他自治系统之间路由数据包。

AS 编号用于跟踪不同的 EIGRP 实例。EIGRP 参数消息包含 EIGRP 用于计算其复合度量的权重。默认情况下，仅对带宽和延迟计权。它们的权重相等，因此，用于带宽的 K1 字段和用于延迟的 K3 字段都被设为 1，其他 K 值则被设为零。

"保留时间"是收到此消息的 EIGRP 邻居，在认为发出通告的路由器发生故障之前应该等待的时长。IP 内部路由 TLV 如图 8-4 所示，"IP 内部"消息用于在自治系统内部通告 EIGRP 路由。

① 延迟：延迟根据从源设备到目的设备的总延迟来计算，单位为 10μs。
② 带宽：带宽是路由沿途的所有接口的最低配置带宽。
③ 前缀长度：子网掩码被指定为前缀长度或子网掩码中网络位的数量。例如，子网掩码 255.255.255.0 的前缀长度为 24，因为 24 是网络位的数量。
④ 目的：用于存储目的网络的地址。尽管图 8-4 中只显示了 24 位，但此字段取决于 32 位网络地址的网络部分的值。例如，10.1.0.0/16 的网络部分为 10.1。因此，该"目的地"字段会存储开始的 16 位。因为此字段的长度最小为 24 位，不足 24 位时字段的其余部分用 0 填充。如果网络地址长于 24 位（例如 192.168.1.32/27），则"目的地"字段会延长 32 位（共 56 位），未使用的字段用 0 填充。

当向 EIGRP 路由过程中导入外部路由时，就会使用"IP 外部"消息。

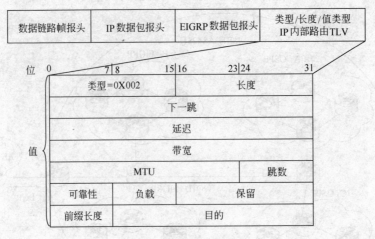

图 8-4　IP 内部路由 TLV

8.1.2　协议相关模块（PDM）

EIGRP 可以路由多种不同的协议（包括 IP、IPX 和 AppleTalk），这通过使用 PDM（协议相关模块）实现。PDM 负责处理与每个网络层协议对应的特定路由任务。例如：IP-EIGRP 模块负责发送和接收在 IP 中封装的 EIGRP 数据包，并负责使用 DUAL 来建立和维护 IP 路由表。EIGRP 协议相关模块如图 8-5 所示，EIGRP 针对每个网络层协议使用不同的 EIGRP 数据包，并为其维护单独的邻居表、拓扑表和路由表。IPX EIGRP 模块负责与其他 IPX EIGRP 路由器交换与 IPX 网络相关的路由信息。

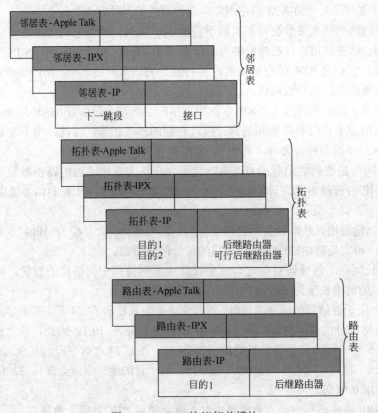

图 8-5　EIGRP 协议相关模块

8.1.3 RTP 和 EIGRP 数据包类型

可靠传输协议（RTP）是 EIGRP 用于发送和接收 EIGRP 数据包的协议。EIGRP 被设计为与网络层无关的路由协议，因此，它无法使用 UDP 或 TCP 的服务，原因在于 IPX 和 Appletalk 不使用 TCP/IP 协议簇中的协议。RTP 其实包括 EIGRP 数据包的可靠传输和不可靠传输两种方式，它们分别类似于 TCP 和 UDP。可靠 RTP 需要接收方向发送方返回一个确认，不可靠的 RTP 数据包不需要确认。如图 8-6 所示，从概念上显示了 RTP 的工作原理。

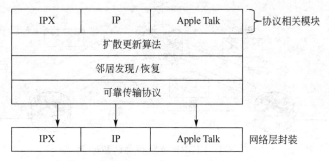

图 8-6 RIP 的工作原理

RTP 能以单播或组播方式发送数据包，组播 EIGRP 数据包使用保留的组播地址 224.0.0.10。

（1）EIGRP 数据包类型

EIGRP 使用五种不同的数据包类型，某些类型会成对使用，所有这些数据包都通过 IP 头部的协议号 88 来表示。

① Hello 数据包：用于发现邻居路由器，并维持邻居关系。以组播的方式发送，而且使用不可靠的方式发送。

② 更新数据包（update）：当路由器收到某个邻居路由器的第一个 Hello 包时，以单点传送方式回送一个包含它所知道的路由信息的更新包。当路由信息发生变化时，以组播的方式发送一个只包含变化信息的更新包。

③ 查询数据包（query）：当一条链路失效，路由器重新进行路由计算，但在拓扑表中没有可行的后继路由时，路由器就以组播的方式向它的邻居发送一个查询包，以询问它们是否有一条到目的地的可行后继路由。

④ 应答数据包（reply）：以单播的方式回传给查询方，对查询数据包进行应答。

⑤ 确认数据包（ACK）：以单播的方式传送，用来确认更新、查询、应答数据包，以确保更新、查询、应答传输的可靠性。

如图 8-7 所示，演示了 EIGRP Hello 数据包在 EIGRP 邻居间的传送过程。

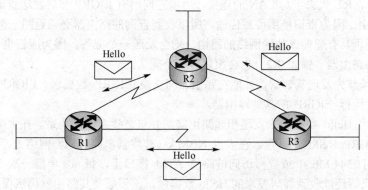

图 8-7 EIGRP Hello 数据包的传送

如图 8-8 所示为 EIGRP 更新和确认数据包，用于传播路由信息。与 RIP 不同的是，EIGRP 不发送定期更新，而仅在必要时才发送更新数据包。EIGRP 更新仅包含需要的路由信息，且仅发送给需要该信息的路由器。EIGRP 更新数据包使用可靠传输，当多台路由器需要更新数据包时，通过组播发送；当只有一台路由器需要更新数据包时，则通过单播发送。在图 8-8 中，因为链路属于点对点类型，因此更新通过单播发送。

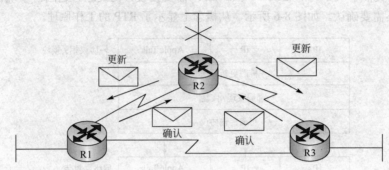

图 8-8　EIGRP 更新和确认数据包

确认（ACK）数据包是不包含数据的 Hello 包，由 EIGRP 在使用可靠传输时发送。对于 EIGRP 更新、查询和应答数据包，RTP 使用可靠传输。ACK 总是使用单播和不可靠的发送方式。在图 8-8 中，R2 失去了通过其快速以太网接口的 LAN 连接，R2 立即向 R1 和 R3 发送更新，通知它们该路由已发生故障；R1 和 R3 使用确认数据包回应。

如图 8-9 所示是 EIGRP 查询和应答数据包，DUAL 在搜索网络以及进行其他任务时使用。查询和应答数据包由 DUAL 有限状态机管理它的扩散计算。查询消息可以使用组播方式或者单播方式发送，而回复消息总是单播方式发送的，查询和回复数据包都使用可靠的发送方式。

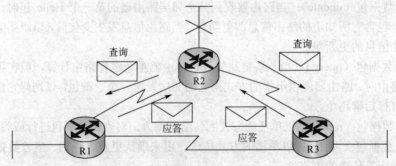

图 8-9　EIGRP 查询和应答数据包

在图 8-9 中，R2 失去了与 LAN 的连接，所以它向所有 EIGRP 邻居发送查询，搜索可以到达该 LAN 的路由。因为查询使用可靠传输，所以收到查询的路由器必须返回一个 EIGRP 确认。所有邻居不管是否具有通向该故障网络的路由，均会发送一个应答。因为应答也使用可靠传输，所以收到应答的路由器（例如 R2）也必须发送一个确认。

EIGRP 必须首先发现其邻居，才能在路由器间交换 EIGRP 数据包。EIGRP 邻居是指在直连的共享网络上运行 EIGRP 的其他路由器。

EIGRP 使用 Hello 数据包来发现相邻路由器，并与之建立邻接关系。在大多数网络中，每 5s 发送一次 EIGRP Hello 数据包。在多点 NBMA（非广播多路访问）网络上，例如 X.25、帧中继和带有 T1 [1.544 Mb/s] 或更慢访问链路的 ATM 接口上，每 60s 单播一次 Hello 数据包。EIGRP 路由器只要还能收到邻居发来的 Hello 数据包，该邻居及其路由就仍然保持活动。

"保留时间"用于告诉路由器在宣告邻居无法到达前,应等待该设备发送下一个 Hello 的最长时间。默认情况下,保留时间是 Hello 间隔时间的 3 倍,即在大多数网络上为 15s,在低速 NBMA 网络上则为 180s。保留时间截止后,EIGRP 将宣告该路由发生故障,而 DUAL 则将通过发出查询来寻找新路径。

8.1.4 EIGRP 限定更新

EIGRP 使用术语部分或限定来描述其更新数据包。与 RIP 不同的是,EIGRP 不发送定期更新,而仅在路由度量发生变化时才发送更新。

① 术语部分是指更新仅包含与路由变化相关的信息。EIGRP 在目的地状态变化时发送这些增量更新,而非发送路由表的全部内容。

② 术语限定是指部分更新仅传播给受变化影响的路由器。部分更新自动"受到限定",这样,只有需要该信息的路由器才会被更新。

EIGRP 仅发送必要的信息,且仅向需要该信息的路由器发送,从而将发送 EIGRP 数据包时占用的带宽降到最低。

8.1.5 DUAL 算法

扩散更新算法 (DUAL) 是 EIGRP 所用的收敛算法,使用 EIGRP 的路由快速收敛是通过在路由表中备份路由而达到的。换句话说,到达目的网络的最小开销(选中者)和次最小开销(也叫适宜后继)路由被保存在路由表中。这使得路由器可以快速地适应链路断接而不引起网络中主要网络的分裂,所优选的和备份的路由基于来自邻接路由器的更新而被重新计算。

在初始收敛后,EIGRP 仅当有路由变化时,并且仅为变化的路由更新邻接路由器。因为 EIGRP 仅当到某个目的网络的路由状态改变,或路由的度量改变时,才向邻接 EIGRP 路由器发送路由更新,这些部分更新需要少得多的带宽。另外,路由更新仅被发送到需要知道状态改变的邻接路由器。由于增量更新的使用,EIGRP 比 IGRP 使用更少的 CPU。因为 15 跳跃数的限制,大型网络使用 RIP 作为路由协议有困难。EIGRP 使得可以构建更大的网络,把跳跃限制增加到 255。这意味着 EIGRP 计算的度量支持成千的跳跃数,允许很大的网络配置。使用 EIGRP 也把网络大小的限制移动到协议栈的传输层。EIGRP 在报文通过 15 个 EIGRP 路由器后,并且下一跳是 EIGRP 路由器时将传输控制域增 1,EIGRP 以此来弥补传输层跳跃数 15 的不足。如果报文上非 EIGRP 路由器使用下一跳,则传输控制域获得增量。

路由环路即使只是暂时性存在,也会极大地损害网络性能。诸如 RIP 等距离矢量路由协议,使用抑制计时器和水平分隔来防止路由环路。尽管 EIGRP 也使用这两种技术,但使用方式有所不同,EIGRP 防止路由环路的主要方式是使用 DUAL 算法。

当网络拓扑发生变化时,EIGRP 使用 DUAL 的更新、查询、应答和确认。如图 8-10 所示是 R2 上的直连网络出现故障时,R2 向它的邻居发送 EIGRP 更新消息指明网络故障。

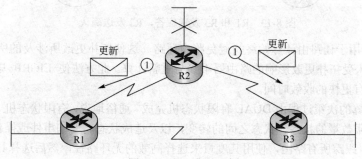

图 8-10　R2 发送更新

R1 和 R3 返回确认，以表明它们收到了来自 R2 的更新，如图 8-11 所示。

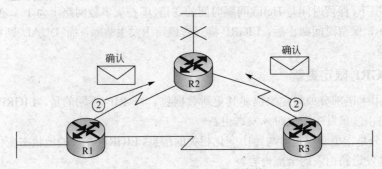

图 8-11　R1 和 R3 发送应答

如图 8-12 所示，R2 没有 EIGRP 的备用路由作为可行后继路由器，因此 R2 向邻居发送 EIGRP 查询，询问是否有此网络的路由，R1 和 R3 返回 EIGRP 确认，以表明它们收到了来自 R2 的查询。

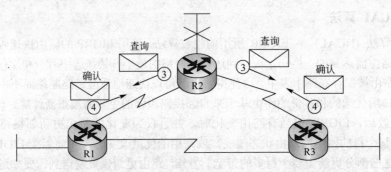

图 8-12　R2 发送查询，R1 和 R3 发送确认

如图 8-13 所示，R1 和 R3 发送 EIGRP 应答消息以响应 R2 的查询，查询声明没有此网络的路由，R2 返回确认，以表明收到了应答。

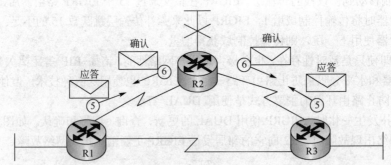

图 8-13　R1 和 R3 发送应答，R2 发送确认

DUAL 算法用于让路由计算始终能避免路由环路。这使拓扑更改所涉及的所有路由器可以同时得到同步。未受拓扑更改影响的路由器不参与重新计算。此方法使 EIGRP 与其他距离矢量路由协议相比具有更快的收敛时间。

所有路由计算的决策过程由 DUAL 有限状态机完成。通俗地说，有限状态机 (FSM) 是一种行为模型，由有限数量的状态、状态之间的转变，以及造成状态转变的事件或操作组成。

DUAL FSM 跟踪所有路由，使用其度量来选择高效的无环路径，然后选择具有最低路径开销的路由，并将其添加到路由表中。

第 8 章 增强型距离矢量路由协议（EIGRP）

因为重新计算 DUAL 算法可能占用较多的处理器资源，所以应尽量避免重新计算。因此，DUAL 有一个备用路由列表，其中包含它已确定为无环路由的备用路由。如果路由表中的主路由发生故障，则最佳的备用路由会立即添加到路由表中。

8.1.6 EIGRP 的管理距离与度量计算

（1）管理距离（AD）

管理距离是指一种路由协议的路由可信度。每一种路由协议按可靠性从高到低，依次分配一个信任等级，这个信任等级就叫管理距离。在自治系统内部，如 RIP 协议是根据路径传递的跳数来决定路径长短也就是传输距离，EIGRP 协议则是根据路径传输中的带宽和延迟，决定路径开销从而体现传输距离的。这是两种不同单位的度量值，为了方便比较，定义了管理距离。这样就可以统一单位，从而衡量不同协议的路径开销，选出最优路径。正常情况下，管理距离越小，它的优先级就越高，也就是可信度越高。

管理距离是路由来源的可信性（即优先程度）。内部 EIGRP 路由的默认管理距离为 90，而从外部来源（例如默认路由）导入的 EIGRP 路由的默认管理距离为 170。相比其他的内部网关协议（IGP），EIGRP 是 Cisco IOS 最优先选择的协议，因为其管理距离最低。

路由默认管理距离的值见表 8-2，EIGRP 总结路由的 AD 值为 5，排在第三位。

表 8-2 默认管理距离

路由来源	管理距离（AD）
直连路由	0
静态路由	1
EIGRP 汇总路由	5
外部 BGP	20
内部 EIGRP	90
IGRP	100
OSPF	110
IS-IS	115
RIP	120
外部 EIGRP	170
内部 BGP	200

管理距离的值可以人为修改，全局配置模式下修改 EIGRP 路由条目的内部和外部管理距离，具体配置命令如下。

```
Router(config)#router eigrp 100
Router(config-router)#distance eigrp 99 199
```

（本地 eigrp 内部 AD 值修改为 99，外部修改为 199）

修改来自于某一更新源（邻居）的路由条目的管理距离：

```
Router(config)#router eigrp 100
Router(config-router)#distance 188   X.X.X.X   X.X.X.X
```

（邻居路由网络地址、子网掩码）

（2）复合度量

EIGRP 使用复合度量值，在其复合度量中，使用带宽、延迟、可靠性、负载的值来计算通向网络的首选路径：

尽管 MTU 被包括在路由表更新中，但它并不是 EIGRP 或 IGRP 所用的路由度量之一。默认情况下,仅使用带宽和延迟来计算度量。通常情况下,除非管理员明确需要,否则不使用可靠性和负载。

如图 8-14 所示为 EIGRP 复合度量公式。公式包含 K1 到 K5 五个 K 值,它们称为 EIGRP 度量权重。默认情况下,K1 和 K3 设为 1,K2、K4 和 K5 设为 0。结果,仅带宽和延迟值被用于计算默认复合度量。

```
默认复合公式:
度量=[K1×带宽+K3×延迟]

完整复合公式:
度量=[K1×带宽+(K2×带宽/(256-负载)+如果K值为0,则不使用3×延迟]×[K5/(可靠性
+K4)]如果K值为0,则不使用
```

默认值:
K1(带宽)=1
K2(负载)=0   K值可通过 metric weights 命令修改
K3(延迟)=1
K4(可靠性)=0   Router (config-router)#metric weights tos K1 K2 K3 K4 K5
K5(可靠性)=0

图 8-14 EIGRP 复合度量公式

它们的关联性在建立邻接关系时相当重要,tos(服务类型)值是 IGRP 遗留下来的,实际未曾实施,tos 始终被设为 0。通过检查路由上所有送出接口的带宽和延迟值,即可确定 EIGRP 度量。首先,确定带宽最低的链路。该带宽用于公式的(10 000 000/带宽)×256 部分。下一步,确定沿途每个传出接口的延迟值。将所有延迟值加起来然后除以 10(总延迟/10),再乘以 256。将带宽和总延迟值加起来即可得到 EIGRP 度量。R2 的路由表输出显示,通向 192.168.1.0/24 的路由的 EIGRP 度量为 3 014 400。

因为 EIGRP 在其度量计算中使用最低带宽,可以通过检查 R2 与目的网络 192.168.1.0 之间的每个接口找出最低带宽。R2 上的 Serial0/0/1 接口的带宽为 1 024 Kb/s(即 1 024 000b/s)。R3 上的 FastEthernet0/0 接口的带宽为 100 000Kb/s(即 100Mb/s)。因此,最低带宽为 1024Kb/s,此值用在度量计算中。

EIGRP 取以 Kb/s 为单位的带宽值,并用参考带宽值 10 000 000 除以该带宽值,这将使高带宽值产生低度量值,而低带宽值则产生高度量值。10 000 000 除以 1024,如果商不是整数,则舍掉小数。在本例中,10 000 000 除以 1024 等于 9765.625。小数部分.625 被舍去,然后再乘以 256。复合度量的带宽部分为 2 499 840。

EIGRP 使用所有送出接口的延迟度量的总和。R2 上的 Serial0/0/1 接口的延迟为 20 000μs。R2 上的 FastEthernet0/0 接口的延迟为 100μs。

每个延迟值除以 10,然后相加。20 000/10+100/10 得到的值为 2 010,然后用此值乘以 256,复合度量的延迟部分为 514 560。

只需将该两个值相加 2 499 840 + 514 560,即可得到 EIGRP 度量值 3 014 400。此值与 R2 的路由表中所示的值相符。这是由最低带宽和总延迟计算得到的。

① 检验 K 值　show ip protocols 命令用于检验 K 值,R1 的命令输出如下所示。R1 上的 K 值被设为默认值,同样,除非网络管理员有充分的理由,否则建议保留默认值不变。

```
R1#show ip protocols
Routing Protocol is "eigrp 1 "
```

```
    Outgoing update filter list for all interfaces is not set
    Incoming update filter list for all interfaces is not set
    Default networks flagged in outgoing updates
    Default networks accepted from incoming updates
    EIGRP metric weight K1=1, K2=0, K3=1, K4=0, K5=0
    EIGRP maximum hopcount 100
    EIGRP maximum metric variance 1
  Redistributing: eigrp 1
    Automatic network summarization is not in effect
    Maximum path: 4
    Routing for Networks:
       172.31.0.0
       192.168.5.0
    Routing Information Sources:
       Gateway         Distance      Last Update
       192.168.5.2        90         7566
       172.31.3.2         90         3995539
    Distance: internal 90 external 170
```

可以通过使用 show interface 命令来检查计算路由度量时为带宽、延迟、可靠性和负载使用的实际值。

如下输出显示了 R1 的 Serial 0/0/0 接口的复合度量中所用的值。

```
R1#show interfaces s0/0/0
Serial0/0/0 is up, line protocol is up (connected)
  Hardware is HD64570
  Internet address is 172.31.3.1/30
  MTU 1500 bytes, BW 1024 Kbit, DLY 20000 usec,
     reliability 255/255, txload 1/255, rxload 1/255
  Encapsulation HDLC, loopback not set, keepalive set (10 sec)
  Last input never, output never, output hang never
  Last clearing of "show interface" counters never
  Input queue: 0/75/0 (size/max/drops); Total output drops: 0
  Queueing strategy: weighted fair
  Output queue: 0/1000/64/0 (size/max total/threshold/drops)
     Conversations  0/0/256 (active/max active/max total)
     Reserved Conversations 0/0 (allocated/max allocated)
     Available Bandwidth 768 kilobits/sec
  5 minute input rate 150 bits/sec, 0 packets/sec
  5 minute output rate 34 bits/sec, 0 packets/sec
     1988 packets input, 143755 bytes, 0 no buffer
     Received 0 broadcasts, 0 runts, 0 giants, 0 throttles
     0 input errors, 0 CRC, 0 frame, 0 overrun, 0 ignored, 0 abort
```

```
        683 packets output, 32574 bytes, 0 underruns
        0 output errors, 0 collisions, 0 interface resets
        0 output buffer failures, 0 output buffers swapped out
        0 carrier transitions
        DCD=up  DSR=up  DTR=up  RTS=up  CTS=up
```

② 带宽 BW 带宽度量（1544 Kb）是一种静态值，带宽以 Kb（千比特）为单位显示。大多数串行接口使用默认带宽值 1544Kb（即 1 544 000b/s 或 1.544Mb/s）。这是 T1 连接的带宽。因为 EIGRP 和 OSPF 都使用带宽计算默认度量，所以正确的带宽值对路由信息的准确性至关重要（该带宽值可能无法反映出接口的实际物理带宽，修改该带宽值不会更改该链路的实际带宽。如果链路的实际带宽与默认带宽不相等，就应该修改该带宽值）。某些串行接口使用不同的默认带宽值，务必使用 show interface 命令来检验带宽。

```
MTU 1500 bytes, BW 1544 Kbit, DLY 20000 usec,
reliability 255/255, txload 1/255, rxload 1/255
```

可使用接口命令 bandwidth 修改带宽度量：

```
Router(config-if)#bandwidth kilobits
```

可使用接口命令 no bandwidth 恢复为默认值。

EIGRP 拓扑图中显示，R1 和 R2 之间的链路带宽为 64Kb/s，R2 和 R3 之间的链路带宽则为 1024 Kb/s。下面为所有三台路由器修改相应的串行接口带宽时所用的命令。

```
R1(config)#interface s0/0/0
R1(config-if)#bandwidth 64
R2(config)#interface s0/0/0
R2(config-if)#bandwidth 64
R2(config)#interface s0/0/1
R2(config-if)#bandwidth 1024
R3(config)#interface s0/0/1
R3(config-if)#bandwidth 1024
```

可以使用 show interface 命令来检验更改。修改带宽时，必须同时在链路两端进行，才能确保两个方向上的正确路由。

```
R2#show interface s0/0/0
Serial0/0/0 is up, line protocol is up (connected)
  Hardware is HD64570
  Internet address is 172.31.3.2/30
  MTU 1500 bytes, BW 64 Kbit, DLY 20000 usec,
     reliability 255/255, txload 1/255, rxload 1/255
  Encapsulation HDLC, loopback not set, keepalive set (10 sec)
R2#show interface s0/0/1
Serial0/0/0 is up, line protocol is up (connected)
  Hardware is HD64570
  Internet address is 172.31.3.2/30
  MTU 1500 bytes, BW 1024 Kbit, DLY 20000 usec,
```

```
      reliability 255/255, txload 1/255, rxload 1/255
   Encapsulation HDLC, loopback not set, keepalive set (10 sec)
```
- 带宽计算：带宽=（高带宽/低带宽）×256；
- 延迟计算：延迟=（延迟/10）+（延迟/10）×256；
- EIGRP 度量：度量=带宽+延迟。

③ 延迟　延迟是衡量数据包通过路由所需时间的指标。延迟 (DLY) 度量是一种静态值，它以接口所连接的链路类型为基础，单位为 μs。延迟不是动态测得的。路由器并不会实际跟踪数据包到达目的地所需的时间。延迟值与带宽值相似，都是一种默认值，可由网络管理员更改。

```
   MTU 1500 bytes, BW 1544 Kbit, DLY 20000 usec,
      reliability 255/255, txload 1/255, rxload 1/255
```

各种接口的默认延迟值见表 8-3，串行接口的默认值为 20 000μs，快速以太网接口的默认值为 100μs。

表 8-3　默认延迟值

介　　质	延迟/μs
100M ATM	100
以太网	1000
快速以太网	100
T1(串口的默认值)	20000
FDDI	100
512K	20000
HSSI	20000
DS0	20000
16M 令牌环	630
56K	20000

④ 可靠性　可靠性（reliability）是对链路将发生或曾经发生错误的概率的衡量指标。与延迟不同的是，可靠性是动态测得的，取值范围为 0～255，其中 1 表示可靠性最低的链路，255 则表示百分之百可靠。计算可靠性时取 5min 内的加权平均值，以避免高（或低）错误率的突发性影响。

可靠性以分母为 255 的分数表示，该值越大，链路越可靠。因此，255/255 表示百分之百可靠，而 234/255 则表示 91.8%可靠。默认情况下，EIGRP 在度量计算中不使用可靠性。例如：

```
   MTU 1500 bytes, BW 1544 Kbit, DLY 20000 usec,
      reliability 255/255, txload 1/255, rxload 1/255
```

⑤ 负载　负载 (load) 反映使用该链路的流量。与可靠性相似，负载也是动态测得的，且取值范围也是从 0～255，也以分母为 255 的分数表示，但不同的是，负载值越低越好，因为这表示链路上负载较轻。因此，1/255 表示链路上负载最低，40/255 表示链路上的负载容量为 16%，255/255 则表示链路已百分之百饱和。例如：

```
   MTU 1500 bytes, BW 1544 Kbit, DLY 20000 usec,
      reliability 255/255, txload 1/255, rxload 1/255
```

负载同时显示为出站（即发送）负载值 (txload) 和入站（即接收）负载值 (rxload)。计算此值时取 5 min 内的加权平均值，以避免高（或低）通道使用率的突然影响。默认情况下，EIGRP 在度量计算中不使用负载。

8.2 EIGRP 的基本配置

8.2.1 网络拓扑

EIGRP 网络拓扑结构如图 8-15 所示，其地址表见表 8-4。路由器 R1 和 R2 都具有子网，其子网都属于有类网络 172.31.0.0/16，该网络地址为 B 类地址。之所以要指出 172.31.0.0 是 B 类地址，在于 EIGRP 和 RIP 一样是在有类边界自动汇总，实际配置中不存在 ISP 路由器。R2 和 ISP 路由器之间的连接，使用 R2 上的环回接口来表示。环回接口可用于代表路由器上未实际连接到网络中的物理链路的接口。环回地址可通过 ping 命令来检验，并且可包括在路由更新中。

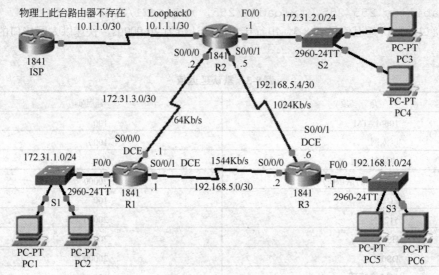

图 8-15 EIGRP 网络拓扑结构

表 8-4 EIGRP 地址表

设备	接口	IP 地址	子网掩码
R1	F0/0	172.31.1.1	255.255.255.0
	S0/0/0	172.31.3.1	255.255.255.252
	S0/0/1	192.168.5.1	255.255.255.252
R2	F0/0	172.31.2.1	255.255.255.0
	S0/0/0	172.31.3.2	255.255.255.252
	S0/0/1	192.168.5.5	255.255.255.252
	L0	10.1.1.1	255.255.255.252
R3	F0/0	192.168.1.1	255.255.255.0
	S0/0/0	192.168.5.2	255.255.255.252
	S0/0/1	192.168.5.6	255.255.255.252
PC1	NIC	172.31.1.253	255.255.255.0
PC2	NIC	172.31.1.254	255.255.255.0
PC3	NIC	172.31.2.253	255.255.255.0
PC4	NIC	172.31.2.254	255.255.255.0
PC5	NIC	192.168.3.253	255.255.255.0
PC6	NIC	192.168.3.254	255.255.255.0

路由器 R1、R2、R3 的基本配置命令如下。

R1:
```
R1(config)#interface FastEthernet0/0
R1(config-if)#ip address 172.31.1.1  255.255.255.0
R1(config-if)#no shutdown
R1(config-if)#exit
R1(config)#interface Serial0/0/0
R1(config-if)#clock rate 64000
R1(config-if)#ip address 172.31.3.1  255.255.255.252
R1(config-if)#no shutdown
R1(config-if)#exit
R1(config)#interface Serial0/0/1
R1(config-if)#clock rate 64000
R1(config-if)#ip address 192.168.5.1  255.255.255.252
R1(config-if)#no shutdown
```
R2:
```
R2(config)#interface loopback 0
R2(config-if)#ip address 10.1.1.1  255.255.255.252
R2(config)#interface FastEthernet0/0
R2(config-if)#ip address 172.31.2.1  255.255.255.0
R2(config-if)#no shutdown
R2(config-if)#exit
R2(config)#interface Serial0/0/0
R2(config-if)#ip address 172.31.3.2  255.255.255.252
R2(config-if)#no shutdown
R2(config-if)#exit
R2(config)#interface Serial0/0/1
R2(config-if)#ip address 192.168.5.5  255.255.255.252
R2(config-if)#no shutdown
```
R3:
```
R3(config)#interface FastEthernet0/0
R3(config-if)#ip address 192.168.1.1  255.255.255.0
R3(config-if)#no shutdown
R3(config-if)#exit
R3(config)#interface Serial0/0/0
R3(config-if)#ip address 192.168.5.2  255.255.255.252
R3(config-if)#no shutdown
R3(config-if)#exit
R3(config)#interface Serial0/0/1
R3(config-if)#clock rate 64000
R3(config-if)#ip address 192.168.5.6  255.255.255.252
R3(config-if)#no shutdown
```

8.2.2 配置过程

(1) 自治系统与进程 ID

EIGRP 和 OSPF 都使用一个进程 ID, 代表各自在路由器上运行的协议实例。

```
Router(config)#router eigrp autonomous-system
```

EIGRP 将该参数称为 "自治系统" 编号, 它实际上起进程 ID 的作用。此编号与自治系统编号无关, 可以为其分配任何 16 位值。

```
Router(config)#router eigrp 1
```

在本例中, 编号 1 用于标识在此路由器上运行的特定 EIGRP 进程。为建立邻接关系, EIGRP 要求使用同一个进程 ID, 配置同一个路由域内的所有路由器。一般来说, 在一台路由器上, 只会为每个路由协议配置一个进程 ID。RIP 不使用进程 ID, 因此, 它只支持一个 RIP 实例。EIGRP 和 OSPF 都支持各自路由协议的多个实例, 但实际上一般不需要或不推荐实施这种多路由协议的情况。

(2) router eigrp 命令

router eigrp autonomous-system 全局配置命令用于启用 EIGRP。该 autonomous-system 参数由网络管理员选择, 取值范围在 1~65535 之间。所选的编号为进程 ID 号, 该编号很重要, 因为此 EIGRP 路由域内的所有路由器, 都必须使用同一个进程 ID 号 (autonomous-system 编号)。使用 1 作为进程 ID, 在所有三台路由器上启用 EIGRP。

```
R1(config)#router eigrp 1
R1(config-router)#
R2(config)#router eigrp 1
R2(config-router)#
R3(config)#router eigrp 1
R3(config-router)#
```

(3) network 命令

EIGRP 中的 network 命令与其他 IGP 路由协议中的 network 命令功能相同, 此路由器上任何符合 network 命令中的网络地址的接口都将被启用, 可发送和接收 EIGRP 更新。

此网络 (或子网) 将包括在 EIGRP 路由更新中。network 命令在路由器配置模式下使用。

```
Router(config-router)#network network-address
```

network-address 是此接口的有类网络地址。在 R1 上使用了一个有类 network 语句, 包括 172.31.1.0/24 和 172.31.3.0/30 子网:

```
R1(config-router)#network 172.31.0.0
```

当在 R2 上配置好 EIGRP 后, DUAL 向控制台发送一个通知消息, 说明已与另一台 EIGRP 路由器建立了邻接关系。此邻接关系自动建立, 因为 R1 和 R2 都使用相同的 eigrp 1 路由进程, 且都在 172.31.0.0 网络上发送更新。

```
R2(config-router)#network 172.31.0.0
%DUAL-5-NBRCHANGE:IP-EIGRP 1:Neighbor 172.16.3.1 (Serial0/0) is up:new
adjacency
```

默认情况下, 当在 network 命令中使用诸如 172.31.0.0 等有类网络地址时, 该路由器上属于该有类网络地址的所有接口都将启用 EIGRP, 然而, 有时网络管理员并不想为所有接口启用 EIGRP。想要配置 EIGRP 以仅通告特定子网, 请将 wildcard-mask 选项与 network 命令一起使用:

```
Router(config-router)#network network-address [wildcard-mask]
```

通配符掩码 (wildcard-mask) 可看作子网掩码的反掩码。子网掩码 255.255.255.252 的反掩码为 0.0.0.3。想要计算子网掩码的反掩码，请用 255.255.255.255 减去该子网掩码：
255.255.255.255
- 255.255.255.252
（减去子网掩码）
----
0. 0. 0. 3
（通配符掩码）

R2 配置有子网 192.168.5.4，通配符掩码为 0.0.0.3。
```
R2(config-router)#network 192.168.5.4 0.0.0.3
```
某些 IOS 版本可以直接输入子网掩码。例如，可以输入下列命令：
```
R2(config-router)#network 192.168.5.4 255.255.255.252
```
不过，IOS 会自动将该命令转换为通配符掩码格式，这可通过 show run 命令来检查：
```
R2#show run
<省略部分输出>
!
router eigrp 1
network 172.31.0.0
network 192.168.5.4 0.0.0.3
auto-summary
!
```
一旦配置好有类网络 192.168.5.0 后，R3 即会与 R1 和 R2 建立邻接关系。

（4）校验 EIGRP

路由器必须与其邻居建立邻接关系，EIGRP 才能发送或接收更新。EIGRP 路由器通过与相邻路由器交换 EIGRP Hello 数据包来建立邻接关系。

使用 show ip eigrp neighbors 命令可查看邻居表，并检验 EIGRP 是否已与其邻居建立邻接关系。对于每台路由器，应该能看到相邻路由器的 IP 地址，以及通向该 EIGRP 邻居的接口。可以验证所有路由器均已建立了必要的邻接关系。每台路由器的邻居表里都列有两个邻居。

show ip eigrp neighbors 命令的输出包括以下内容。

① H 栏——按照发现顺序列出邻居。
② Address——该邻居的 IP 地址。
③ Interface——收到此 Hello 数据包的本地接口。
④ Hold——当前的保留时间。每次收到 Hello 数据包时，此值即被重置为最大保留时间，然后倒计时，到零为止。如果到达了零，则认为该邻居进入 "down"。
⑤ Uptime（运行时间）——从该邻居被添加到邻居表以来的时间。
⑥ SRTT（平均回程计时器）和 RTO（重传间隔）——由 RTP 用于管理可靠 EIGRP 数据包。
⑦ Queue Count（队列数）——应该始终为零。如果大于零，则说明有 EIGRP 数据包等待发送。
⑧ Sequence Number（序列号）——用于跟踪更新、查询和应答数据包。

show ip eigrp neighbors 命令是检验 EIGRP 配置及排查故障的利器。路由器与邻居建立邻接关系后，如果有一台邻居未列出，则可使用 show ip interface brief 命令检查该本地接口是否已激活。如果该接口已激活，则尝试 ping 该邻居的 IP 地址。如果 ping 失败，则表明需要激活该邻居的接口。如果 ping 成功，但 EIGRP 仍然无法将该路由器列为邻居，则应检查相关配置。

就像检验 RIP 一样，也可使用 show ip protocols 命令来检验 EIGRP 是否已启用，对于不同的路由协议，show ip protocols 命令将显示不同类型的输出。

注意：输出指出了 EIGRP 所用的进程 ID：

```
Routing Protocol is "eigrp 1"
```

所有路由器上的进程 ID 必须相同，EIGRP 才能建立邻接关系并共享路由信息。

还可显示 EIGRP 的内部和外部管理距离：

```
Distance:internal 90 external 170
```

（5）检查路由表

检验 EIGRP 以及路由器的其他功能是否正确配置的另一种方法，是使用 show ip route 命令查看路由表。R1、R2、R3 的路由表如下。

```
R1#show ip route
Codes: C - connected, S - static, I - IGRP, R - RIP, M - mobile, B - BGP
       D - EIGRP, EX - EIGRP external, O - OSPF, IA - OSPF inter area
       N1 -OSPF NSSA external type 1, N2 - OSPF NSSA external type 2
       E1 - OSPF external type 1, E2 - OSPF external type 2, E - EGP
       i - IS-IS, L1 - IS-IS level-1, L2 - IS-IS level-2, ia - IS-IS
       inter area
       * - candidate default, U - per-user static route, o - ODR
       P - periodic downloaded static route
Gateway of last resort is not set
     172.31.0.0/16 is variably subnetted, 4 subnets, 3 masks
D       172.31.0.0/16 is a summary, 00:03:45, Null0
C       172.31.1.0/24 is directly connected, FastEthernet0/0
D       172.31.2.0/24 [90/2172416] via 172.31.3.2, 00:01:21, Serial0/0/0
C       172.31.3.0/30 is directly connected, Serial0/0/0
D    192.168.1.0/24 [90/2172416] via 192.168.5.2, 00:00:32, Serial0/0/1
     192.168.5.0/24 is subnetted, 3 subnets, 2 masks
D       192.168.5.0/24 is a summary, 00:04:26, Null0
C       192.168.5.0/30 is directly connected, Serial0/0/1
D       192.168.5.4/30 [90/2681856] via 192.168.5.2, 00:00:32, Serial0/0/1
R2#show ip route
Codes: C - connected, S - static, I - IGRP, R - RIP, M - mobile, B - BGP
       D - EIGRP, EX - EIGRP external, O - OSPF, IA - OSPF inter area
       N1 -OSPF NSSA external type 1, N2 - OSPF NSSA external type 2
       E1 - OSPF external type 1, E2 - OSPF external type 2, E - EGP
       i - IS-IS, L1 - IS-IS level-1, L2 - IS-IS level-2, ia - IS-IS
       inter area
       * - candidate default, U - per-user static route, o - ODR
       P - periodic downloaded static route
Gateway of last resort is not set
     10.0.0.0/30 is subnetted, 1 subnets
C       10.1.1.0 is directly connected, Loopback0
```

```
        172.31.0.0/16 is variably subnetted, 4 subnets, 3 masks
D       172.31.0.0/16 is a summary, 00:04:32, Null0
D       172.31.1.0/24 [90/2172416] via 172.31.3.1, 00:11:34, Serial0/0/0
C       172.31.2.0/24 is directly connected, FastEthernet0/0
C       172.31.3.0/30 is directly connected, Serial0/0/0
D    192.168.1.0/24 [90/2172416] via 192.168.5.6, 00:11:34, Serial0/0/1
     192.168.5.0/24 is subnetted, 3 subnets, 2 masks
D       192.168.5.0/24 is a summary, 00:04:26, Null0
D       192.168.5.0/30 [90/2681856] via 192.168.5.6, 00:11:34, Serial0/0/1
C       192.168.5.4/30 is directly connected, Serial0/0/1
R3#show ip route
Codes: C - connected, S - static, I - IGRP, R - RIP, M - mobile, B - BGP
       D - EIGRP, EX - EIGRP external, O - OSPF, IA - OSPF inter area
       N1 -OSPF NSSA external type 1, N2 - OSPF NSSA external type 2
       E1 - OSPF external type 1, E2 - OSPF external type 2, E - EGP
       i -IS-IS, L1-IS-IS level-1, L2 -IS-IS level-2, ia - IS-IS inter area
       * - candidate default, U - per-user static route, o - ODR
       P - periodic downloaded static route
Gateway of last resort is not set
D    172.31.0.0/16 [90/2172416] via 192.168.5.1, 00:22:25, Serial0/0/0
                   [90/2172416] via 192.168.5.5, 00:22:25, Serial0/0/1
C    192.168.1.0/24 is directly connected, FastEthernet0/0
     192.168.5.0/24 is subnetted, 3 subnets, 2 masks
D       192.168.5.0/24 is a summary, 00:04:32, Null0
C       192.168.5.0/30 is directly connected, Serial0/0/0
C       192.168.5.4/30 is directly connected, Serial0/0/1
```

默认情况下，EIGRP 在主网络边界自动汇总路由。可以使用 no auto-summary 命令禁用自动汇总功能，其操作与在 RIPv2 的操作相同。

路由表中的 EIGRP 路由标有 D，该字符代表 DUAL。EIGRP 是一种无类路由协议（在路由更新中包括子网掩码），所以它支持 VLSM 和 CIDR。在 R1 的路由表中可看到，父网络 172.31.0.0/16 以不同长度的子网掩码/24 和/30 划分为三个子网路由。

由于 EIGRP 会自动添加 Null0 汇总路由，人们在分析包含 EIGRP 路由的路由表时通常会感到困惑。在 R1 的路由表中包含两条送出接口为 Null0 的路由。在 RIPv2 中学过，Null0 接口实际上是不通向任何地方的路由，通常称为"比特桶"，所以，默认情况下，EIGRP 使用 Null0 接口，丢弃与父路由匹配但与所有子路由都不匹配的数据包。

如果使用 ip classless 命令配置无类路由行为，则 EIGRP 将不会丢弃该数据包，而会继续寻找默认路由或超网路由。然而，EIGRP Null0 汇总路由是一条子路由，即使父路由的其他子路由与数据包都不匹配，Null0 汇总路由也会与之匹配。即使通过 ip classless 命令使用无类路由行为（使用无类路由行为时，路由查找过程将查找超网路由和默认路由），如果父路由没有匹配的子路由，EIGRP 也将使用 Null0 总结路由并丢弃数据包，因为 Null0 汇总路由与父路由传递来的任何数据包都匹配。

不管是使用有类还是无类路由行为，都将使用 Null0 汇总，因此不会使用任何超网路由或默认路由。根据 R1 的路由表，R1 将丢弃与有类父网络 172.31.0.0/16 匹配，但与所有子网（172.31.1.0/24、172.31.2.0/24 或 172.31.3.0/24）都不匹配的数据包。例如，发往 172.31.4.5 的数据包将被丢弃。即使配置了默认路由，R1 仍会丢弃该数据包，因为它与通向 172.31.0.0/16 的 Null0 汇总路由匹配。

    D   172.31.0.0/16 is a summary, 00:03:45, Null0

只要同时存在下列两种情况，EIGRP 就会自动加入一条 null0 汇总路由作为子路由：
① 至少有一个通过 EIGRP 获知的子网。
② 启用了自动汇总。

如果禁用了自动汇总，则 null0 汇总路由将被删除。与 RIP 相似的一点是，EIGRP 在网络边界自动汇总。在 show run 输出中，EIGRP 默认使用 auto-summary 命令。在下一个主题中，禁用自动汇总会删除 Null0 汇总路由，并允许 EIGRP 在子路由与目的数据包不匹配时，寻找超网路由或默认路由。

R2 的路由表中突出显示了两个条目。EIGRP 自动为有类网络 192.168.5.0/24 和 172.31.0.0/16 各自的 Null0 接口加入了一条汇总路由。

在 RIPv2 中提到，Null0 接口实际上不存在。汇总路由来自 Null0，原因在于这些路由用于通告目的。192.168.10.0/24 和 172.16.0.0/16 路由，实际上并不代表通向父网络的路径。如果一个数据包与 2 级子路由都不匹配，则会被发送到 Null0 接口。换句话说，如果数据包与 1 级父路由（该有类网络地址）匹配，但不与任何子网匹配，则该数据包将被丢弃。

R1 和 R2 都自动汇总了 172.31.0.0/16 网络，并将其作为一条路由更新发送。因为自动汇总的关系，R1 和 R2 未传播具体的子网。稍后将关闭自动汇总，因为 R3 分别从 R1 和 R2 收到了通向 172.31.0.0/16 的路由，且该两条路由开销相等，所以它们都被加入到路由表中。

8.2.3 禁用自动汇总与手工汇总

（1）禁用自动汇总

与 RIP 相似的一点是，EIGRP 使用默认的 auto-summary 命令在主网络边界自动汇总。可以通过查看 R3 的路由表来观看此结果。

R3#show ip route
```
<output omitted>
Gateway of last resort is not set
     192.168.5.0/24 is subnetted, 3 subnets, 2 masks
D       192.168.5.0/24 is a summary, 00:04:32, Null0
C       192.168.5.0/30 is directly connected, Serial0/0/0
C       192.168.5.4/30 is directly connected, Serial0/0/1
C    192.168.1.0/24 is directly connected, FastEthernet0/0
D    172.31.0.0/16 [90/2172416] via 192.168.5.1, 01:06:51, Serial0/0/0
```

R3 未收到具体子网 172.16.1.0/24、172.16.2.0/24 和 172.16.3.0/24 的路由。R1 和 R2 在向 R3 发送 EIGRP 更新数据包时，自动将那些子网汇总到 172.16.0.0/16 有类边界。结果是 R3 具有一条经过 R1 通向 172.16.0.0/16 的路由。因为带宽差异，R1 是后继路由器。

    D   172.31.0.0/16 [90/2172416] via 192.168.5.1, 01:06:51, Serial0/0/0

此路由并非最佳路径，R3 会通过 R1 路由所有发往 172.16.2.0 的数据包。R3 不知道 R1 不得不将这些数据包，沿一条非常慢的链路路由到 R2。要让 R3 了解到此带宽缓慢，唯一方法是 R1 和 R2 发送 172.16.0.0/16 各子网的具体路由。换句话说，R1 和 R2 必须停止自动汇总

第 8 章 增强型距离矢量路由协议（EIGRP）

172.16.0.0/16。

就像在 RIPv2 中一样，可使用 no auto-summary 命令禁用自动汇总。具体的配置命令如下：

```
R1(config)#router eigrp 1
R1(config-router)#no auto-summary
%DUAL-5-NBRCHANGE: IP-EIGRP 1: Neighbor 172.31.3.2 (Serial0/0/0) is
resync: summary configured
%DUAL-5-NBRCHANGE: IP-EIGRP 1: Neighbor 192.168.5.2 (Serial0/0/1) is
resync: summary configured
%DUAL-5-NBRCHANGE: IP-EIGRP 1: Neighbor 172.31.3.2 (Serial0/0/0) is
down: Interface Goodbye received
%DUAL-5-NBRCHANGE: IP-EIGRP 1: Neighbor 172.31.3.2 (Serial0/0/0) is
up: new adjacency
%DUAL-5-NBRCHANGE: IP-EIGRP 1: Neighbor 192.168.5.2 (Serial0/0/1) is
down: Interface Goodbye received
%DUAL-5-NBRCHANGE: IP-EIGRP 1: Neighbor 192.168.5.2 (Serial0/0/1) is
up: new adjacency
R2(config)#router eigrp 1
R2(config-router)#no auto-summary
R3(config)#router eigrp 1
R3(config-router)#no auto-summary
```

DUAL 取消所有邻接关系，然后重新建立邻接关系，以充分实现 no auto-summary 命令的效果。所有 EIGRP 邻居将立即发出新一轮更新，这些更新不会被自动汇总。

禁用自动汇总后，R1、R2、R3 的路由表如下：

```
R1#show ip route
<output omitted>
Gateway of last resort is not set
     172.31.0.0/16 is variably subnetted, 3 subnets, 2 masks
C       172.31.1.0/24 is directly connected, FastEthernet0/0
D       172.31.2.0/24 [90/2172416] via 172.31.3.2, 00:01:21, Serial0/0/0
C       172.31.3.0/30 is directly connected, Serial0/0/0
D    192.168.1.0/24 [90/2172416] via 192.168.5.2, 00:00:32, Serial0/0/1
     192.168.5.0/30 is subnetted, 2 subnets
C       192.168.5.0 is directly connected, Serial0/0/1
D       192.168.5.4 [90/2681856] via 192.168.5.2, 00:00:32, Serial0/0/1
R2#show ip route
<output omitted>
Gateway of last resort is not set
     10.0.0.0/30 is subnetted, 1 subnets
C       10.1.1.0 is directly connected, Loopback0
     172.31.0.0/16 is variably subnetted, 3 subnets, 2 masks
D       172.31.1.0/24 [90/2172416] via 172.31.3.1, 00:11:34, Serial0/0/0
C       172.31.2.0/24 is directly connected, FastEthernet0/0
```

```
C       172.31.3.0/30 is directly connected, Serial0/0/0
D       192.168.1.0/24 [90/2172416] via 192.168.5.6, 00:11:34, Serial0/0/1
        192.168.5.0/30 is subnetted, 2 subnets
D       192.168.5.0 [90/2681856] via 192.168.5.6, 00:11:34, Serial0/0/1
C       192.168.5.4 is directly connected, Serial0/0/1
R3#show ip route
<output omitted>
Gateway of last resort is not set
172.31.0.0/16 is variably subnetted, 3 subnets, 2 masks
D       172.31.1.0/24 [90/2172416] via 192.168.5.1, 00:00:46, Serial0/0/0
D       172.31.2.0/24 [90/3246594] via 192.168.5.5, 00:01:12, Serial0/0/1
D       172.31.3.0/30 [90/41024000] via 192.168.5.1, 00:22:25, Serial0/0/0
                     [90/41024000] via 192.168.5.5, 00:22:25, Serial0/0/1
C       192.168.1.0/24 is directly connected, FastEthernet0/0
        192.168.5.0/30 is subnetted, 2 subnets
C       192.168.5.0 is directly connected, Serial0/0/0
C       192.168.5.4 is directly connected, Serial0/0/1
```

所有三台路由器的路由表中可以看到，EIGRP 现正传播单独的子网。EIGRP 不再添加 Null0 汇总路由，因为已通过 no auto-summary 禁用了自动汇总。只要默认的无类路由行为 (ip classless) 保持有效，则与子网路由不匹配时，将使用超网路由和默认路由。

如果不再自动在主网络边界汇总路由，EIGRP 路由表和拓扑表会有所变化。禁用自动汇总后，R1、R2、R3 的拓扑表如下：

```
R1#show ip eigrp topology
IP-EIGRP Topology Table for AS 1
Codes: P - Passive, A - Active, U - Update, Q - Query, R - Reply,
       r - Reply status
P 172.31.1.0/24, 1 successors, FD is 28160
        via Connected, FastEthernet0/0
P 192.168.5.0/30, 1 successors, FD is 2169856
        via Connected, Serial0/0/1
P 172.31.3.0/30, 1 successors, FD is 3011840
        via Connected, Serial0/0/0
P 172.31.2.0/24, 2 successors, FD is 2684416
        via 192.168.5.2 (2684416/2172416), Serial0/0/1
        via 172.31.3.2 (3014400/28160), Serial0/0/0
P 192.168.5.4/30, 2 successors, FD is 2681856
        via 192.168.5.2 (2681856/2169856), Serial0/0/1
        via 172.31.3.2 (3523840/2169856), Serial0/0/0
P 192.168.1.0/24, 1 successors, FD is 2172416
        via 192.168.5.2 (2172416/28160), Serial0/0/1
R2#show ip eigrp topology
IP-EIGRP Topology Table for AS 1
```

第 8 章　增强型距离矢量路由协议（EIGRP）

```
Codes: P - Passive, A - Active, U - Update, Q - Query, R - Reply,
       r - Reply status
P 172.31.2.0/24, 1 successors, FD is 28160
        via Connected, FastEthernet0/0
P 192.168.5.4/30, 1 successors, FD is 2169856
        via Connected, Serial0/0/1
P 172.31.3.0/30, 1 successors, FD is 2169856
        via Connected, Serial0/0/0
P 192.168.1.0/24, 2 successors, FD is 2172416
        via 192.168.5.6 (2172416/28160), Serial0/0/1
        via 172.31.3.1 (3526400/28160), Serial0/0/0
P 172.31.1.0/24, 2 successors, FD is 2684416
        via 192.168.5.6 (2684416/2172416), Serial0/0/1
        via 172.31.3.1 (3526400/28160), Serial0/0/0
P 192.168.5.0/30, 2 successors, FD is 2681856
        via 192.168.5.6 (2681856/2169856), Serial0/0/1
via 172.31.3.1 (3526400/28160), Serial0/0/0
R3#show ip eigrp topology
IP-EIGRP Topology Table for AS 1
Codes: P - Passive, A - Active, U - Update, Q - Query, R - Reply,
       r - Reply status
P 192.168.1.0/24, 1 successors, FD is 28160
        via Connected, FastEthernet0/0
P 192.168.5.4/30, 1 successors, FD is 2169856
        via Connected, Serial0/0/1
P 172.31.2.0/24, 1 successors, FD is 2172416
        via 192.168.5.5 (2172416/28160), Serial0/0/1
P 172.31.3.0/30, 2 successors, FD is 2681856
via 192.168.5.5 (2681856/2169856), Serial0/0/1
via 192.168.5.1 (2681856/2169856), Serial0/0/0
P 192.168.5.0/30, 1 successors, FD is 2169856
        via Connected, Serial0/0/0
P 172.31.1.0/24, 1 successors, FD is 2172416
        via 192.168.5.1 (2172416/28160), Serial0/0/0
```

因为没有自动汇总，所以现在 R3 的路由表包含三个子网 172.31.1.0/24、172.31.2.0/24 和 172.31.3.0/24。为什么 R3 的路由表现在具有两条通向 172.31.3.0/24 的等价路径呢？最佳路径不是只应经过链路为 1544 Mb/s 的 R1 吗？

EIGRP 计算复合度量时，仅使用带宽最低的链路，最慢的链路是包含网络 172.31.3.0/24 的 128 Kb/s 链路。在本例中，考虑带宽度量时不会将 1544 Mb/s 的链路和 512 Kb/s 的链路列入计算。因为两条路径的传出接口数量和类型相同，所以延迟值相同。最终，尽管经过 R1 的路径实际上"更快"一些，但两条路径的 EIGRP 度量相同。

（2）手工汇总

无论是否启用了自动汇总，都可以配置 EIGRP 汇总路由。因为 EIGRP 是一种无类路由协议，且在路由更新中包含子网掩码，所以手动汇总可以包括超网路由，超网是多个有类网络地址的集合。修改后的拓扑结构如图 8-16 所示。

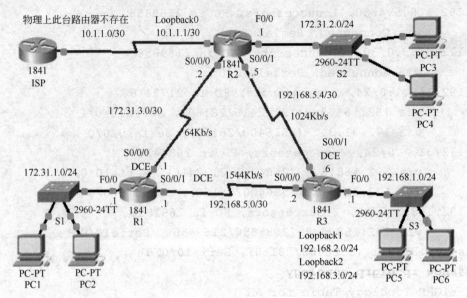

图 8-16　修改后的拓扑结构图

假设使用环回接口向路由器 R3 添加了两个网络：192.168.2.0/24 和 192.168.3.0/24。在 R3 的 EIGRP 路由进程中，使用 network 命令配置了网络，使 R3 向其他路由器传播这些网络，其配置命令如下。

```
R3(config)#interface loopback 1
R3(config-if)#ip address 192.168.2.1 255.255.255.0
R3(config)#interface loopback 2
R3(config-if)#ip address 192.168.3.1 255.255.255.0
R3(config-if)#router eigrp 1
R3(config-if)#network 192.168.2.0
R3(config-if)# network 192.168.3.0
```

为检验 R3 是否向 R1 和 R2 发送了 EIGRP 更新数据包，可以检查路由表。R1 和 R2 的路由表中显示了以下额外的网络：192.168.2.0/24 和 192.168.3.0/24。R3 可以将 192.168.1.0/24、192.168.2.0/24 和 192.168.3.0/24 网络汇总为一条路由，不发送三条单独的路由。

```
R1#show ip route
<output limited to 192.168 routes>
Gateway of last resort is not set
D    192.168.1.0/24 [90/2172416] via 192.168.5.2, 01:23:34, Serial0/0/1
D    192.168.2.0/24 [90/2297856] via 192.168.5.2, 00:00:52, Serial0/0/1
D    192.168.3.0/24 [90/2297856] via 192.168.5.2, 00:00:46, Serial0/0/1
R2#show ip route
<output limited to 192.168 routes>
```

```
Gateway of last resort is not set
D    192.168.1.0/24 [90/3014400] via 192.168.5.6, 02:15:08, Serial0/0/1
D    192.168.2.0/24 [90/3139840] via 192.168.5.6, 00:01:39, Serial0/0/1
D    192.168.3.0/24 [90/3139840] via 192.168.5.6, 00:00:29, Serial0/0/1
```
① 确定总结 EIGRP 路由　首先，使用与确定汇总静态路由相同的方法，确定这三个网络的汇总网络：
- 将要总结的网络以二进制格式写出；
- 要找出总结网络的子网掩码，请从最左侧的位开始；
- 从左到右找出所有连续匹配的位；
- 当发现某一列中的位不匹配时，在此处停下来，此处就是总结边界；
- 现在，统计左侧匹配位的数量，本例中为 22，此数字即为汇总路由的子网掩码：/22（即 255.255.252.0）；
- 要找出总结后的网络地址，请将匹配的 22 位复制下来，然后在其末尾补零，补足 32 位。结果即是汇总网络地址和子网掩码 192.168.0.0/22，具体计算方法如下：

```
192.168.1.0 : 11000000.10101000.0000001.0000000
192.168.2.0 : 11000000.10101000.0000010.0000000
192.168.3.0 : 11000000.10101000.0000011.0000000
```
共 22 位匹配，网络地址：192.168.0.0，网络前缀/22，子网掩码：255.255.252.0。

② 配置 EIGRP 手动汇总　要在发送 EIGRP 数据包的所有接口上建立 EIGRP 手动汇总，请使用下列接口命令：

```
Router(config-if)#ip summary-address eigrp as-number network-address subnet-mask
```

因为 R3 有两个 EIGRP 邻居，因此需要在 Serial 0/0/0 和 Serial 0/0/1 接口上，配置 EIGRP 手动汇总。为 EIGRP 传播配置汇总路由如下：

```
R3(config)#interface s0/0/0
R3(config-if)#ip summary-address eigrp 1 192.168.0.0 255.255.252.0
R3(config)#interface s0/0/1
R3(config-if)#ip summary-address eigrp 1 192.168.0.0 255.255.252.0
```

R1 和 R2 不再包括 192.168.1.0/24、192.168.2.0/24 和 192.168.3.0/24 各个网络，而是显示一条汇总路由 192.168.0.0/22。配置汇总路由后，R1、R2 的路由表如下：

```
R1#show ip route
<output omitted>
Gateway of last resort is not set
     172.31.0.0/16 is variably subnetted, 3 subnets, 2 masks
C       172.31.1.0/24 is directly connected, FastEthernet0/0
D       172.31.2.0/24 [90/2172416] via 192.168.5.2, 00:01:21, Serial0/0/1
C       172.31.3.0/30 is directly connected, Serial0/0/0
     192.168.5.0/30 is subnetted, 2 subnets
C       192.168.5.0 is directly connected, Serial0/0/1
D       192.168.5.4 [90/2681856] via 192.168.5.2, 00:00:32, Serial0/0/1
D    192.168.0.0/22 [90/2172416] via 192.168.5.2, 00:00:48, Serial0/0/1
R2#show ip route
```

```
<output omitted>
Gateway of last resort is not set
     10.0.0.0/30 is subnetted, 1 subnets
C       10.1.1.0 is directly connected, Loopback0
     172.31.0.0/16 is variably subnetted, 3 subnets, 2 masks
D       172.31.1.0/24 [90/2172416] via 192.168.5.6, 00:11:34, Serial0/0/1
C       172.31.2.0/24 is directly connected, FastEthernet0/0
C       172.31.3.0/30 is directly connected, Serial0/0/0
     192.168.5.0/30 is subnetted, 2 subnets
D       192.168.5.0 [90/2681856] via 192.168.5.6, 00:11:34, Serial0/0/1
C       192.168.5.4 is directly connected, Serial0/0/1
D    192.168.0.0/22 [90/2172416] via 192.168.5.6, 00:1:22, Serial0/0/1
```

在静态路由中学过，汇总路由减少了路由表中的路由总数，可提高路由表查找过程的效率。由于可以仅发送一条路由来替代多条单独的路由，汇总路由还降低了路由更新的带宽占用。

8.2.4 EIGRP 默认路由

使用通向 0.0.0.0/0 的静态路由，作为默认路由与路由协议无关。"全零"静态默认路由，可用于当今支持的任何路由协议。静态默认路由通常配置在连接到 EIGRP 路由域外的网络（例如通向 ISP）的路由器上，在 R2 上配置默认静态路由命令如下：

```
R2(config)#ip route 0.0.0.0 0.0.0.0 loopback 0
R2(config)#router eigrp 1
R2(config-router)#redistribute static
```

该静态默认路由使用 Loopback0 作为送出接口，原因在于拓扑中实际上并不存在 ISP 路由器，可以通过使用环回接口来模拟与其他路由器的连接。EIGRP 需要使用 redistribute static 命令，才能将此静态默认路由包括在其 EIGRP 路由更新中。redistribute static 命令用于告诉 EIGRP，将此静态路由包括在其发往其他路由器的 EIGRP 更新中。

路由器 R1、R2、R3 的路由表如下所示，现在路由表显示出一条静态默认路由，而且设置了一个 gateway of last resort。

```
R1#show ip route
Codes: C - connected, S - static, I - IGRP, R - RIP, M - mobile, B - BGP
       D - EIGRP, EX - EIGRP external, O - OSPF, IA - OSPF inter area
       N1 - OSPF NSSA external type 1, N2 - OSPF NSSA external type 2
       E1 - OSPF external type 1, E2 - OSPF external type 2, E - EGP
       i - IS-IS, L1 - IS-IS level-1, L2 - IS-IS level-2, ia - IS-IS
       inter area
       * - candidate default, U - per-user static route, o - ODR
       P - periodic downloaded static route
Gateway of last resort is 192.168.5.2 to network 0.0.0.0
     172.31.0.0/16 is variably subnetted, 3 subnets, 2 masks
C       172.31.1.0/24 is directly connected, FastEthernet0/0
D       172.31.2.0/24 [90/2172416] via 192.168.5.2, 00:01:21, Serial0/0/1
C       172.31.3.0/30 is directly connected, Serial0/0/0
```

```
             192.168.5.0/30 is subnetted, 2 subnets
C       192.168.5.0 is directly connected, Serial0/0/1
D       192.168.5.4 [90/2681856] via 192.168.5.2, 00:00:32, Serial0/0/1
D       192.168.0.0/22 [90/2172416] via 192.168.5.2, 00:00:48, Serial0/0/1
D*EX 0.0.0.0/0 [70/3651840] via 192.168.5.2, 00:01:16 Serial0/0/1

R2#show ip route
Codes: C - connected, S - static, I - IGRP, R - RIP, M - mobile, B - BGP
       D - EIGRP, EX - EIGRP external, O - OSPF, IA - OSPF inter area
       N1 - OSPF NSSA external type 1, N2 - OSPF NSSA external type 2
       E1 - OSPF external type 1, E2 - OSPF external type 2, E - EGP
       i - IS-IS, L1 - IS-IS level-1, L2 - IS-IS level-2, ia - IS-IS
       inter area
       * - candidate default, U - per-user static route, o - ODR
       P - periodic downloaded static route
Gateway of last resort is 0.0.0.0 to network 0.0.0.0
     10.0.0.0/30 is subnetted, 1 subnets
C       10.1.1.0 is directly connected, Loopback0
     172.31.0.0/16 is variably subnetted, 3 subnets, 2 masks
D       172.31.1.0/24 [90/2172416] via 192.168.5.6, 00:11:34, Serial0/0/1
C       172.31.2.0/24 is directly connected, FastEthernet0/0
C       172.31.3.0/30 is directly connected, Serial0/0/0
     192.168.5.0/30 is subnetted, 2 subnets
D       192.168.5.0 [90/2681856] via 192.168.5.6, 00:11:34, Serial0/0/1
C       192.168.5.4 is directly connected, Serial0/0/1
D       192.168.0.0/22 [90/2172416] via 192.168.5.6, 00:1:22, Serial0/0/1
S*   0.0.0.0/0 is directly connected, Loopback 0

R3#show ip route
Codes: C - connected, S - static, I - IGRP, R - RIP, M - mobile, B - BGP
       D - EIGRP, EX - EIGRP external, O - OSPF, IA - OSPF inter area
       N1 - OSPF NSSA external type 1, N2 - OSPF NSSA external type 2
       E1 - OSPF external type 1, E2 - OSPF external type 2, E - EGP
       i - IS-IS, L1 - IS-IS level-1, L2 - IS-IS level-2, ia - IS-IS
       inter area
       * - candidate default, U - per-user static route, o - ODR
       P - periodic downloaded static route
Gateway of last resort is 192.168.5.5 to network 0.0.0.0
     172.31.0.0/16 is variably subnetted, 3 subnets, 2 masks
D       172.31.1.0/24 [90/2172416] via 192.168.5.1, 00:11:34, Serial0/0/0
D       172.31.2.0/24 [90/3014400] via 192.168.5.5, 01:23:05, Serial0/0/1
D       172.31.3.0/30 [90/41024000] via 192.168.5.1, 00:53:26, Serial0/0/0
                      [90/41024000] via 192.168.5.5, 01:06:13, Serial0/0/1
```

```
C       192.168.1.0/24 is directly connected, FastEthernet0/0
C       192.168.2.0/24 is directly connected, Loopback 1
C       192.168.3.0/24 is directly connected, Loopback 2
        192.168.5.0/30 is subnetted, 2 subnets
C       192.168.5.0 is directly connected, Serial0/0/0
C       192.168.5.4 is directly connected, Serial0/0/1
D       192.168.0.0/22 is a summary, 00:04:32, Null0
D*EX 0.0.0.0/0 [170/3136549] via 192.168.5.5, 00:01:33 Serial0/0/1
```

在 R1 和 R3 的路由表中，请注意新的静态默认路由的路由来源和管理距离。R1 上静态默认路由的条目如下：

```
D*EX 0.0.0.0/0 [170/3651840] via 192.168.10.6, 00:01:08, Serial0/1
```

- D——此静态路由是通过 EIGRP 路由更新获悉的；
- *——此路由是候选默认路由；
- EX——此路由为外部 EIGRP 路由，在本例中是 EIGRP 路由域外的静态路由；
- 170——这是外部 EIGRP 路由的管理距离。

默认路由提供通向路由域外部的默认路径，而且与汇总路由一样，可以减少路由表中的路由条目数量。

8.2.5 微调 EIGRP

（1）EIGRP 带宽占用

默认情况下，EIGRP 会使用不超过 50% 的接口带宽传输 EIGRP 信息。这可避免因 EIGRP 过程过度占用链路而使正常流量所需的路由带宽不足。ip bandwidth-percent eigrp 命令可用于配置接口上可供 EIGRP 使用的带宽百分比。

```
Router(config-if)#ip bandwidth-percent eigrp as-number percent
```

R1 和 R2 共用一条 128Kb/s 的链路。ip bandwidth-percent eigrp 使用配置的带宽量（或默认带宽），计算 EIGRP 可以使用的带宽百分比。以上命令将 EIGRP 限制为使用不超出 50%的链路带宽，因此，EIGRP 进行 EIGRP 数据包通信时，占用该链路的带宽绝不会超出 32Kb/s。用于限制 EIGRP 所用带宽的配置以及带宽命令如下：

```
R1(config)#interface s0/0/0
R1(config-if)#bandwidth 64
R1(config-if)#ip bandwidth-percent eigrp 1 50

R2(config)#interface s0/0/0
R2(config-if)#bandwidth 64
R2(config-if)#ip bandwidth-percent eigrp 1 50
```

（2）配置 Hello 间隔和保留时间

可在每个接口上分别配置 Hello 间隔和保留时间，而且与其他 EIGRP 路由器建立邻接关系时，无需匹配这些配置。用于配置 Hello 间隔的命令为：

```
Router(config-if)#ip hello-interval eigrp as-number seconds
```

如果更改了 Hello 间隔，请确保也更改保留时间，使其大于或等于 Hello 间隔，否则，如果保留时间已截止，而下一个 Hello 间隔时间还未到，则该相邻关系将会破裂。用于配置保留

时间的命令为:

Router(config-if)#ip hold-time eigrp as-number seconds

Hello 间隔和保留时间的秒数值的取值范围为 1～65 535。此范围意味着可以将 Hello 间隔设置为 18h 多一点的值,此值可能适合于非常昂贵的拨号链路。将 R1 和 R2 都配置为使用 90s 的 Hello 间隔和 210s 的保留时间,可使用带 no 形式的这些命令来恢复默认值。具体配置命令如下:

R1(config)#interface s0/0/0
R1(config-if)#ip hello-interval eigrp 1 90
R1(config-if)#ip hold-time eigrp 1 210

R2(config)#interface s0/0/0
R2(config-if)#ip hello-interval eigrp 1 90
R2(config-if)#ip hold-time eigrp 1 210

本 章 小 结

EIGRP 是一种无类距离矢量路由协议,支持 IP、IPX 等多种网络层协议。EIGRP 是一个平衡混合型路由协议,既有传统的距离矢量协议的特点,路由信息依靠邻居路由器通告,遵守路由水平分割和反向毒化规则,路由自动归纳,配置简单,又有传统的链路状态路由协议的特点,没有路由跳数的限制,当路由信息发生变化时,采用增量更新的方式,保留对所有可能路由(网络的拓扑结构)的了解、支持变长子网掩码、路由手动归纳。该协议同时又具有自己独特的特点,支持非等成本路由上的负载均衡,EIGRP 采用 DUAL 来实现快速收敛,因而适用于中大型网络。运行 EIGRP 的路由器存储了邻居的路由表,因此能够快速适应网络中的变化。如果本地路由表中没用合适的路由,且拓扑表中没用合适的备用路由,EIGRP 将查询邻居以发现替代路由。查询将不断传播,直到找到替代路由或确定不存在替代路由。

EIGRP 采用 PDM(协议相关模块),这赋予它支持各种第 3 层协议(包括 IP、IPX 和 AppleTalk)的能力。EIGRP 采用 RTP(可靠传输协议)作为传输层协议传输 EIGRP 数据包。EIGRP 对 EIGRP 更新、查询和应答数据包采用可靠传输,而对 EIGRP Hello 和确认数据包则采用不可靠传输。可靠 RTP 意味着必须返回 EIGRP 确认。

路由器必须首先发现其邻居,才能发送 EIGRP 更新。发现过程通过 EIGRP Hello 数据包完成。两台路由器建立邻接关系时,无需匹配 Hello 间隔和保留时间。show ip eigrp neighbors 命令用于查看邻居表,并检验 EIGRP 是否已与其邻居建立邻接关系。EIGRP 发送部分更新而不是定期更新,且仅在路由路径或者度量值发生变化时才发送。更新中只包含已变化的链路的信息,而不是整个路由表,可以减少带宽的占用。此外,还自动限制这些部分更新的传播,只将其传递给需要的路由器,因此 EIGRP 消耗的带宽比 IGRP 少很多。这种行为也不同于链路状态路由协议,后者将更新发送给区域内的所有路由器。

内部 EIGRP 路由的默认管理距离为 90,而从外部来源(例如:默认路由)导入的 EIGRP 路由的默认管理距离为 170。EIGRP 复合度量使用带宽、延迟、可靠性和负载来确定最佳路径。默认情况下,仅使用带宽和延迟。默认计算方法为:从该路由器到目的网络,沿途的所有传出接口的最低带宽加上总延迟。

课 后 习 题

一、选择题

1. 在运行 EIGRP 的路由器上，（　　）数据库将维护可行后继路由的列表。
   A. 路由表　　B. 邻居表　　C. 拓扑表　　D. 邻接表

2. 如图 8-17 所示，下列（　　）命令将通告 192.168.1.64/30 网络，而不是路由器 A 上的 192.168.1.32 网络。

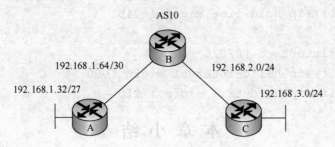

图 8-17　网络拓扑

   A. network 192.168.1.0
   B. network 192.168.1.0 255.255.255.0
   C. network 192.168.1.64 0.0.0.7
   D. network 192.168.1.64 0.0.0.3

3. 下列（　　）描述了 EIGRP 使用的限定更新。
   A. 部分更新仅发送给需要该信息的路由器
   B. 更新仅限于拓扑表中的路由器
   C. 限定更新会发送到自治系统中的所有路由器
   D. 更新会发送给路由表中的所有路由器

4. 下列（　　）描述了 EIGRP 的特性。
   A. EIGRP 属于链路状态路由协议
   B. EIGRP 支持无类路由和 VLSM
   C. EIGRP 使用 TCP 进行可靠的 EIGRP 更新数据包传输
   D. EIGRP 每 30min 发送一次定期更新

5. 如下所示，在拓扑表中，数字 3011840 和 3128695 代表（　　）。

```
Router#show ip eigrp topology all-links
IP-EIGRP Topology Table for AS(1)/ID(200.1.1.1)
Codes:P-Passive,A-Active,U-Update,Q-Query,R-Reply,r-reply Status,
s-sia Status
P 200.1.1.0/24,1successors,FD is 21152000,serno 4
Via Summary(21152000/0),Null0
Via 192.168.1.1(41024000/3011840),Serial0/0/0
P 200.1.1.4/30,1successors,FD is 21152000,serno 2
   Via Connected, Serial0/0/1
P 200.1.10.0/24,1successors,FD is 2297856,serno 6
Via 200.1.1.6(2297856/39260), Serial0/0/1
```

```
          Via 192.168.1.1(41026560/3128695),Serial0/0/0
     P 200.1.1.8/30,1successors,FD is 3523840,serno 12
          Via 200.1.1.6(3523840/3011840), Serial0/0/1
     <省略部分输出>
```
  A．到目的网络的跳数和带宽的复合度量
  B．应用于该路由器 EIGRP 路由的路由度量
  C．由 EIGRP 邻居通告的网络总度量
  D．路由信息来源的可信度

6．在命令 router eigrp 10 中，数字 10 的作用是（　　）。
  A．指示 EIGRP 路由域中的地址数
  B．标识该 EIGRP 过程将通告的自治系统编号
  C．确定为所有通告的路由添加的度量是多少
  D．指定所有 EIGRP 路由的管理距离

7．如图 8-18 所示，网络 192.168.0.0/28 断开，Router2 会立即向 Router1 和 Router3 发送（　　）类型的数据包。

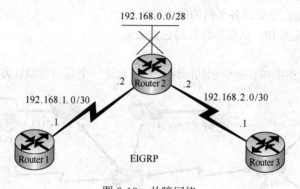

图 8-18　故障网络

  A．发送到 255.255.255.255 的更新数据包
  B．到 224.0.0.9 的确认数据包
  C．发送到 192.168.1.1 和 192.168.2.1 的单播更新数据包
  D．查询网络 192.168.0.0/28 的查询数据包

8．在 EIGRP 中，对于从自治系统外部来源获知的默认路由，路由器会为该路由分配的管理距离是（　　）。
  A．90   B．60   C．110   D．170

9．路由器上的 show ip eigrp topology 命令输出，显示了到达网络 200.1.1.0/24 的后继路由和可行后继路由。为降低处理器使用率，当该网络的主路由失败时，EIGRP 会执行（　　）操作。
  A．到网络 200.1.1.0/24 的备用路由将安装到路由表中
  B．路由器会向所有 EIGRP 邻居发送数据包，以查询到网络 200.1.1.0/24 的更佳路由
  C．目的地为网络 200.1.1.0/24 的数据包将从默认网关发送出去
  D．DUAL FSM 立即重新计算算法以计算出下一条备用路由

10．如图 8-19 所示。该公司在编号为 10 的自治系统中使用 EIGRP。路由器 A 和路由器 B 所连接网络上的主机能够相互 ping 通，但是 192.168.3.0 网络上的用户无法访问 192.168.1.32 网络上的用户。此问题最可能的原因是（　　）。

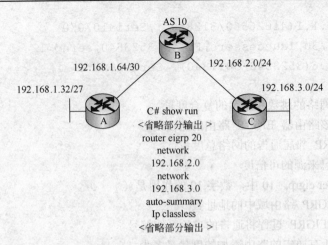

图 8-19　EIGRP 网络与命令输出

A. 路由器 C 上未使用 network 192.168.1.32 命令
B. 没有将路由器配置在相同的 EIGRP 路由域中
C. 网络自动汇总导致各子网的路由被丢弃
D. 启用了无类 IP，从而导致数据包被丢弃

二、实践题

如图 8-20 所示，根据拓扑中所示的网络要求，设计一个适当的编址方案。

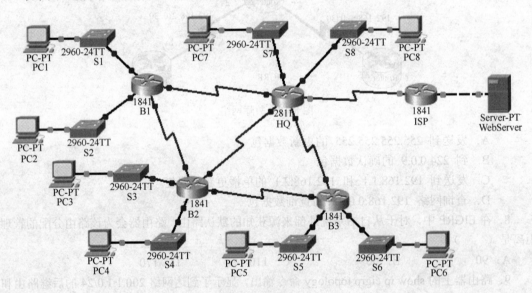

图 8-20　EIGRP 网络拓扑

对于 LAN，请使用地址空间 10.1.32.0/22，从最大的 B1 上的最大子网要求开始，按顺序在整个拓扑内分配子网；对于 WAN，请使用地址空间 172.20.0.0/27。根据下列规范分配 WAN 子网：

- 将子网 0 分配给 HQ 和 B1 之间的 WAN 链路；
- 将子网 1 分配给 HQ 和 B2 之间的 WAN 链路；
- 将子网 2 分配给 HQ 和 B3 之间的 WAN 链路；
- 将子网 3 分配给 B1 和 B2 之间的 WAN 链路；

第 8 章 增强型距离矢量路由协议（EIGRP）

- 将子网 4 分配给 B2 和 B3 之间的 WAN 链路。

使用拓扑上的地址空间，采用"点分十进制/"格式记录网络地址，按照如下原则分配 IP 地址：

- 对于 LAN，请将第一个地址分配给路由器接口，将最后一个地址分配给 PC；
- 对于 HQ 所连接的 WAN 链路，请将第一个地址分配给路由器 HQ；

对于分支路由器之间的 WAN 链路：

- 对于 B1 和 B2 之间的链路，将第一个地址分配给 B1；
- 对于 B2 和 B3 之间的链路，将第一个地址分配给 B2。

在所有设备上配置 EIGRP 路由，确保在配置中包括下列内容：

- 禁用自动汇总；
- 在未连接到 EIGRP 邻居的接口上停止路由更新；

在所有路由器中使用 EIGRP 路由协议，确保所有网络互通。

第9章 链路状态路由协议（OSPF）

链路状态路由选择协议又称为最短路径优先协议，它基于 Edsger Dijkstra 的最短路径优先 (SPF) 算法。它比距离矢量路由协议复杂得多，但基本功能和配置却很简单，甚至算法也容易理解。

9.1 链路状态路由协议简介

链路状态路由协议是层次式的，网络中的路由器并不向邻居传递"路由表项"，而是通告给邻居一些链路状态。与距离矢量路由协议相比，链路状态协议对路由的计算方法有本质的差别。距离矢量协议是平面式的，所有的路由学习完全依靠邻居，交换的是路由项。链路状态协议只是通告给邻居一些链路状态，运行该路由协议的路由器不是简单地从相邻的路由器学习路由，而是把路由器分成区域，收集区域的所有的路由器的链路状态信息，根据状态信息生成网络拓扑结构，每一个路由器再根据拓扑结构计算出路由。

常见的 IP 链路状态路由协议见表 9-1。用于 IP 路由的链路状态路由协议有两种:最短路径优先协议（OSPF）和中间系统到中间系统（IS-IS）。

表 9-1 IP 链路状态路由协议

内部网关协议				外部网关协议
距离矢量路由协议		链路状态路由协议		路径矢量
RIP	IGRP			EGP
RIPv2	EIGRP	OSPFv2	IS-IS	BGPv4
RIPng	EIGRP for IPv6	OSPFv3	IS-IS for IPv6	BGPv4 for IPv6

开放最短路径优先(OSPF)协议是一种链路状态路由协议，旨在替代距离矢量路由协议 RIP。RIP 在早期的网络和 Internet 中可满足要求，但它将跳数作为选择最佳路由的唯一标准，因此不适用于需要更健全的路由解决方案的大型网络中。OSPF 是一种无类路由协议，它使用区域概念实现可扩展性。RFC 2328 将 OSPF 度量定义为一个独立的值，该值称为开销。

Internet 工程工作小组(IETF)的 OSPF 工作组于 1987 年着手开发 OSPF。当时，Internet 基本是由美国政府资助的学术研究网络。1989 年，OSPFv1 规范在 RFC 1131 中发布，具有两个版本：一个在路由器上运行，另一个在 UNIX 工作站上运行。后一个版本后来成为一个广泛应用的 UNIX 进程，也就是 GATED。OSPFv1 是一种实验性的路由协议，未获得实施。1991 年，OSPFv2 由 John Moy 在 RFC 1247 中引入。OSPFv2 在 OSPFv1 基础上提供了重大的技术改进。与此同时，ISO 也正在开发自己的链路状态路由协议——中间系统到中间系统(IS-IS)协议。IETF 理所当然地选择 OSPF 作为其推荐的 IGP（内部网关协议）。1998 年，OSPFv2 规范在 RFC 2328 中得以更新，也就是 OSPF 的现行 RFC 版本。

IS-IS 由 ISO 设计，最初是为 OSI 协议簇而非TCP/IP 协议簇而设计的，后来，集成化 IS-IS，即双 IS-IS 添加了对 IP 网络的支持，尽管 IS-IS 路由协议一直主要供 ISP 和电信公司使用，但已有越来越多的企业开始使用 IS-IS。

对于 IS-IS 来说，区域边界位于链路上，这样可以显著减少协议数据单元 PDU(LSP)的使用，从而使一个区域中有更多的路由器。就 CPU 的使用效率和路由更新处理来说，IS-IS 更有效率，不仅是因为 IS-IS 的链路状态通告比 OSPF 少，还因为 IS-IS 添加和删除前缀的操作比较少。IS-IS 对区域中的每台路由器只使用一个链路状态分组，其中包括重发布前缀。使用默认定时器，IS-IS 比 OSPF 更快地发现路由失效，从而收敛更快。IS-IS 中的定时器比 OSPF 更具可调性，所以能达到更精确的调节精度。

9.1.1 链路状态路由协议的优缺点

当在大型的网络里运行时，距离矢量路由协议就暴露出了它的缺陷。比如，运行距离矢量路由协议的路由器，由于不能了解整个网路的拓扑，只能周期性地向自己的邻居路由器发送路由更新包，这种操作增加了整个网络的负担。距离矢量路由协议在处理网络故障时，其收敛速率也极其缓慢，通常要耗时 4~8min 甚至更长，对于大型网络或者电信级骨干网络来说是不能忍受的。另外，距离矢量路由协议的最大度量值的限制，也使得该种协议无法在大型网络里使用。所以，在大型网络里，需要使用一种比距离矢量路由协议更加高效，对网络带宽的影响更小的动态路由协议，这种协议就是链路状态路由协议。

链路状态路由协议比距离矢量路由协议复杂得多，但基本功能和配置却很简单，甚至算法也容易理解。基本的 OSPF 运算可使用 router ospf process-id 命令和一个 network 语句来配置，这一点与 RIP 和 EIGRP 等其他路由协议相似。与距离矢量路由协议相比，链路状态路由协议有以下几个优缺点。

（1）对整个网络拓扑更加了解

运行距离矢量路由协议的路由器都是从自己的邻居路由器处得到邻居的整个路由表，然后学习其中的路由信息，在把自己的路由表发给所有的邻居路由器。在这个程中，路由器虽然可以学习到路由，但是路由器并不了解整个网络的拓扑。运行链路状态路由协议的路由器首先会向邻居路由器学习整个网络拓扑，建立拓扑表，然后使用 SPF 算法从该拓扑表里自己计算出路由来。

由于对整个网络拓扑的了解，链路状态路由协议具有很多距离矢量路由协议所不具备的优点。

（2）快速收敛

由于该链路状态路由协议对整个网络拓扑的了解，当发生网络故障时，它会察觉到该故障，并将该故障向网络里的其他路由器通告。接收到链路状态通告的路由器，除了继续传递该通告外，还会根据自己的拓扑表，重新计算关于故障网段的路由。这个重新计算的过程相当快速，整个网络会在极短的时间里收敛。

（3）路由更新的操作更加有效率

在初始 LSP 泛洪之后，链路状态路由协议仅在拓扑发生改变时才发出 LSP。该 LSP 仅包含与受影响的链路相关的信息。与某些距离矢量路由协议不同的是，链路状态路由协议不会定期发送更新。OSPF 路由器会每隔 30 min 泛洪其自身的链路状态，这称为强制更新。并非所有距离矢量路由协议都定期发送更新，RIP 和 IGRP 会定期发送更新，但 EIGRP 不会。

（4）层次式设计

链路状态路由协议（如 OSPF 和 IS-IS）使用了区域的原理。多个区域形成了层次状的网络结构，这有利于路由聚合（汇总），还便于将路由问题隔离在一个区域内，但是，链路状态路由协议并不是没有缺点。由于链路状态路由协议要求路由器首先学习拓扑表，然后从中计算出路由，所以运行链路状态路由协议的路由器被要求有更大的内存和更强计算能力的处理器。同时，由于链路状态路由协议在刚刚开始工作的时候，路由器之间要首先形成邻居关系，并且学习网络拓扑，所以路由器在网络刚开始工作的时候不能路由数据包，必须等到拓扑表建立起来，并且从中计算出路由以后，路由器才能进行数据包的路由操作，这个过程需要一定的时间。

另外，因为链路状态路由协议要求在网络中划分区域，并且对每个区域的路由进行汇总，从而达到减少路由表的路由条目、减少路由操作延时的目的，所以链路状态路由协议要求在网络中进行体系化编址，对 IP 子网的分配位置和分配顺序要求极为严格。

虽然链路状态路由协议有上述这些缺点，但相对于它所带来的好处，这些缺点并非不可以接受。由于以上这些特点，链路状态路由协议特别适合大规模的网络或者电信级骨干网络上使用。

9.1.2 SPF 算法

运行链路状态路由协议的路由器，在计算路由之前，会首先学习网络拓扑，建立拓扑表，然后，它们会使用 SPF 算法（基于 Dijkstra 算法），即最短路径优先（Shortest Path First）算法，根据拓扑表计算路由。SPF 算法会把网路拓扑转变为最短路径优先树（Shortest Path First Tree），然后从该树形结构中，找出到达每一个网段的最短路径，该路径就是路由；同时，该树形结构还保证了所计算出的路由不会存在路由环路。SPF 计算路由的依据是带宽，每条链路根据其带宽都有相应的开销（Cost）。开销越小，该链路的带宽越大，该链路越优。

OSPF 获取链路状态信息构建路由表的过程，如图 9-1 所示。每台 OSPF 路由器都会维持一个链路状态数据库，其中包含来自其他所有路由器的 LSA。一旦路由器收到所有 LSA 并建立其本地链路状态数据库，OSPF 就会使用 Dijkstra 的最短路径优先(SPF)算法创建一个 SPF 树。随后，将根据 SPF 树，使用通向每个网络的最佳路径填充 IP 路由表。

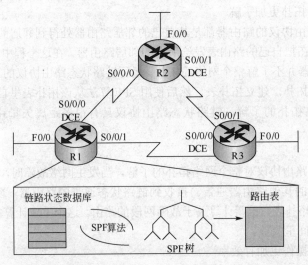

图 9-1 OSPF 获取链路状态信息构建路由表的过程

Dijkstra 最短路径优先算法如图 9-2 所示，每条路径都标有一个独立的开销值，从 R2 向连接到 R3 的 LAN 发送数据包的最短路径开销为 27。请注意，并非从所有路由器通向连接到 R3 的 LAN 的开销均为 27。每台路由器会自行确定通向拓扑中每个目的地的开销。换句话说，每台路由器都会站在自己的角度计算 SPF 并确定开销。

对于 R1 的 SPF 树，即通向每个 LAN 的最短路径以及相应的开销，见表 9-2。最短路径不一定具有最少的跳数，例如，通向 R5 LAN 的路径，可能认为 R1 会直接向 R4 发送数据包，而非向 R3，然而，直接到达 R4 的开销(22)，比经过 R3 到达 R4 的开销(17)高。

拓扑中的所有路由器，都会完成下列链路状态通用路由过程来达到收敛。

① 每台路由器了解其自身的链路（即与其直连的网络）。这可以通过检测哪些接口处于工作状态来完成。

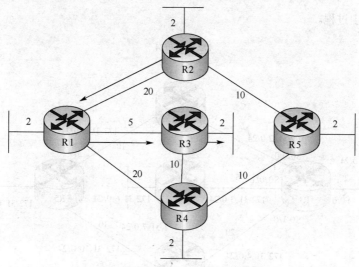

R2 LAN 主机到达 R3 LAN 的最短距离：
20（R2到R1）+5（R1到R3）+2（R3到LAN）=27

图 9-2　Dijkstra 最短路径优先算法

表 9-2　R1 的 SPF 树

目　的	最　短　路　径	开　销　值
R2 LAN	R1 到 R2	22
R3 LAN	R1 到 R3	7
R4 LAN	R1 到 R3 到 R4	17
R5 LAN	R1 到 R3 到 R4 再到 R5	27

② 每台路由器负责"问候"直连网络中的相邻路由器。与 EIGRP 路由器相似，链路状态路由器，通过直连网络中的其他链路状态路由器，互换 Hello 数据包来达到此目的。

③ 每台路由器创建一个链路状态数据包(LSP)，其中包含与该路由器直连的每条链路的状态。这可以通过记录每个邻居的所有相关信息（包括邻居 ID、链路类型和带宽）来完成。

④ 每台路由器将 LSP 泛洪到所有邻居，然后邻居将收到的所有 LSP 存储到数据库中。接着，各个邻居将 LSP 泛洪给自己的邻居，直到区域中的所有路由器均收到那些 LSP 为止。每台路由器会在本地数据库中存储邻居发来的 LSP 的副本。

⑤ 每台路由器使用数据库，构建一个完整的拓扑图，并计算通向每个目的网络的最佳路径。就像拥有了地图一样，路由器现在拥有关于拓扑中所有目的地，以及通向各个目的地的路由详图。SPF 算法用于构建该拓扑图，并确定通向每个网络的最佳路径。

（1）直连网络

R1 了解直连网络的拓扑结构如图 9-3 所示，显示了每条链路的网络地址，每台路由器了解其自身的链路（即与其直连的网络），当路由器接口配置了 IP 地址和子网掩码后，接口就成为该网络的一部分。

如果正确配置并激活了接口，路由器则可了解与其直连的网络。这些直连网络现在是路由表的一部分，与所用的路由协议无关。

对于链路状态路由协议来说，链路是路由器上的一个接口。与距离矢量协议和静态路由一样，链路状态路由协议，也需要满足条件才能了解链路。正确配置接口的 IP 地址和子网掩码，并将链路设置为 up 状态。还有一点相同的是：必须将接口包括在一条 network 语句中，该接口才能参与链路状态路由过程。

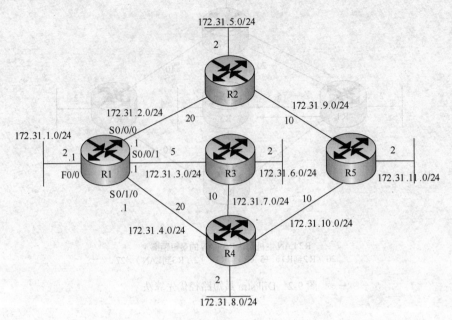

图 9-3 R1 了解直连网络的拓扑结构

R1 的链路状态信息如图 9-4 所示，R1 直连到以下四个网络：
- 通过 FastEthernet 0/0 接口连接到 10.1.0.0/16 网络；
- 通过 Serial 0/0/0 接口连接到 10.2.0.0/16 网络；
- 通过 Serial 0/0/1 接口连接到 10.3.0.0/16 网络；
- 通过 Serial 0/0/2 接口连接到 10.4.0.0/16 网络。

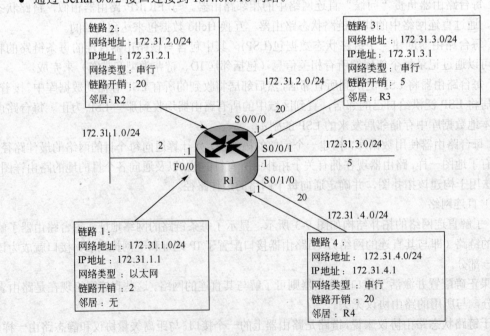

图 9-4 R1 的链路状态信息

第9章 链路状态路由协议（OSPF）

有关各条链路的状态的信息称为链路状态，这些信息包括：
- 接口的 IP 地址和子网掩码；
- 网络类型，例如以太网（广播）链路或串行点对点链路；
- 该链路的开销；
- 该链路上的所有相邻路由器。

（2）向邻居发送 Hello 包

链路状态路由过程的第二步，是每台路由器负责"问候"直连网络中的相邻路由器。采用链路状态路由协议的路由器，使用 Hello 协议发现其链路上的所有邻居。这里，邻居是指启用了相同的链路状态路由协议的其他任何路由器。

运行 OSPF 路由协议的路由器之间，使用周期性地发送 Hello 包的方法，建立和维持邻居关系。在 OSI 参考模式的网络层上，Hello 包也是向多点广播组 224.0.0.5 发送。这个多点广播组是所有运行 OSPF 路由协议的路由器都识别的。默认情况下，运行 OSPF 路由协议的路由器每 10s 发出一次 Hello 包，但是在 NBMA 类型的网络里，路由器每 30s 发出一次 Hello 包。

OSPF 协议 Hello 包的包头结构，如图 9-5 所示。

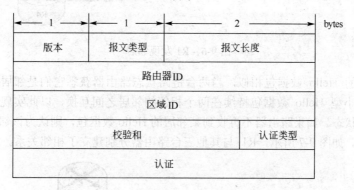

图 9-5 Hello 包的包头结构

① 版本字段（Version）：占 1 个字节，指出所采用的 OSPF 协议版本号，目前最高版本为 OSPFv4，即值为 4（对应二进制就是 0100）。

② 报文类型字段（Packet Type）：标识对应报文的类型。OSPF 有 5 种报文，分别是：Hello 报文、DD 报文、LSR 报文、LSU 报文、LSAck 报文。

③ 包长度字段（Packet Length）：占 2 个字节。它是指整个报文（包括 OSPF 报头部分和后面各报文内容部分）的字节长度。

④ 路由器 ID 字段（Router ID）：占 4 个字节，指定发送报文的源路由器 ID。

⑤ 区域 ID 字段（Area ID）：占 4 个字节，指定发送报文的路由器所对应的 OSPF 区域号。

⑥ 校验和字段（Checksum）：占 2 个字节，是对整个报文（包括 OSPF 报头和各报文具体内容，但不包括 Authentication 字段）的校验和，用于对路由器校验报文的完整性和正确性。

⑦ 认证类型字段（AuType）：占 2 个字节，指定所采用的认证类型，0 为不认证，1 为进行简单认证，2 为采用 MD5 方式认证。

⑧ 认证字段（Authentication）：占 8 个字节，具体值根据不同认证类型而定：认证类型为不认证时，此字段没有数据；认证类型为简单认证时，此字段为认证密码；认证类型为 MD5 认证时，此字段为 MD5 摘要消息。

如图 9-6 所示，R1 将 Hello 数据包送出其链路（接口）来确定是否有邻居。R2、R3 和 R4 因为配置有相同的链路状态路由协议，所以使用自身的 Hello 数据包应答该 Hello 数据包。

FastEthernet 0/0 接口上没有邻居，因为 R1 未从此接口收到 Hello 数据包，因此不会在 FastEthernet 0/0 链路上继续执行链路状态路由进程。

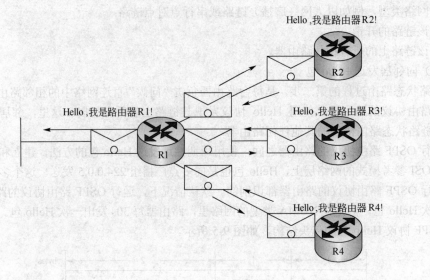

图 9-6 R1 发现邻居

与 EIGRP 的 Hello 数据包相似，当两台链路状态路由器获悉它们是邻居时，将形成一种相邻关系。这些小型 Hello 数据包持续在两个相邻的邻居之间互换，以此实现"保持生存"功能来监控邻居的状态。如果路由器不再收到某邻居的 Hello 数据包，则认为该邻居已无法到达，该相邻关系破裂。如图 9-7 所示，R1 与其他三台路由器分别建立了相邻关系。

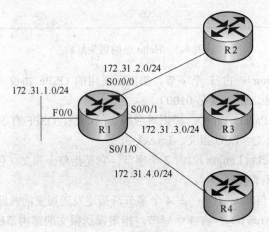

图 9-7 R1 建立相邻关系

（3）创建链路状态数据包

现在处于链路状态路由过程的第三步，每台路由器创建一个链路状态数据包 (LSP)，其中包含与该路由器直连的每条链路的状态。路由器一旦建立了相邻关系，即可创建链路状态数据包 (LSP)，其中包含与该链路相关的链路状态信息。R1 建立链路状态数据包如图 9-8 所示。

（4）将链路状态数据包泛洪到邻居

链路状态路由过程的第四步为：每台路由器将 LSP 泛洪到所有邻居，如图 9-9 所示，然后邻居将收到的所有 LSP 存储到数据库中。

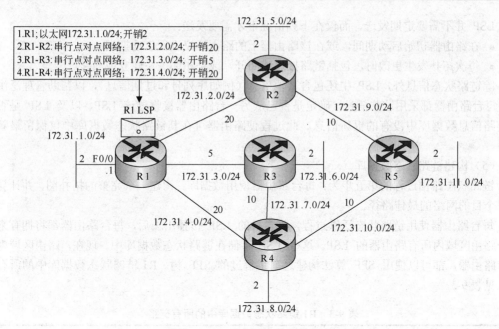

图 9-8　R1 建立链路状态数据包

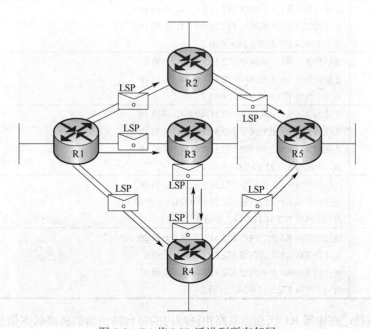

图 9-9　R1 将 LSP 泛洪到所有邻居

　　每台路由器将其链路状态信息泛洪到路由区域内的其他所有链路状态路由器。路由器一旦接收到来自相邻路由器的 LSP，立即将该 LSP 从除接收该 LSP 的接口以外的所有接口发出。此过程在整个路由区域内的所有路由器上形成 LSP 的泛洪效应。

　　路由器接收到 LSP 后，几乎立即将其泛洪出去，不经过中间计算。距离矢量路由协议则不同，该协议必须首先运行贝尔曼-福特 (Bellman-Ford) 算法来处理路由更新，然后 才将它们发送给其他路由器；而链路状态路由协议则在泛洪完成后，再计算 SPF 算法。因此，链路状态路由协议达到收敛状态的速度，比距离矢量路由协议快得多。

LSP 并不需要定期发送，而仅在下列情况下才需要发送：
- 在路由器初始启动期间，或在该路由器上的路由协议进程启动期间；
- 每次拓扑发生更改时，包括链路接通或断开，或是相邻关系建立或破裂。

除链路状态信息外，LSP 中还包含其他信息（例如序列号和过期信息），以帮助管理泛洪过程。每台路由器都采用这些信息，确定是否已从另一台路由器接收过该 LSP，以及 LSP 是否带有链路信息数据库中没有的更新信息。此过程使路由器可在其链路状态数据库中仅保留最新的信息。

（5）构建链路状态数据库

链路状态路由过程的第五步为：每台路由器使用数据库，构建一个完整的拓扑图，并计算通向每个目的网络的最佳路径。

每台路由器使用链路状态泛洪过程，将自身的 LSP 传播出去后，每台路由器都将拥有来自整个路由区域内所有路由器的 LSP。这些 LSP 存储在链路状态数据库中。现在，路由区域内的每台路由器，都可以使用 SPF 算法构建之前了解过的 SPF 树。R1 链路状态数据库中的所有链路，见表 9-3。

表 9-3 R1 链路状态数据库中的所有链路

链路	说明
来自 R2 的 LSP	连接到邻居 R1 上的网络 172.31.2.0./24，开销 20 连接到邻居 R5 上的网络 172.31.9.0./24，开销 10 有一个网络 172.31.5.0/24，开销 2
来自 R3 的 LSP	连接到邻居 R1 上的网络 172.31.3.0./24，开销 5 连接到邻居 R4 上的网络 172.31.7.0./24，开销 10 有一个网络 172.31.6.0/24，开销 2
来自 R4 的 LSP	连接到邻居 R1 上的网络 172.31.4.0./24，开销 20 连接到邻居 R3 上的网络 172.31.7.0./24，开销 10 连接到邻居 R5 上的网络 172.31.0.0./24，开销 10 有一个网络 172.31.8.0/24，开销 2
来自 R5 的 LSP	连接到邻居 R2 上的网络 172.31.9.0./24，开销 10 连接到邻居 R4 上的网络 172.31.10.0./24，开销 10 有一个网络 172.31.11.0/24，开销 2
R1 链路状态	连接到邻居 R2 上的网络 172.31.2.0./24，开销 20 连接到邻居 R3 上的网络 172.31.3.0./24，开销 5 连接到邻居 R4 上的网络 172.31.4.0./24，开销 20 有一个网络 172.31.1.0/24，开销 2

经过泛洪传送，路由器 R1 已获悉其路由区域内的每台路由器的链路状态信息，即 R1 已接收到并存储在其链路状态数据库中的链路状态信息。请注意，R1 的链路状态数据库中还包括 R1 自己的链路状态信息。有了完整的链路状态数据库，R1 现在即可使用该数据库和 SPF（最短路径优先）算法，计算通向每个网络的首选路径（即最短路径）。R1 不使用直接连接 R4 的路径到达拓扑中的任何 LAN（包括 R4 所连接的 LAN），因为经过 R3 的路径开销更低。同样，R1 也不使用 R2 与 R5 之间的路径访问 R5，因为经过 R3 的路径开销更低。拓扑中的每台路由器都站在自己的角度确定最短路径。

（6）构建 SPF（最短路径优先树）

下面详细分析 R1 构建 SPF 树的过程。R1 的当前拓扑仅包括其邻居，R1 的链路如图 9-10 所示。通过从其他路由器收到的链路状态信息，R1 现在可以开始构建整个网络的 SPF 树，它自已处于树的根部。

SPF 算法首先处理来自 R2 的下列 LSP 信息：
- 连接到网络 172.31.2.0/24 上的邻居 R1，开销为 20；
- 连接到网络 172.31.9.0/24 上的邻居 R5，开销为 10；
- 带有一个网络 172.31.5.0/24，开销为 2。

R1 从 R2 获知的新链路如图 9-11 所示。R1 可以忽略第一个 LSP，因为 R1 已经知道它连接到网络 172.31.2.0/24 上的 R2（开销为 20）。R1 可以使用第二个 LSP，并创建一个从 R2 到另一路由器(R5)的链路，该链路所在的网络为 172.31.9.0/24，开销为 10。此信息被添加到 SPF 树中。通过第三个 LSP，R1

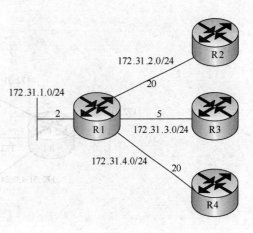

图 9-10　R1 的链路

可获悉 R2 带有一个网络 172.31.5.0/24，该网络的开销为 2，且 R2 在该网络上无邻居。此链路被添加到 R1 的 SPF 树中。

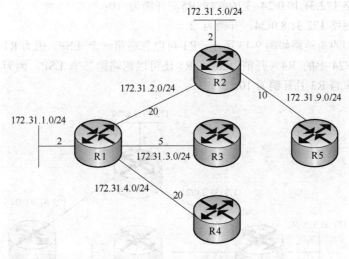

图 9-11　R1 从 R2 获知的新链路

SPF 算法现在处理来自 R3 的 LSP：
- 连接到网络 172.31.3.0/24 上的邻居 R1，开销为 5；
- 连接到网络 172.31.7.0/24 上的邻居 R4，开销为 10；
- 带有一个网络 172.31.6.0/24，开销为 2。

R1 从 R3 获知的新链路，如图 9-12 所示。R1 可以忽略第一个 LSP，因为 R1 已经知道它连接到网络 172.31.3.0/24 上的 R3（开销为 5）。R1 可以使用第二个 LSP，并创建一个从 R3 到路由器 R4 的链路，该链路所在的网络为 172.31.7.0/24，开销为 10。此信息被添加到 SPF 树中。通过第三个 LSP，R1 可获悉 R3 带有一个网络 172.31.6.0/24，该网络的开销为 2，且 R3 在该网络上无邻居。此链路被添加到 R1 的 SPF 树中。

SPF 算法现在处理来自 R4 的 LSP：
- 连接到网络 172.31.4.0/24 上的邻居 R1，开销为 20；

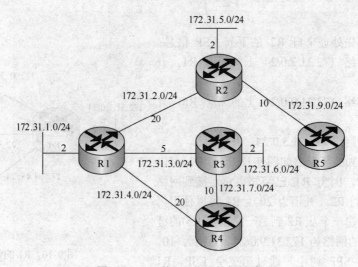

图 9-12　R1 从 R3 获知的新链路

- 连接到网络 172.31.7.0/24 上的邻居 R3，开销为 10；
- 连接到网络 172.31.10.0/24 上的邻居 R5，开销为 10；
- 带有一个网络 172.31.8.0/24，开销为 2。

R1 从 R4 获知的新链路如图 9-13 所示。R1 可以忽略第一个 LSP，因为 R1 已经知道它连接到网络 172.31.4.0/24 上的 R4（开销为 20）。R1 还可以忽略第二个 LSP，因为 SPF 已经知道网络 172.31.7.0/24 来自 R3 且开销为 10。

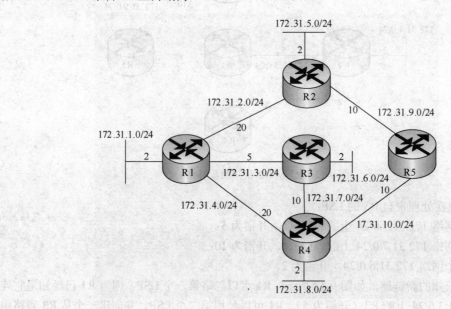

图 9-13　R1 从 R4 获知的新链路

R1 可以使用第三个 LSP 创建从 R4 到路由器 R5 的链路，该链路所在的网络为 172.31.10.0/24，开销为 10。此信息被添加到 SPF 树中。通过第四个 LSP，R1 可获悉 R4 带有一个网络 172.31.8.0/24，该网络的开销为 2，且 R4 在该网络上无邻居。此链路被添加到 R1 的 SPF 树中。

SPF 算法现在处理最后一个 LSP（来自 R5）：

- 连接到网络 172.31.9.0/24 上的邻居 R2，开销为 10；

- 连接到网络 172.31.10.0/24 上的邻居 R4，开销为 10；
- 带有一个网络 172.31.11.0/24，开销为 2。

R1 从 R5 获知的新链路如图 9-14 所示。R1 可以忽略前两个 LSP（分别来自网络 172.31.9.0/24 和网络 172.31.10.0/24），因为 SPF 已经获悉这些链路，并已将它们添加到了 SPF 树中。通过第三个 LSP，R1 可获悉 R5 带有一个网络 172.31.11.0/24，该网络的开销为 2，且 R5 在该网络上无邻居。此链路被添加到 R1 的 SPF 树中。

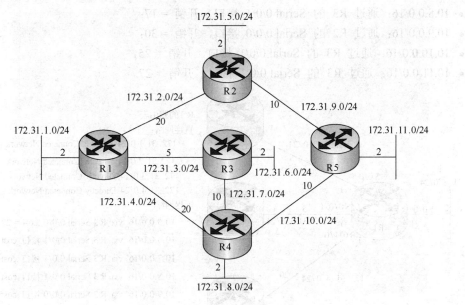

图 9-14　R1 从 R5 获知的新链路

R1 使用 SPF 算法处理了所有的 LSP 后，便生成完整的 SPF 树。链路 172.31.4.0/24 和链路 172.31.9.0/24 未用于访问其他网络，因为存在开销更低（即更短）的路径。不过，这些网络仍然存在于该 SPF 树中，用于访问这些网络中的设备。

R1 的 SPF 树见表 9-4。使用此树，SPF 算法的结果可以指出通向每个网络的最短路径。表格中仅显示了 LAN，但 SPF 还可用于确定通向每个 WAN 链路网络的最短路径。

表 9-4　R1 的 SPF 树

目 的	最 短 路 径	开 销 值
R2 LAN	R1 到 R2	22
R3 LAN	R1 到 R3	7
R4 LAN	R1 到 R3 到 R4	17
R5 LAN	R1 到 R3 到 R4 再到 R5	27

R1 确定通向每个网络的最短路径如下：
- 网络 172.31.5.0/24：通过 R2，serial 0/0/0，开销为 22；
- 网络 172.31.6.0/24：通过 R3，serial 0/0/1，开销为 7；
- 网络 172.31.7.0/24：通过 R3，serial 0/0/1，开销为 15；
- 网络 172.31.8.0/24：通过 R3，serial 0/0/1，开销为 17；
- 网络 172.31.9.0/24：通过 R2，serial 0/0/0，开销为 30；
- 网络 172.31.11.0/24：通过 R3，serial 0/0/1，开销为 27。

每台路由器使用来自其他所有路由器的信息，独立构建自己的 SPF 树。为确保正确路由，所有路由器上用于创建 SPF 树的链路状态数据库必须相同。通过 SPF 算法确定最短路径信息后，可将这些路径添加到路由表中，如图 9-15 所示，将下列路由添加到 R1 的路由表中：

- 10.5.0.0/16：通过 R2 的 Serial 0/0/0 接口，开销 = 22；
- 10.6.0.0/16：通过 R3 的 Serial 0/0/1 接口，开销 = 7；
- 10.7.0.0/16：通过 R3 的 Serial 0/0/1 接口，开销 = 15；
- 10.8.0.0/16：通过 R3 的 Serial 0/0/1 接口，开销 = 17；
- 10.9.0.0/16：通过 R2 的 Serial 0/0/0 接口，开销 = 30；
- 10.10.0.0/16：通过 R3 的 Serial 0/0/1 接口，开销 = 25；
- 10.11.0.0/16：通过 R3 的 Serial 0/0/1 接口，开销 = 27。

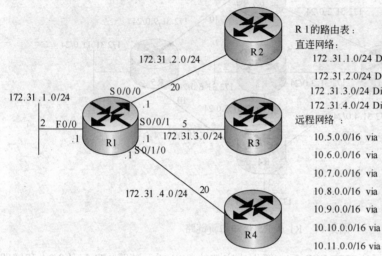

图 9-15　R1 路由表的添加过程

路由表还会包括所有直连的网络，以及来自其他来源的路由（例如静态路由）。现在即可按照路由表中的这些条目转发数据包了。

9.1.3　链路状态路由协议的层次式设计

现代链路状态路由协议设计，旨在尽量降低对内存、CPU 和带宽的影响，使用并配置多个区域可减小链路状态数据库。划分多个区域还可限制在路由域内泛洪的链路状态信息的数量，并可仅将 LSP 发送给所需的路由器。

例如，当拓扑发生变化时，仅处于受影响区域的那些路由器会收到 LSP 并运行 SPF 算法。这有助于将不稳定的链路隔离在路由域中的特定区域内。多区域和 SPF 算法如图 9-16 所示，有三个独立的路由域：区域 0、区域 1 和区域 2。如果区域 2 内的一个网络发生故障，包含此故障链路的相关信息的 LSP，仅会泛洪给该区域内的其他路由器。仅区域 2 内的路由器需要更新其链路状态数据库，重新运行 SPF 算法，创建新的 SPF 树，并更新其路由表。其他区域内的路由器也会获悉此路由器发生了故障，但这是通过一种特殊的链路状态数据包来实现。路由器接收到这种数据包时，无需重新运行 SPF 算法，即可直接更新其路由表。其他区域内的路由器可以直接更新其路由表。

与距离矢量路由协议相比，链路状态路由协议通常需要占用更多的内存、CPU 运算量和带宽。对内存的要求源于使用了链路状态数据库和创建 SPF 树的需要。链路状态路由协议可能还需要占用更多的 CPU 运算量。与 Bellman-Ford 等距离矢量算法相比，SPF 算法需要更多的 CPU 时间，因为链路状态路由协议会创建完整的拓扑图。链路状态数据包泛洪会对网络的可用带宽产生负面影响。这些虽然只会出现在路由器初始启动过程中，但在不稳定的网络中也可能导致故障问题。

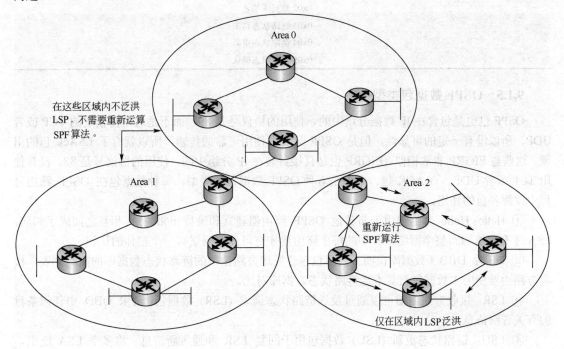

图 9-16 多区域和 SPF 算法

9.1.4 OSPF 消息封装

OSPF 消息的数据部分封装在数据包内。此数据字段可能包含五种 OSPF 数据包类型之一。封装在以太网帧中的 OSPF 消息见表 9-5。无论每个 OSPF 数据包的类型如何，都具有 OSPF 数据包报头，OSPF 数据包报头和数据包类型特定的数据被封装到 IP 数据包中。在该 IP 数据包报头中，协议字段被设为 89 以代表 OSPF，目的地址则被设为两个组播地址之一：224.0.0.5 或 224.0.0.6。如果 OSPF 数据包被封装在以太网帧内，则目的 MAC 地址也是一个组播地址：01-00-5E-00-00-05 或 01-00-5E-00-00-06。

表 9-5 封装在以太网帧中的 OSPF 消息

数据链路帧报头	IP 数据包报头	OSPF 数据包报头	OSPF 数据包特定类型的数据
数据链路帧（以太网字段）			
MAC 源地址=发送方接口的地址			
MAC 目的地址=组播：01-00-5E-00-00-05 或 01-00-5E-00-00-06			
	IP 数据包		
	IP 源地址=发送方接口地址		
	IP 目的地址=组播：224.0.0.5 或 224.0.0.6		
	协议字段=对于 OSPF 为 89		
		OSPF 数据包报头	
		OSPF 数据类型代码	
		路由器 ID 和区域 ID	

数据链路帧报头	IP 数据包报头	OSPF 数据包报头	OSPF 数据包特定类型的数据
		OSPF 数据包类型	
		0x01 Hello	
		0x02 数据库描述	
		0x03 链路状态请求	
		0x04 链路状态更新	
		0x05 链路状态确认	

9.1.5 OSPF 数据包类型

OSPF 包也是包含在 IP 数据分组中的，使用的协议号是 89，而不是运用传输层的 TCP 或者 UDP，所以没有一定的可靠性，但是 OSPF 又要求使用可靠的传输，所以就有了 LSAck 包的出现。这些与 EIGRP 非常相似。EIGRP 也是直接封装在 IP 分组中的，使用的协议号是 88，没有使用 TCP 或者 UDP，有 ACK 包。下面是五种 OSPF 数据包的类型，每种数据包在 OSPF 路由过程中发挥各自的作用。

① Hello：Hello 数据包用于与其他 OSPF 路由器建立和维持相邻关系。相互之间成了邻居，LSA 才有可能遍布整个网络，其中的每个路由器才有可能对网络有一个整体的认识。

② DBD：DBD（数据库说明）数据包包含发送方路由器的链路状态数据库的简略列表，接收方路由器使用本数据包与其本地链路状态数据库对比。

③ LSR：接收方路由器可以通过发送链路状态请求 (LSR) 数据包，请求 DBD 中任何条目的有关详细信息。

④ LSU：链路状态更新 (LSU) 数据包用于回复 LSR 和通告新信息。将多个 LSA 泛洪，也用于对接收到的链路状态更新进行应答。LSU 包含七种类型的链路状态通告 (LSA)。

⑤ LSAck：用于对接收到的 LSA 进行确认。如果发送确认的路由器的状态是 DR 或者 BDR，确认数据包将被发送到 OSPF 路由器的组播地址 224.0.0.5。如果发送确认的路由器状态不是 DR 或者 BDR，确认将被发送到 OSPF 路由器组播地址 224.0.0.6。

9.2 OSPF 的基本配置

9.2.1 网络拓扑

OSPF 是一种无类路由协议，因此，OSPF 配置中含有掩码的配置，这样可克服不连续地址所带来的问题。OSPF 网络拓扑结构如图 9-17 所示，其编址结构见表 9-6。在本拓扑中有三个带宽各不相同的串行链路，且每台路由器都具有多条路径通向远程网络。

路由器 R1、R2、R3 的基本配置命令如下。

R1：
```
R1(config)#interface FastEthernet0/0
R1(config-if)#ip address 172.31.1.129  255.255.255.128
R1(config-if)#no shutdown
R1(config-if)#exit
R1(config)#interface Serial0/0/0
R1(config-if)#clock rate 64000
R1(config-if)#ip address 192.168.1.1  255.255.255.252
```

第 9 章 链路状态路由协议（OSPF）

```
R1(config-if)#no shutdown
R1(config-if)#exit
R1(config)#interface Serial0/0/1
R1(config-if)#ip address 192.168.1.9  255.255.255.252
R1(config-if)#no shutdown
```
R2:
```
R2(config)#interface FastEthernet0/0
R2(config-if)#ip address 10.1.1.1  255.255.255.0
R2(config-if)#no shutdown
R2(config-if)#exit
R2(config)#interface Serial0/0/0
R2(config-if)#ip address 192.168.1.2  255.255.255.252
R2(config-if)#no shutdown
R2(config-if)#exit
R2(config)#interface Serial0/0/1
R2(config-if)#ip address 192.168.1.5  255.255.255.252
R3(config-if)#clock rate 64000
R2(config-if)#no shutdown
```
R3:
```
R3(config)#interface FastEthernet0/0
R3(config-if)#ip address 172.31.1.65  255.255.255.192
R3(config-if)#no shutdown
R3(config-if)#exit
R3(config)#interface Serial0/0/0
R3(config-if)#ip address 192.168.1.10  255.255.255.252
R3(config-if)#clock rate 64000
R3(config-if)#no shutdown
```

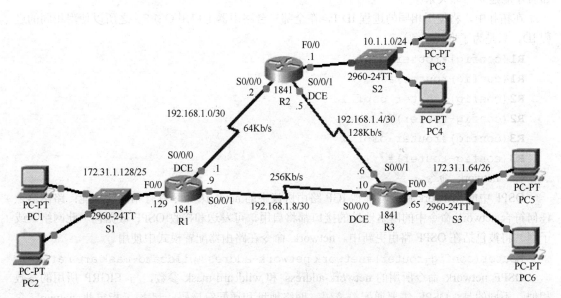

图 9-17　OSPF 网络拓扑结构

表 9-6 OSPF 编址结构

设　备	接　口	IP 地址	子 网 掩 码
R1	F0/0	172.31.1.129	255.255.255.128
R1	S0/0/0	192.168.1.1	255.255.255.252
R1	S0/0/1	192.168.1.9	255.255.255.252
R2	F0/0	10.1.1.1	255.255.255.0
R2	S0/0/0	192.168.1.2	255.255.255.252
R2	S0/0/1	192.168.1.5	255.255.255.252
R3	F0/0	172.31.1.65	255.255.255.192
R3	S0/0/0	192.168.1.10	255.255.255.252
R3	S0/0/1	192.168.1.6	255.255.255.252
PC1	NIC	172.31.1.253	255.255.255.128
PC2	NIC	172.31.1.254	255.255.255.128
PC3	NIC	10.1.1.253	255.255.255.0
PC4	NIC	10.1.1.254	255.255.255.0
PC5	NIC	192.168.3.125	255.255.255.192
PC6	NIC	192.168.3.126	255.255.255.192

```
R3(config-if)#exit
R3(config)#interface Serial0/0/1
R3(config-if)#ip address 192.168.1.6  255.255.255.252
R3(config-if)#no shutdown
```

9.2.2 配置过程

（1）router ospf 命令

OSPF 通过 router ospf process-id 全局配置命令启用。process-id 是一个介于 1 和 65535 之间的数字，由网络管理员选定。process-id 仅在本地有效，这意味着路由器之间建立相邻关系时无需匹配该值。这一点与 EIGRP 不同，EIGRP 进程 ID（即自治系统编号）必须匹配，两个 EIGRP 邻居才能建立相邻关系。

在拓扑中，将使用相同的进程 ID 1，在全部三台路由器上启用 OSPF。之所以使用相同的进程 ID，只是为了取得一致。

```
R1(config)#router ospf 1
R1(config-router)#
R2(config)#router ospf 1
R2(config-router)#
R3(config)#router ospf 1
R3(config-router)#
```

（2）network 命令

OSPF 中的 network 命令与其他 IGP 路由协议中的 network 命令具有相同的功能：路由器上任何符合 network 命令中的网络地址的接口都将启用，可发送和接收 OSPF 数据包。此网络（或子网）将被包括在 OSPF 路由更新中。network 命令在路由器配置模式中使用。

```
Router(config-router)#network network-address wildcard-mask area area-id
```

OSPF network 命令所用的 network-address 和 wildcard-mask 参数，与 EIGRP 所用的参数相似，不同的是，OSPF 需要通配符掩码。网络地址和通配符掩码一起，用于指定此 network 命令启用的接口或接口范围。就像在 EIGRP 中一样，通配符掩码可配置为子网掩码的反码。例如，R1 的 FastEthernet 0/0 接口位于 172.31.1.128/25 网络中。此接口的子网掩码为 /25，即 255.255.255.128。该子网掩码的反码即为通配符掩码。

某些 IOS 版本的 OSPF 与 EIGRP 一样，只需输入子网掩码，而不用通配符掩码，IOS 会将子网掩码转换为通配符掩码格式。

```
  255.255.255.255
- 255.255.255.128   减去子网掩码
-----------------
  0.  0.  0.127    通配符掩码
```

area area-id 指定 OSPF 区域。OSPF 区域是共享链路状态信息的一组路由器，相同区域内的所有 OSPF 路由器的链路状态数据库中，必须具有相同的链路状态信息，这通过路由器将各自的链路状态泛洪给该区域内的其他所有路由器来实现。在本章中，我们将配置一个区域内的所有 OSPF 路由器，这称为单区域 OSPF。

OSPF 网络也可配置为多区域，将大型 OSPF 网络配置为多区域有很多好处，例如，可减小链路状态数据库，还可以将不稳定的网络问题隔离在一个区域之内。如果所有路由器都处于同一个 OSPF 区域，则必须在所有路由器上使用相同的 area-id 配置 network 命令。尽管可使用任何 area-id，但比较好的做法是在单区域 OSPF 中使用 area-id 0。此惯例便于以后将该网络配置为多个 OSPF 区域，从而使区域 0 变成主干区域。

下面是在所有三台路由器的所有接口上启用 OSPF 时所用的 network 命令，此时，所有路由器应该能够成功地 ping 通所有网络。

```
R1(config)#router ospf 1
R1(config-router)#network 172.31.1.128  0.0.0.127 area 0
R1(config-router)#network 192.168.1.0   0.0.0.3   area 0
R1(config-router)#network 192.168.1.8   0.0.0.3   area 0


R2(config)#router ospf 1
R2(config-router)#network 10.1.1.0     0.0.0.255 area 0
R2(config-router)#network 192.168.1.0  0.0.0.3   area 0
R2(config-router)#network 192.168.1.4  0.0.0.3   area 0


R3(config)#router ospf 1
R3(config-router)#network 172.31.1.64  0.0.0.63  area 0
R3(config-router)#network 192.168.1.4  0.0.0.3   area 0
R3(config-router)#network 192.168.1.8  0.0.0.3   area 0
```

（3）OSPF 路由器 ID

① 确定路由器 ID　OSPF 路由器 ID 用于唯一标识 OSPF 路由域内的每台路由器。一个路由器 ID 其实就是一个 IP 地址。Cisco 路由器按顺序根据下列三个条件确定路由器 ID：

- 使用通过 OSPF router-id 命令配置的 IP 地址；
- 如果未配置 router-id，则路由器会选择其所有环回接口的最高 IP 地址；
- 如果未配置环回接口，则路由器会选择其所有物理接口的最高活动 IP 地址。

② 最高活动 IP 地址　如果 OSPF 路由器未使用 OSPF router-id 命令进行配置，也未配置环回接口，则其 OSPF 路由器 ID 将为其所有接口上的最高活动 IP 地址。该接口并不需要启用 OSPF，

就是说不需要将其包括在 OSPF network 命令中，但该接口必须活动，并处于工作状态。

③ 检验路由器 ID 因为未在这三台路由器上配置路由器 ID 和环回接口，所以每台路由器的路由器 ID，通过列表中的第三个条件确定，即路由器的所有物理接口的最高活动 IP 地址。在图 9-16 中，每台路由器的路由器 ID 为：

- R1：192.168.1.9，该地址比 172.31.1.129 和 192.168.1.1 高；
- R2：192.168.1.5，该地址比 10.1.1.1 和 192.168.1.2 高；
- R3：192.168.1.10，该地址比 172.31.1.65 和 192.168.1.6 高。

可用于验证路由器 ID 的一个命令为 show ip protocols。某些 IOS 版本并不像下面程序那样显示路由器 ID。在这种情况下，请使用 show ip ospf 或 show ip ospf interface 命令检验路由器 ID。

```
R1#show ip protocols
Routing Protocol is "ospf 1"
  Outgoing update filter list for all interfaces is not set
  Incoming update filter list for all interfaces is not set
  Router ID 192.168.1.9
  Number of areas in this router is 1. 1 normal 0 stub 0 nssa
  Maximum path: 4
  Routing for Networks:
    172.31.1.128 0.0.0.127 area 0
    192.168.1.0 0.0.0.3 area 0
    192.168.1.8 0.0.0.3 area 0
  Routing Information Sources:
    Gateway         Distance      Last Update
    192.168.1.2        110         00:00:17
    192.168.1.10       110         00:00:20
  Distance: (default is 110)

R2#show ip protocols
Routing Protocol is "ospf 1"
  Outgoing update filter list for all interfaces is not set
  Incoming update filter list for all interfaces is not set
  Router ID 192.168.1.5
  Number of areas in this router is 1. 1 normal 0 stub 0 nssa
  Maximum path: 4
  Routing for Networks:
    10.1.1.0 0.0.0.255 area 0
    192.168.1.0 0.0.0.3 area 0
    192.168.1.4 0.0.0.3 area 0
  Routing Information Sources:
    Gateway         Distance      Last Update
    192.168.1.1        110         00:00:58
    192.168.1.6        110         00:00:58
```

第 9 章 链路状态路由协议（OSPF）

```
     Distance: (default is 110)

R3#show ip protocols
Routing Protocol is "ospf 1"
  Outgoing update filter list for all interfaces is not set
  Incoming update filter list for all interfaces is not set
  Router ID 192.168.1.10
  Number of areas in this router is 1. 1 normal 0 stub 0 nssa
  Maximum path: 4
  Routing for Networks:
    172.31.1.64 0.0.0.63 area 0
    192.168.1.4 0.0.0.3 area 0
    192.168.1.8 0.0.0.3 area 0
  Routing Information Sources:
    Gateway         Distance      Last Update
    192.168.1.9       110         00:01:30
    192.168.1.5       110         00:01:28
  Distance: (default is 110)
```

④ **环回地址** 如果未使用 OSPF router-id 命令，但配置了环回接口，则 OSPF 将选择其所有环回接口的最高 IP 地址。环回地址是一种虚拟接口，配置后即自动处于工作状态。下面是用于配置环回接口的命令：

```
Router(config)#interface loopback number
Router(config-if)#ip address ip-address subnet-mask
```

所有的三台路由器均配置有环回地址，以代表 OSPF 路由器 ID，具体配置命令如下：

```
R1(config)#interface loopback 0
R1(config-if)#ip address 10.0.0.1  255.255.255.255

R2(config)#interface loopback 0
R2(config-if)#ip address 10.0.0.2  255.255.255.255

R3(config)#interface loopback 0
R3(config-if)#ip address 10.0.0.3  255.255.255.255
```

使用环回接口的优点在于，不会像物理接口那样发生故障。环回接口无需依赖实际电缆和相邻设备即可处于工作状态。因此，使用环回地址作为路由器 ID，给 OSPF 过程带来了稳定性。因为 OSPF router-id 命令是最近刚加入到 IOS 中的，所以使用环回地址来配置 OSPF 路由器 ID 的现象更常见。

⑤ **OSPF router-id 命令** OSPF router-id 命令在 IOS 12.0(T) 中引入，且在用于确定路由器 ID 时，优先于环回接口和物理接口 IP 地址。命令语法为：

```
Router(config)#router ospf process-id
Router(config-router)#router-id ip-address
```

R1 配置 router-id 命令如下：

```
R1(config)#router ospf 1
R1(config-if)# router-id 10.0.0.1
```
⑥ 修改路由器 ID　路由器 ID 在使用第一个 OSPF network 命令配置 OSPF 时选定。如果配置了 OSPF router-id 命名或环回地址（在 OSPF network 命令之后），路由器 ID 将成为具有最高活动 IP 地址的接口。路由器 ID 可使用来自后续 OSPF router-id 命令的 IP 地址来修改，但必须通过重新加载路由器或使用下列命令来实现：

```
Router#clear ip ospf process
```
使用新的环回接口或物理接口 IP 地址修改路由器 ID，可能需要重新加载路由器。

⑦ 重复的路由器 ID　当同一个 OSPF 路由域内的两台路由器具有相同的路由器 ID 时，将无法正常路由。如果两台相邻路由器的路由器 ID 相同，则无法建立相邻关系。当出现重复的 OSPF 路由器 ID 时，IOS 将显示一条类似下列的消息：

```
%OSPF-4-DUP_RTRID1:Detected router with duplicate router ID
```
要纠正此问题，请配置所有路由器，使得每台路由器都具有唯一的 OSPF 路由器 ID。

因为某些 IOS 版本不支持 router-id 命令，所以将使用环回地址的方法分配路由器 ID。通常只有在重新加载路由器后，来自环回接口的 IP 地址才能取代当前 OSPF 路由器 ID。show ip protocols 命令，用于验证每台路由器现在是否使用环回地址作为其路由器 ID。

```
R1#show ip protocols
Routing Protocol is "ospf 1"
  Outgoing update filter list for all interfaces is not set
  Incoming update filter list for all interfaces is not set
  Router ID 10.0.0.1
  Number of areas in this router is 1. 1 normal 0 stub 0 nssa
  <output omitted>

R2#show ip protocols
Routing Protocol is "ospf 1"
  Outgoing update filter list for all interfaces is not set
  Incoming update filter list for all interfaces is not set
  Router ID 10.0.0.2
  Number of areas in this router is 1. 1 normal 0 stub 0 nssa
   <output omitted>

R3#show ip protocols
Routing Protocol is "ospf 1"
  Outgoing update filter list for all interfaces is not set
  Incoming update filter list for all interfaces is not set
  Router ID 10.0.0.3
  Number of areas in this router is 1. 1 normal 0 stub 0 nssa
  <output omitted>
```

9.2.3　OSPF 路由表

（1）验证 OSPF

show ip ospf neighbor 命令，可用于验证 OSPF 相邻关系，并排除相应的故障。此命令为每个邻居显示下列输出：

```
R1#show ip ospf neighbor
Neighbor ID     Pri    State       Dead Time    Address        Interface
10.0.0.2        0      FULL/  -    00:00:34     192.168.1.2    Serial0/0/0
10.0.0.3        0      FULL/  -    00:00:37     192.168.1.10   Serial0/0/1

R2#show ip ospf neighbor
Neighbor ID     Pri    State       Dead Time    Address        Interface
10.0.0.1        0      FULL/  -    00:00:36     192.168.1.1    Serial0/0/0
10.0.0.3        0      FULL/  -    00:00:37     192.168.1.6    Serial0/0/1

R3#show ip ospf neighbor
Neighbor ID     Pri    State       Dead Time    Address        Interface
10.0.0.1        0      FULL/  -    00:00:28     192.168.1.9    Serial0/0/0
10.0.0.2        0      FULL/  -    00:00:32     192.168.1.5    Serial0/0/1
```

① Neighbor ID：该相邻路由器的路由器 ID。

② Pri：该接口的 OSPF 优先级。

③ State：该接口的 OSPF 状态。FULL 状态表明该路由器和其邻居具有相同的 OSPF 链路状态数据库。

④ Dead Time：路由器在宣告邻居进入 down（不可用）状态之前，等待该设备发送 Hello 数据包所剩余的时间。此值在该接口收到 Hello 数据包时重置。

⑤ Address：该邻居用于与本路由器直连接口的 IP 地址。

⑥ Interface：本路由器用于与该邻居建立相邻关系的接口。

当排除 OSPF 网络故障时，show ip ospf neighbor 命令，可用于验证该路由器是否已与其相邻路由器建立相邻关系。如果未显示相邻路由器的路由器 ID，或未显示 FULL 状态，则表明两台路由器未建立 OSPF 相邻关系。如果两台路由器未建立相邻关系，则不会交换链路状态信息。链路状态数据库不完整，会导致 SPF 树和路由表不准确。通向目的网络的路由可能不存在或不是最佳路径。

在下列情况下，两台路由器不会建立 OSPF 相邻关系：

- 子网掩码不匹配，导致该两台路由器分处于不同的网络中；
- OSPF Hello 计时器或 Dead 计时器不匹配；
- OSPF 网络类型不匹配；
- 存在信息缺失或不正确的 OSPF network 命令。

其他功能强大的 OSPF 故障排除命令包括：

- show ip protocols
- show ip ospf
- show ip ospf interface

show ip protocols 命令可用于快速验证关键 OSPF 配置信息，其中包括 OSPF 进程 ID、路由器 ID、路由器正在通告的网络、正在向该路由器发送更新的邻居，以及默认管理距离（对于 OSPF 为 110）。具体输出如下：

```
R1#show ip protocols
Routing Protocol is "ospf 1"
```

```
Outgoing update filter list for all interfaces is not set
Incoming update filter list for all interfaces is not set
Router ID 10.0.0.1
Number of areas in this router is 1. 1 normal 0 stub 0 nssa
Maximum path: 4
Routing for Networks:
   172.31.1.128 0.0.0.127 area 0
   192.168.1.0 0.0.0.3 area 0
   192.168.1.8 0.0.0.3 area 0
Routing Information Sources:
   Gateway         Distance      Last Update
   10.0.0.2        110           00:00:17
   10.0.0.3        110           00:00:20
Distance: (default is 110)
```

show ip ospf 命令也可用于检查 OSPF 进程 ID 和路由器 ID，此外，还可显示 OSPF 区域信息，以及上次计算 SPF 算法的时间。在下面示例输出中可看到，OSPF 是一种非常稳定的路由协议，R1 所参与的唯一一个与 OSPF 相关的事件，是向其邻居发送了一些小型 Hello 数据包。

```
R1#show ip ospf
Routing Process "ospf 1" with ID 10.0.0.1
Supports only single TOS(TOS0) routes
Supports opaque LSA
SPF schedule delay 5 secs, Hold time between two SPFs 10 secs
Minimum LSA interval 5 secs. Minimum LSA arrival 1 secs
Number of external LSA 0. Checksum Sum 0x000000
Number of opaque AS LSA 0. Checksum Sum 0x000000
Number of DCbitless external and opaque AS LSA 0
Number of DoNotAge external and opaque AS LSA 0
Number of areas in this router is 1. 1 normal 0 stub 0 nssa
External flood list length 0
   Area BACKBONE(0)
      Number of interfaces in this area is 3
      Area has no authentication
      SPF algorithm executed 3 times
      Area ranges are
      Number of LSA 3. Checksum Sum 0x00c3f1
      Number of opaque link LSA 0. Checksum Sum 0x000000
      Number of DCbitless LSA 0
      Number of indication LSA 0
      Number of DoNotAge LSA 0
      Flood list length 0
```

命令输出包含重要的 SPF 算法信息，其中包括 SPF 计划延时：

```
SPF schedule delay 5 secs, Hold time between two SPFs 10 secs
```

第 9 章 链路状态路由协议（OSPF）

路由器每次收到有关拓扑的新信息（链路添加、删除或修改）时，必须重新运行 SPF 算法，创建新的 SPF 树，并更新路由表。SPF 算法会占用很多 CPU 资源，且其耗费的计算时间取决于区域大小。区域大小通过路由器数量和链路状态数据库来衡量。

网络状态在 up 和 down 之间来回变化称为链路不稳。链路不稳会导致区域内的 OSPF 路由器持续重新计算 SPF 算法，从而无法正确收敛。为尽量减轻此问题，路由器在收到一个 LSU 后，会等待 5 s（5000 ms）才运行 SPF 算法，这称为 SPF 计划延时。为防止路由器持续运行 SPF 算法，还存在一个 10s（10000 ms）的保留时间。路由器运行完一次 SPF 算法后，会等待 10 s 才再次运行该算法。

用于检验 Hello 间隔和 Dead 间隔的最快方法为使用 show ip ospf interface 命令。将接口名称和编号添加到该命令中，即可显示特定接口的输出。这些间隔包括在邻居之间相互发送的 OSPF Hello 数据包中。OSPF 在不同接口上可能具有不同的 Hello 间隔和 Dead 间隔，但要使 OSPF 路由器建立相邻关系，它们的 OSPF Hello 间隔和断路间隔必须相同。R1 在其 Serial 0/0/0 接口上所用的 Hello 间隔为 10，Dead 间隔为 40。R2 也必须在其 Serial 0/0/0 接口上使用相同的间隔，才能和 R1 建立相邻关系。具体输出如下：

```
R1#show ip ospf interface s0/0/0
Serial0/0/0 is up, line protocol is up
 Internet address is 192.168.1.1/30, Area 0
 Process ID 1, Router ID 192.168.1.9, Network Type POINT-TO-POINT, Cost:64
 Transmit Delay is 1 sec, State POINT-TO-POINT, Priority 0
 No designated router on this network
 No backup designated router on this network
 Timer intervals configured, Hello 10, Dead 40, Wait 40, Retransmit 5
   Hello due in 00:00:04
 Index 2/2, flood queue length 0
 Next 0x0(0)/0x0(0)
 Last flood scan length is 1, maximum is 1
 Last flood scan time is 0 msec, maximum is 0 msec
 Neighbor Count is 1 , Adjacent neighbor count is 1
   Adjacent with neighbor 192.168.1.5
 Suppress hello for 0 neighbor(s)
```

(2) 检查路由表

show ip route 命令可用于检验路由器是否正在通过 OSPF 发送和接收路由。每条路由开头的 O 表示路由来源为 OSPF。OSPF 路由表与之前章节中介绍的路由表存在两个明显区别。首先，它的每台路由器具有 4 个直连网络，原因在于环回接口被计为第四个网络。OSPF 不会通告这些环回接口，因此，每台路由器列出了 7 个已知网络。其次，与 RIPv2 和 EIGRP 不同的是，OSPF 不会自动在主网络边界汇总。

```
R1#show ip route
Codes: C - connected, S - static, I - IGRP, R - RIP, M - mobile, B - BGP
       D - EIGRP, EX - EIGRP external, O - OSPF, IA - OSPF inter area
       N1 - OSPF NSSA external type 1, N2 - OSPF NSSA external type 2
       E1 - OSPF external type 1, E2 - OSPF external type 2, E - EGP
       i - IS-IS, L1 - IS-IS level-1, L2 - IS-IS level-2, ia - IS-IS
```

```
            inter area
       * - candidate default, U - per-user static route, o - ODR
       P - periodic downloaded static route
Gateway of last resort is not set
    10.0.0.0/8 is variably subnetted, 2 subnets, 2 masks
O      10.1.1.0 [110/65] via 192.168.1.2, 00:34:38, Serial0/0/0
C      10.0.0.1/32 is directly connected, Loopback0
    172.31.0.0/16 is variably subnetted, 2 subnets, 2 masks
O      172.31.1.64/26 [110/65] via 192.168.1.10, 00:34:48, Serial0/0/1
C      172.31.1.128/25 is directly connected, FastEthernet0/0
    192.168.1.0/30 is subnetted, 3 subnets
C      192.168.1.0 is directly connected, Serial0/0/0
C      192.168.1.8 is directly connected, Serial0/0/1
O      192.168.1.4 [110/128] via 192.168.1.2, 00:34:38, Serial0/0/0

R2#show ip route
Codes: C - connected, S - static, I - IGRP, R - RIP, M - mobile, B - BGP
       D - EIGRP, EX - EIGRP external, O - OSPF, IA - OSPF inter area
       N1 - OSPF NSSA external type 1, N2 - OSPF NSSA external type 2
       E1 - OSPF external type 1, E2 - OSPF external type 2, E - EGP
       i - IS-IS, L1 - IS-IS level-1, L2 - IS-IS level-2, ia - IS-IS
       inter area
       * - candidate default, U - per-user static route, o - ODR
       P - periodic downloaded static route
Gateway of last resort is not set
    10.0.0.0/8 is variably subnetted, 2 subnets, 2 masks
C      10.1.1.0 is directly connected, FastEthernet0/0
C      10.0.0.2/32 is directly connected, Loopback0
    172.31.0.0/16 is variably subnetted, 2 subnets, 2 masks
O      172.31.1.64/26 [110/65] via 192.168.1.6, 00:40:33, Serial0/0/1
O      172.31.1.128/25 [110/65] via 192.168.1.1, 00:40:33, Serial0/0/0
    192.168.1.0/30 is subnetted, 3 subnets
C      192.168.1.0 is directly connected, Serial0/0/0
C      192.168.1.4 is directly connected, Serial0/0/1
O      192.168.1.8 [110/128] via 192.168.1.1, 00:40:33, Serial0/0/0

R3#show ip route
Codes: C - connected, S - static, I - IGRP, R - RIP, M - mobile, B - BGP
       D - EIGRP, EX - EIGRP external, O - OSPF, IA - OSPF inter area
       N1 - OSPF NSSA external type 1, N2 - OSPF NSSA external type 2
       E1 - OSPF external type 1, E2 - OSPF external type 2, E - EGP
       i - IS-IS, L1 - IS-IS level-1, L2 - IS-IS level-2, ia - IS-IS
```

```
       inter area
       * - candidate default, U - per-user static route, o - ODR
       P - periodic downloaded static route
Gateway of last resort is not set
10.0.0.0/8 is variably subnetted, 2 subnets, 2 masks
C      10.0.0.3/32 is directly connected, Loopback0
O      10.1.1.0/24 [110/65] via 192.168.1.5, 00:45:48, Serial0/0/1
     172.31.0.0/16 is variably subnetted, 2 subnets, 2 masks
C      172.31.1.64/26 is directly connected, FastEthernet0/0
O      172.31.1.128/25 [110/65] via 192.168.1.9, 00:45:48, Serial0/0/0
     192.168.1.0/30 is subnetted, 3 subnets
O      192.168.1.0 [110/128] via 192.168.1.9, 00:45:48, Serial0/0/0
                   [110/128] via 192.168.1.5, 00:45:48, Serial0/0/1
C      192.168.1.4 is directly connected, Serial0/0/1
C      192.168.1.8 is directly connected, Serial0/0/0
```

9.2.4 修改 OSPF 的度量和开销值

（1）OSPF 度量

OSPF 度量称为开销。RFC 2328 中有下列描述："开销与每个路由器接口的输出端关联，系统管理员可配置此开销。开销越低，该接口越可能被用于转发数据流量。"

Cisco IOS 使用从路由器到目的网络沿途的传出接口的累积带宽作为开销值。在每台路由器上，接口的开销通过 10 的 8 次幂除以 b/s 为单位的带宽值算得。该被除数称为参考带宽。通过使用 10 的 8 次幂除以接口带宽，可使带宽较高的接口算得的开销值较低。请记住，在路由度量中，开销最低的路由是首选路由（例如，在 RIP 中，3 跳比 10 跳好）。各种接口默认的 OSPF 开销值见表 9-7。

表 9-7 OSPF 开销值

接口类型	$10^8/(b/s)=$开销
高速以太网	$10^8/100000000 b/s=1$
以太网	$10^8/10000000 b/s=10$
E1	$10^8/2048000 b/s=48$
T1	$10^8/1544000 b/s=64$
128Kb/s	$10^8/128000 b/s=781$
64Kb/s	$10^8/64000 b/s=1562$
56Kb/s	$10^8/56000 b/s=1785$

（2）参考带宽

参考带宽默认为 10 的 8 次幂，即 100 000 000 b/s，也即 100 Mb/s。这使带宽等于或大于 100 Mb/s 的接口具有相同的 OSPF 开销 1。可使用 OSPF 命令 auto-cost reference-bandwidth 修改参考带宽值，以适应链路速度高于 100 000 000 b/s (100 Mb/s) 的网络。如果需要使用此命令，则建议同时用在所有路由器上，以使 OSPF 路由度量保持一致。

（3）OSPF 累计开销

OSPF 路由的开销为从路由器到目的网络的累计开销值，如图 9-18 所示，例如，R1 的路由表显示，到 R2 上的网络 10.1.1.0/24 的开销为 65。因为 10.1.1.0/24 连接到以太网接口，R2 将

10.1.1.0/24 的开销指定为 1，R1 再加上在 R1 和 R2 之间通过默认 T1 链路发送数据所需的开销值 64。

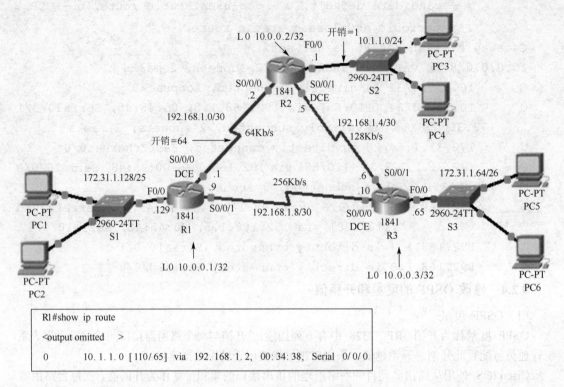

图 9-18　OSPF 累计开销

（4）串行接口的默认带宽

可使用 show interface 命令查看接口所用的带宽值。许多串行接口的带宽值默认为 T1 (1.544 Mb/s)，然而，某些串行接口可能默认为 128 Kb/s。因此，切勿假定 OSPF 使用的带宽为某一特定值，而应使用 show interface 命令检查默认值。此带宽值实际上并不影响链路速度，而是由某些路由协议用来计算路由度量。在串行接口上，链路的实际速度很可能不同于默认带宽。带宽值必须反映链路的实际速度，路由表才具有准确的最佳路径信息。例如，Internet 服务提供商提供的可能是一个部分 T1 连接，其带宽为全 T1 连接带宽的四分之一(384 Kb/s)。然而，出于路由协议的目的，即使接口实际上是以 384 Kb/s 发送和接收数据，IOS 也会假定为 T1 带宽值。

图 9-18 中也显示了这两台路由器间的链路的实际带宽。R1 的命令输出中的默认带宽值为 1544 Kb/s，然而，此链路的实际带宽值却为 64 Kb/s。这表明路由器上的路由信息并未反映网络拓扑的实际情况。R1 的 Serial 0/0/0 接口的输出如下：

```
R1#show interfaces s0/0/0
Serial0/0/0 is up, line protocol is up (connected)
  Hardware is HD64570
  Internet address is 192.168.1.1/30
  MTU 1500 bytes, BW 1544 Kbit, DLY 20000 usec,
     reliability 255/255, txload 1/255, rxload 1/255
  Encapsulation HDLC, loopback not set, keepalive set (10 sec)
<output omitted>
```

下面显示了 R1 的路由表条目，R1 认为其两个串行接口都连接到了 T1 链路，实际上，一条

第 9 章 链路状态路由协议（OSPF）

是 64 Kb/s 的链路，另一条是 256 Kb/s 的链路。这导致 R1 的路由表中具有通向网络 192.168.8.0/30 的两条开销相等的路径，而实际上 Serial 0/0/1 路径更好一些。

```
O    192.168.10.8 [110/128] via 192.168.10.6, 00:03:41, Serial0/0/1
                  [110/128] via 192.168.10.2, 00:03:41, Serial0/0/0
```

可使用 show ip ospf interface 命令验证算得的接口 OSPF 开销，R1 实际上为 Serial 0/0/0 接口指定了开销值 64。可能认为这是正确的开销值，原因在于此接口连接到 64 Kb/s 的链路，但请记住，开销值是由开销公式算得的，64 Kb/s 链路的开销值为 1562 (100 000 000/64 000)，所显示的值 64 是 T1 链路的开销值。具体输出如下：

```
R1#show ip ospf interface s0/0/0
Serial0/0/0 is up, line protocol is up
  Internet address is 192.168.1.1/30, Area 0
  Process ID 1, Router ID 192.168.1.9, Network Type POINT-TO-POINT,
  Cost: 64
  Transmit Delay is 1 sec, State POINT-TO-POINT, Priority 0
  No designated router on this network
  No backup designated router on this network
  Timer intervals configured, Hello 10, Dead 40, Wait 40, Retransmit 5
    Hello due in 00:00:08
  Index 2/2, flood queue length 0
  Next 0x0(0)/0x0(0)
  Last flood scan length is 1, maximum is 1
  Last flood scan time is 0 msec, maximum is 0 msec
  Neighbor Count is 1 , Adjacent neighbor count is 1
    Adjacent with neighbor 192.168.1.5
  Suppress hello for 0 neighbor(s)
```

（5）修改链路的开销

如果串行接口的实际工作速率不是默认 T1 速率，则需要手动修改该接口的速率。链路的两端应该配置为相同值。bandwidth 接口命令或 ip ospf cost 接口命令都可用于达到此目的，使 OSPF 在确定最佳路由时使用准确的值。

① bandwidth 命令 bandwidth 命令用于修改 IOS 在计算 OSPF 开销度量时所用的带宽值。该接口命令的语法与第 8 章 EIGRP 中所学的语法一样：

```
Router(config-if)#bandwidth bandwidth-kb/s
```

bandwidth 命令用于修改拓扑中所有串行接口开销值。对于 R1，配合 show ip ospf interface 命令，将显示 Serial 0/0/0 链路的开销值为 1562，此值由 OSPF 开销计算而得 (100 000 000/64 000)。

```
R1(config)#interface s0/0/0
R1(config-if)#bandwidth 64
R1(config-if)#exit
R1(config)#interface s0/0/1
R1(config-if)#bandwidth 256
R1(config-if)#end
R1#show ip ospf interface S0/0/0
Serial0/0/0 is up, line protocol is up
```

```
Internet address is 192.168.1.1/30, Area 0
Process ID 1, Router ID 192.168.1.9, Network Type POINT-TO-POINT,
Cost: 1562
<output omitted>                                    [10^8/ (64000b/s) =1562]

R2(config)#interface s0/0/0
R2(config-if)#bandwidth 64
R2(config-if)#exit
R2(config)#interface s0/0/1
R2(config-if)#bandwidth 256

R3(config)#interface s0/0/0
R3(config-if)#bandwidth 64
R3(config-if)#exit
R3(config)#interface s0/0/1
R3(config-if)#bandwidth 256
```

② ip ospf cost 命令 除 bandwidth 命令外，另一种方法是使用 ip ospf cost 命令，该命令可用于直接指定接口开销。例如，可以在 R1 上使用下列命令配置 Serial 0/0/0 接口：

```
R1(config)#interface serial 0/0/0
R1(config-if)#ip ospf cost 1562
```

显然，这不会改变 show ip ospf interface 命令的输出，该输出仍会显示开销为1562。这与将带宽配置为 64 时，由 IOS 算得的开销相同。

③ bandwidth 命令与 ip ospf cost 命令比较 ip ospf cost 命令适用于使用了多个厂商的设备的环境，在该环境中，非 Cisco 路由器所用的度量，并非用于计算 OSPF 开销的带宽值。这两个命令之间的主要差异在于：bandwidth 命令使用开销计算的结果确定链路开销；ip ospf cost 命令则直接将链路开销设置为特定值，并免除了计算过程。

表 9-8 为可用于修改拓扑中串行链路开销的两种可选方案。表中右侧显示 ip ospf cost 命令方案，左侧显示 bandwidth 命令方案。

表 9-8 串行链路开销的两种修改方案

bandwidth 命令	ip ospf cost 命令
R1:	R1:
R1(config)#interface s0/0/0	R1(config)#interface s0/0/0
R1(config-if)#bandwidth 64	=R1(config-if)#ip ospf cost 1562
R1(config)#interface s0/0/1	R1(config)#interface s0/0/1
R1(config-if)#bandwidth 256	=R1(config-if)# ip ospf cost 390
R2:	R2:
R2(config)#interface s0/0/0	R2(config)#interface s0/0/0
R2(config-if)#bandwidth 64	=R2(config-if)#ip ospf cost 1562
R2(config)#interface s0/0/1	R2(config)#interface s0/0/1
R2(config-if)#bandwidth 128	=R2(config-if)# ip ospf cost 781
R3:	R3:
R3(config)#interface s0/0/0	R3(config)#interface s0/0/0
R3(config-if)#bandwidth 256	=R3(config-if)#ip ospf cost 390
R3(config)#interface s0/0/1	R3(config)#interface s0/0/1
R3(config-if)#bandwidth 128	=R3(config-if)# ip ospf cost 781

9.2.5 DR 与 BDR

OSPF 路由协议在下面三种类型的网络上都可以使用。

① 广播多路访问(Broadcast Multiaccess，BMA)网络：广播多路访问网络包括以太网、令牌环网及 FDDI。在这种类型的网络上使用 OSPF，要求进行 DR 与 BDR 的选举。

② 点对点（Point-To-Point）网络：专线是典型的点对点网络，在这种类型的网络上不需要进行 DR 与 BDR 的选举。

③ 非广播多路访问（Nonbroadcast Multiaccess，NBMA）网络：非广播多路访问网络包括帧中继、X.25 及 SMDS。在这种网络中使用 OSPF 情况比较复杂。

（1）多路访问网络

在多路访问网络中，相同的共享介质上连接有两台以上设备。广播型多路访问网络如图 9-19 (a) 所示，Router1 所连接的以太网 LAN，展开并显示了网络 172.31.1.128/25 所连接的多台设备。以太网 LAN 就是一种广播多路访问网络。因为该网络中的所有设备会看到所有广播帧，所以它属于广播网络。因为该网络可能包括许多主机、打印机、路由器和其他设备，所以属于多路访问网络。

相比之下，点对点网络中只有两台设备，它们分处网络两端。R1 和 R3 之间的 WAN 链路就属于点对点链路。图 9-19（b）即为 R1 和 R3 之间的点对点网络。

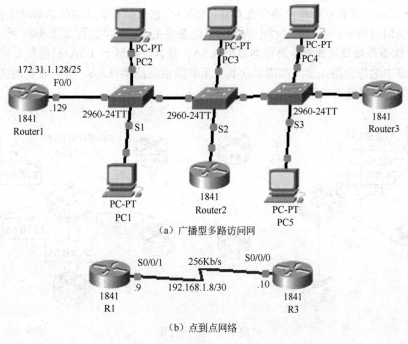

图 9-19 多路访问与点到点网络

多路访问网络对 OSPF 的 LSA 泛洪过程提出了以下两项挑战：
- 创建多边相邻关系，其中每对路由器都存在一项相邻关系；
- LSA（链路状态通告）的大量泛洪。

① 多边相邻关系 在网络中的每对路由器之间创建相邻关系，会产生一些不必要的相邻关系。这将导致大量 LSA 在该网络内的路由器之间传输。为理解多边相邻关系带来的问题，需要了解多路访问网相邻关系，如图 9-20 所示。对于多路访问网络中任意数量（用 n 表示）的路由

器，将存在 n(n–1)/2 项相邻关系。图 9-20 中所示为 5 台路由器组成的简单拓扑，所有 5 台路由器都连接到同一个多路访问以太网。如果没有任何机制来减少相邻关系数量，这些路由器总共将形成 10 项相邻关系：5(5–1)/2 = 10。此值看起来不大，但随着网络中路由器数量增加，相邻关系数量将急剧增大。尽管图中的 5 台路由器只需要 10 项相邻关系，但 10 台路由器就需要 45 项相邻关系，20 台路由器就需要 190 项相邻关系了。

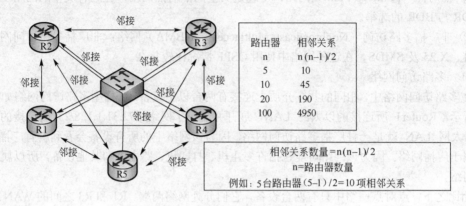

图 9-20　多路访问网相邻关系

② LSA 泛洪　链路状态路由器会在 OSPF 初始化，以及拓扑更改时泛洪其链路状态数据包。

在多路访问网络中，此泛洪过程中的流量可能变得很大。泛洪过程如图 9-21 所示，R2 发出一个 LSA，此事件触发其他每台路由器发出 LSA，并且收到每个 LSA 后需要发出确认。如果多路访问网络中的每台路由器，都需要向其他所有路由器泛洪 LSA，并为收到的所有 LSA 发出确认，网络通信将变得非常混乱。

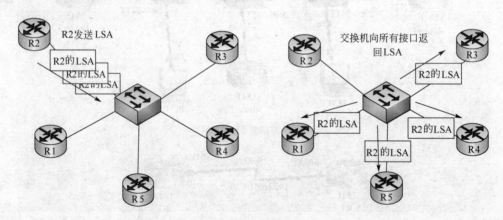

图 9-21　泛洪过程

例如，在一个有很多人的房间内，如果每个人都必须向其他所有人逐个作介绍，会发生什么情况呢？不仅每个人必须向其他所有人逐个介绍自己的姓名，而且一旦某个人获悉了另一个人的姓名，还必须将该信息逐个告诉其他所有人，此过程将会十分混乱。

③ 解决方案　对于在多路访问网络中管理相邻关系数量和 LSA 泛洪的解决方案，是指定路由器 (DR)。此解决方案可比喻为在房间里选举出一个人，由该人员向所有人逐个询问姓名，然后将这些姓名一次性通告给所有人。

在多路访问网络中的 DR 与 BDR 如图 9-22 所示。OSPF 会选举出一个指定路由器 (DR)，负责收集和分发 LSA，还会选举出一个备用指定路由器 (BDR)，以防指定路由器发生故障。其他所有路由器变为 DROther（这就表示该路由器既不是 DR，也不是 BDR）。

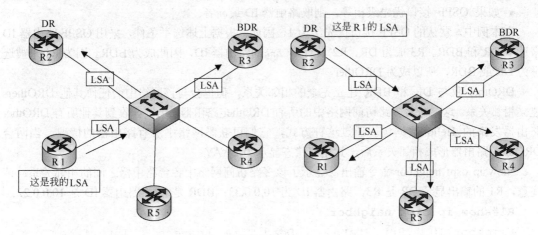

图 9-22 多路访问网络中的 DR 与 BDR

多路访问网络中的路由器会选举出一个 DR 和一个 BDR，DROther 仅与网络中的 DR 和 BDR 建立完全的相邻关系。这意味着 DROther 无需向网络中的所有路由器泛洪 LSA，只需使用组播地址 224.0.0.6（所有 DR 路由器），将其 LSA 发送给 DR 和 BDR 即可。R1 将 LSA 发给 DR，BDR 也收到该通信，DR 负责将来自 R1 的 LSA 转发给其他所有路由器，DR 使用组播地址 224.0.0.5（所有 OSPF 路由器）。最终结果是，多路访问网络中仅有一台路由器负责泛洪所有 LSA。

（2）DR/BDR 的选举过程

在运行 OSPF 路由协议的广播多路访问网络中，所有的路由器被连接到同一个网段，它们两两之间如果建立完全的邻居关系，则会有 n×(n−1)/2 个邻居关系。在大型的网络中，存在着大量的路由器，在一个网段里有如此多的邻居，维持邻居关系的 Hello 包，以及邻居间的链路状态通告会消耗很多的带宽。尤其是当网络中突发大面积故障时，同时发生的大量的链路更新，可能会使路由器不断地重新计算路由，而无法正常提供路由服务。

DR/BDR 选举不会发生在点对点网络中。因此，在标准的三台路由器拓扑中，R1、R2 和 R3 不需要选举 DR 和 BDR，原因在于这些路由器之间的链路不是多路访问网络。如图 9-23 所示的多路访问网络拓扑中，三台路由器共享一个公共以太网多路访问网络 10.1.1.0/24。每台路由器在快速以太网接口上配置有一个 IP 地址，并配置有一个环回地址以充当路由器 ID。

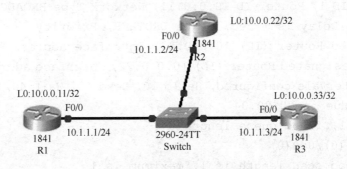

图 9-23 多路访问网络拓扑

DR 和 BDR 的选举过程遵循以下条件：

- DR：具有最高 OSPF 接口优先级的路由器；
- BDR：具有第二高 OSPF 接口优先级的路由器；
- 如果 OSPF 接口优先级相等，则取路由器 ID 最高者。

在本例中，默认的 OSPF 接口优先级为 1，因此，根据上述选举条件，采用 OSPF 路由器 ID 来选举 DR 和 BDR。R3 成为 DR，R2 具有第二高的路由器 ID，因此成为 BDR。因为 R1 未被选举为 DR 或 BDR，所以成为 DROther。

DROther 仅与 DR 和 BDR 建立完全的相邻关系，但也会与该网络中的任何其他 DROthers 建立相邻关系。这意味着多路访问网络中的所有 DROther 路由器，仍然会收到其他所有 DROther 路由器发来的 Hello 数据包。通过这种方式，它们可获悉网络中所有路由器的情况。当两台 DROther 路由器形成相邻关系后，其相邻状态显示为 2WAY。

show ip ospf neighbor 命令输出，显示了该多路访问网络中各台路由器之间的相邻关系。请注意，R1 的输出显示 DR 是 R3，路由器 ID 为 10.0.0.33；BDR 是 R2，路由器 ID 是 10.0.0.22。

```
R1#show ip ospf neighbor
Neighbor ID      Pri   State         Dead Time   Address      Interface
10.0.0.33        1     FULL/DR       00:00:34    10.1.1.3     FastEthernet0/0
10.0.0.22        1     FULL/BDR      00:00:37    10.1.1.2     FastEthernet0/0
R2#show ip ospf neighbor
Neighbor ID      Pri   State         Dead Time   Address      Interface
10.0.0.33        1     FULL/DR       00:00:35    10.1.1.3     FastEthernet0/0
10.0.0.11        1     FULL/BDOTHER  00:00:36    10.1.1.1     FastEthernet0/0
R3#show ip ospf neighbor
Neighbor ID      Pri   State         Dead Time   Address   Interface
10.0.0.22        1     FULL/BDR      00:00:36    10.1.1.2  FastEthernet0/0
10.0.0.11        1     FULL/ BDOTHER 00:00:37    10.1.1.1  FastEthernet0/0
```

因为 RouterA 显示的两个邻居分别为 DR 和 BDR，所以 RouterA 是一个 DROther。这一点可通过在 RouterA 上运行 show ip ospf interface fastethernet 0/0 命令来验证，命令输出如下。此命令将显示此路由器的状态是 DR、BDR，还是 DROTHER，还将显示此多路访问网络中 DR 和 BDR 的路由器 ID。

```
R1#show ip ospf  interface f0/0
FastEthernet0/0 is up, line protocol is up
  Internet address is 10.1.1.1/24, Area 0
  Process ID 1, Router ID 10.0.0.11, Network Type BROADCAST, Cost: 1
  Transmit Delay is 1 sec, State DROTHER, Priority 1
  Designated Router (ID) 10.0.0.33, Interface address 10.1.1.3
  Backup Designated Router (ID) 10.0.0.22, Interface address 10.1.1.2
  Timer intervals configured, Hello 10, Dead 40, Wait 40, Retransmit 5
    Hello due in 00:00:04
  Index 1/1, flood queue length 0
  Next 0x0(0)/0x0(0)
  Last flood scan length is 1, maximum is 1
  Last flood scan time is 0 msec, maximum is 0 msec
  Neighbor Count is 2, Adjacent neighbor count is 2
```

```
Adjacent with neighbor 10.0.0.22 (Designated Router)
Adjacent with neighbor 10.0.0.33 (Designated Router)
Suppress hello for 0 neighbor(s)
```

当多路访问网络中第一台启用了 OSPF 接口的路由器开始工作时，DR 和 BDR 选举过程随即开始。这可能发生在路由器开机时或配置 OSPF network 命令时。选举过程仅需几秒。如果多路访问网络中仍有部分路由器未完成启动过程，则成为 DR 的路由器可能具有较低的路由器 ID，原因可能在于具有较低路由器 ID 的路由器所需的启动时间较短。

DR 一旦选出，将保持 DR 地位，直到出现下列条件之一为止：
- DR 发生故障；
- DR 上的 OSPF 进程发生故障；
- DR 上的多路访问接口发生故障。

如图 9-24 所示，如果 DR 发生故障，BDR 将接替 DR 角色，随即进行选举，选出新的 BDR。在图 9-24 中，R3 发生故障，原 BDR (RouterB) 成为 DR，仅存的另一个路由器 R1 则成为 BDR。

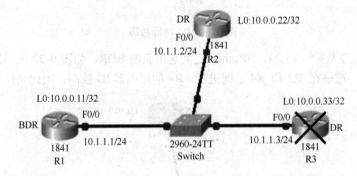

图 9-24 DR 出现故障

如图 9-25 所示，R4 加入该网络。如果在选出 DR 和 BDR 后有新路由器加入网络，即使新路由器的 OSPF 接口优先级或路由器 ID 比当前 DR 或 BDR 高，也不会成为 DR 或 BDR。如果当前 DR 或 BDR 发生故障，则新路由器可被选举为 BDR。如果当前 DR 发生故障，则 BDR 将成为 DR，新路由器可被选为新的 BDR。当新路由器成为 BDR 后，如果 DR 发生故障，则该新路由器将成为 DR。只有当 DR 和 BDR 都发生故障时，该新路由器才能被选举为 DR 或 BDR。

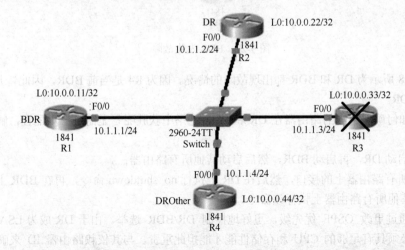

图 9-25 R4 加入网络

前任 DR 返回网络后，不会重新取得 DR 的地位。如图 9-26 所示，R3 已排除故障，完成重新启动，尽管它的路由器 ID (10.0.0.33) 高于当前 DR 和 BDR，也只能成为 DROther。

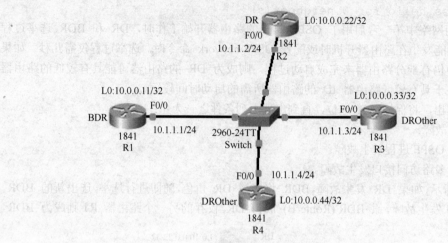

图 9-26 R3 排除故障

如果 BDR 发生故障，则会在 DRother 之间选出新的 BDR。如图 9-27 所示是 BDR 路由器发生故障的情况。选举在 R3 和 R4 之间进行，R4 的路由器 ID 较高，因此获胜。

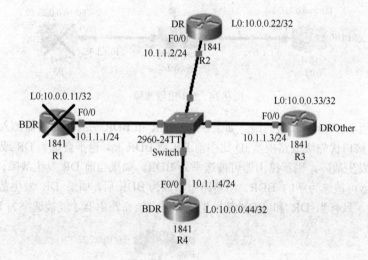

图 9-27 BDR 发生故障

如图 9-28 所示为 DR 和 BDR 都出现故障的情况。因为 R4 是当前 BDR，因此晋升为 DR，R3 则成为 BDR。

那么，如何确保所需的路由器在 DR 和 BDR 选举中获胜呢？无需进一步配置，解决方案有以下两种：
- 首先启动 DR，再启动 BDR，然后启动其他所有路由器；
- 关闭所有路由器上的接口，然后在 DR 上执行 no shutdown 命令，再在 BDR 上执行该命令，随后在其他所有路由器上执行该命令。

也可以通过更改 OSPF 优先级，更好地控制 DR/BDR 选举。由于 DR 成为 LSA 的集散中心，所以它必须具有足够的 CPU 和存储性能才能担此重责。与其依赖路由器 ID 来确定 DR 和 BDR 结果，不如使用 ip ospf priority 接口命令来控制选举。

第 9 章 链路状态路由协议（OSPF）

```
Router(config-if)#ip ospf priority {0 - 255}
```

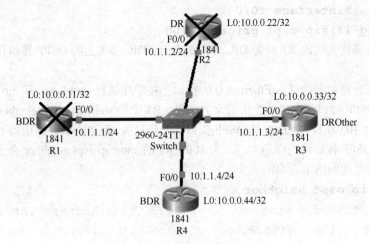

图 9-28 DR 和 BDR 都出现故障

初始情况下，每台路由器的 OSPF 优先级相等，原因在于所有路由器接口的优先级值默认为 1，因此通过路由器 ID 确定 DR 和 BDR，但如果将该值从默认值 1 改为更高的值，则具有最高优先级的路由器将成为 DR，具有第二高优先级的路由器将成为 BDR。若该值为 0，则该路由器不具备成为 DR 或 BDR 的资格。

因为优先级是特定于具体接口的值，因此可用于更好地控制 OSPF 多路访问网络。它们还可以使一台路由器在一个网络中充当 DR，同时在另一个网络中充当 DROther。

从上面的拓扑中删除了 R4，然后使用 show ip ospf interface 命令查看 OSPF 接口优先级。通过下面的输出显示，可以看到 R1 上的优先级被设为默认值 1。

```
R1#show ip ospf  interface f0/0
FastEthernet0/0 is up, line protocol is up
  Internet address is 10.1.1.1/24, Area 0
  Process ID 1, Router ID 10.0.0.11, Network Type BROADCAST, Cost: 1
  Transmit Delay is 1 sec, State DROTHER, Priority 1
  Designated Router (ID) 10.0.0.33, Interface address 10.1.1.3
  Backup Designated Router (ID) 10.0.0.22, Interface address 10.1.1.2
  Timer intervals configured, Hello 10, Dead 40, Wait 40, Retransmit 5
    Hello due in 00:00:04
  Index 1/1, flood queue length 0
  Next 0x0(0)/0x0(0)
  Last flood scan length is 1, maximum is 1
  Last flood scan time is 0 msec, maximum is 0 msec
  Neighbor Count is 2, Adjacent neighbor count is 2
    Adjacent with neighbor 10.0.0.22  (Designated Router)
    Adjacent with neighbor 10.0.0.33  (Designated Router)
  Suppress hello for 0 neighbor(s)
```

R1 和 R2 修改 OSPF 优先级的命令如下：

```
R1(config)#interface f0/0
```

```
R1(config-if)#ip ospf priority 200
R2(config)#interface f0/0
R2(config-if)#ip ospf priority 100
```
因此具有最高优先级的 R1 成为 DR，R2 则成为 BDR。R3 上的 OSPF 接口优先级保持为默认值 1。

当在所有三台路由器的 FastEthernet 0/0 接口上按顺序执行 shutdown 和 no shutdown 命令后，即可看到 OSPF 接口优先级改变所带来的结果。R3 上的 show ip ospf neighbor 命令现在显示 R1（路由器 ID 为 10.0.0.11）是 DR，其 OSPF 接口优先级最高，为 200；R2（路由器 ID 为 10.0.0.22）仍是 BDR，其 OSPF 接口优先级第二高，为 100。R1 的 show ip ospf neighbor 命令输出中未显示 DR，因为 R1 就是此网络中的 DR。

```
R1#show ip ospf neighbor
Neighbor ID     Pri   State           Dead Time   Address    Interface
10.0.0.22       100   FULL/BDR        00:00:34    10.1.1.2   FastEthernet0/0
10.0.0.33       1     FULL/DROTHER    00:00:37    10.1.1.3   FastEthernet0/0
R2#show ip ospf neighbor
Neighbor ID     Pri   State           Dead Time   Address    Interface
10.0.0.11       200   FULL/DR         00:00:35    10.1.1.1   FastEthernet0/0
10.0.0.33       1     FULL/BDOTHER    00:00:36    10.1.1.3   FastEthernet0/0
R3#show ip ospf neighbor
Neighbor ID     Pri   State           Dead Time   Address    Interface
10.0.0.22       100   FULL/BDR        00:00:36    10.1.1.2   FastEthernet0/0
10.0.0.11       200   FULL/DR         00:00:37    10.1.1.1   FastEthernet0/0
```

9.2.6 重分布 OSPF 默认路由

在 OSPF 的非骨干区域里，区域的内部路由器不需要了解其他区域的路由，它们只需要使用一条默认的静态路由，把目的地是其他区域的数据包路由给边界路由器。

在之前的拓扑图中，添加一条通向 ISP 的链路，重分布 OSPF 默认路由，如图 9-29 所示。连接到 Internet 的路由器，用于向 OSPF 路由域内的其他路由器传播默认路由。此路由器有时也称为边缘路由器、入口路由器或网关路由器。然而，在 OSPF 术语中，位于 OSPF 路由域和非 OSPF 网络间的路由器称为自治系统边界路由器 (ASBR)。在本拓扑中，Loopback0 (L0) 代表一条通向非 OSPF 网络的链路，不会将网络 172.16.1.1/30 配置为 OSPF 路由过程的一部分。

ASBR (R2) 配置有 Loopback1 IP 地址和静态默认路由，可向 ISP 路由器转发通信：

```
R2(config)#interface loopback 1
R2(config-if)#ip address 172.16.1.1 255.255.255.255
R2(config-if)#exit
R2(config)#ip route 0.0.0.0 0.0.0.0 loopback 1
```

该静态默认路由使用环回接口作为送出接口，原因在于本拓扑中的 ISP 路由器实际上并不存在，可以通过使用环回接口，模拟与其他路由器的连接。与 RIP 相似，OSPF 需要使用 default-information originate 命令，将 0.0.0.0/0 静态默认路由通告给区域内的其他路由器。如果未使用 default-information originate 命令，则不会将默认的"全零"路由传播给 OSPF 区域内的其他路由器。其命令语法为：

```
R2(config-router)#default-information originate
```

第9章 链路状态路由协议（OSPF）

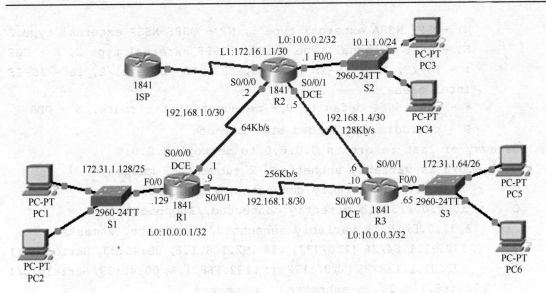

图 9-29　重分布 OSPF 默认路由

通过使用该命令，区域内部的路由器将会把边界路由器作为它们的网关。R1、R2 和 R3 的路由表如下，三台路由器都设置了 "gateway of last resort"。

```
R1#show ip route
Codes: C - connected, S - static, I - IGRP, R - RIP, M - mobile, B - BGP
       D - EIGRP, EX - EIGRP external, O - OSPF, IA - OSPF inter area
       N1 -OSPF NSSA external type 1, N2 - OSPF NSSA external type 2
       E1 - OSPF external type 1, E2 - OSPF external type 2, E - EGP
       i - IS-IS, L1 - IS-IS level-1, L2 - IS-IS level-2, ia - IS-IS
       inter area
       * - candidate default, U - per-user static route, o - ODR
       P - periodic downloaded static route
Gateway of last resort is 192.168.1.10 to network 0.0.0.0
     10.0.0.0/8 is variably subnetted, 2 subnets, 2 masks
O       10.1.1.0 [110/1172] via 192.168.1.10, 00:34:38, Serial0/0/1
C       10.0.0.1/32 is directly connected, Loopback0
     172.31.0.0/16 is variably subnetted, 2 subnets, 2 masks
O       172.31.1.64/26 [110/391] via 192.168.1.10, 00:34:48, Serial0/0/1
C       172.31.1.128/25 is directly connected, FastEthernet0/0
     192.168.1.0/30 is subnetted, 3 subnets
C       192.168.1.0 is directly connected, Serial0/0/0
C       192.168.1.8 is directly connected, Serial0/0/1
O       192.168.1.4 [110/1171] via 192.168.1.10, 00:34:38, Serial0/0/1
O*E2    0.0.0.0/0 [110/1] via 192.168.1.10, 00:34:36, Serial0/0/1
R2#show ip route
Codes: C - connected, S - static, I - IGRP, R - RIP, M - mobile, B - BGP
       D - EIGRP, EX - EIGRP external, O - OSPF, IA - OSPF inter area
```

```
        N1 -OSPF NSSA external type 1, N2 - OSPF NSSA external type 2
        E1 - OSPF external type 1, E2 - OSPF external type 2, E - EGP
        i - IS-IS, L1 - IS-IS level-1, L2 - IS-IS level-2, ia - IS-IS
        inter area
        * - candidate default, U - per-user static route, o - ODR
        P - periodic downloaded static route
Gateway of last resort is 0.0.0.0 to network 0.0.0.0
    10.0.0.0/8 is variably subnetted, 2 subnets, 2 masks
C      10.1.1.0 is directly connected, FastEthernet0/0
C      10.0.0.2/32 is directly connected, Loopback0
    172.31.0.0/16 is variably subnetted, 2 subnets, 2 masks
O      172.31.1.64/26 [110/782] via 192.168.1.6, 00:40:33, Serial0/0/1
O      172.31.1.128/25 [110/1172] via 192.168.1.6, 00:40:33, Serial0/0/1
    192.168.1.0/30 is subnetted, 3 subnets
C      192.168.1.0 is directly connected, Serial0/0/0
C      192.168.1.4 is directly connected, Serial0/0/1
O      192.168.1.8 [110/1171] via 192.168.1.6, 00:40:33, Serial0/0/1
S*     0.0.0.0/0 is directly connected, Loopback1
R3#show ip route
Codes: C - connected, S - static, I - IGRP, R - RIP, M - mobile, B - BGP
       D - EIGRP, EX - EIGRP external, O - OSPF, IA - OSPF inter area
       N1 -OSPF NSSA external type 1, N2 - OSPF NSSA external type 2
       E1 - OSPF external type 1, E2 - OSPF external type 2, E - EGP
       i - IS-IS, L1 - IS-IS level-1, L2 - IS-IS level-2, ia - IS-IS
       inter area
       * - candidate default, U - per-user static route, o - ODR
       P - periodic downloaded static route
Gateway of last resort is 192.168.1.9 to network 0.0.0.0
    10.0.0.0/8 is variably subnetted, 2 subnets, 2 masks
C      10.0.0.3/32 is directly connected, Loopback0
O      10.1.1.0/24 [110/782] via 192.168.1.5, 00:45:48, Serial0/0/1
    172.31.0.0/16 is variably subnetted, 2 subnets, 2 masks
C      172.31.1.64/26 is directly connected, FastEthernet0/0
O      172.31.1.128/25 [110/391] via 192.168.1.9, 00:45:48, Serial0/0/0
    172.16.0.0/30 is subnetted, 1 subnets
C      172.16.1.0 is directly connected, Loopback1
    192.168.1.0/30 is subnetted, 3 subnets
O      192.168.1.0 [110/1952] via 192.168.1.9, 00:45:48, Serial0/0/0
C      192.168.1.4 is directly connected, Serial0/0/1
C      192.168.1.8 is directly connected, Serial0/0/0
O*E2   0.0.0.0/0 [110/1] via 192.168.1.9, 00:34:36, Serial0/0/0
```

R1 和 R3 的默认路由的路由来源为 OSPF，但带有一个额外代码 E2。E2 表示此路由为一条 OSPF 第 2 类外部路由。

OSPF 外部路由分为以下两类：第 1 类外部 (E1) 和第 2 类外部 (E2)。两种类型的差异在于路由的 OSPF 开销在每台路由器上的计算方式不同。当 E1 路由在整个 OSPF 区域内传播时，OSPF 会累计路由的开销。此过程与普通 OSPF 内部路由的计算过程相同。然而，E2 路由的开销却始终是外部开销，而与通向该路由的内部开销无关。在本拓扑中，因为路由器 R2 的默认路由的外部开销是 1，所以 R1 和 R3 默认 E2 路由显示的开销也是 1。对 OSPF 来说，E2 路由的默认开销为 1。

9.2.7 OSPF 的辅助命令

（1）参考带宽

每个接口的带宽值根据"100 000 000/带宽"算得。100 000 000（即 10 的 8 次幂）称为参考带宽。因此，当将实际带宽转换为开销度量时，100 000 000 是默认的参考带宽。现在出现了比快速以太网快得多的链路，例如千兆以太网和 10GigE（10 千兆以太网）。使用 100 000 000 作为参考带宽，会导致带宽值等于或大于 100 Mb/s 的接口具有相同的 OSPF 开销值 1。

为获得更准确的开销计算结果，可能需要调整参考带宽值。可使用 OSPF 命令 auto-cost reference-bandwidth 修改参考带宽，以适应这些更快链路的要求。如果需要使用此命令，请同时用在所有路由器上，以使 OSPF 路由度量保持一致。

```
R1(config-router)#auto-cost reference-bandwidth ?
1-4294967  The reference bandwidth in terms of Mbits per second
```

该值的单位是 Mb/s。因此，默认值等于 100。要将其增大到 10GigE 的速率，需要将参考带宽更改为 10 000。

```
R1(config-router)#auto-cost reference-bandwidth 10000
```

同样，要确保在 OSPF 路由域内的所有路由器上配置此命令。按照上面的配置命令，为三台路由器 R1、R2、R3 配置参考带宽。

现在 OSPF 路由的开销值大得多了。例如，在 R1 更改前中，到 10.1.1.0/24 的开销为 1172。配置新的参考带宽后，相同路由的开销为 65635。R1 的路由表如下，显示出 OSPF 开销度量的改变。

```
R1#show ip route
Codes: C - connected, S - static, I - IGRP, R - RIP, M - mobile, B - BGP
       D - EIGRP, EX - EIGRP external, O - OSPF, IA - OSPF inter area
       N1 -OSPF NSSA external type 1, N2 - OSPF NSSA external type 2
       E1 - OSPF external type 1, E2 - OSPF external type 2, E - EGP
       i - IS-IS, L1 - IS-IS level-1, L2 - IS-IS level-2, ia - IS-IS
       inter area
       * - candidate default, U - per-user static route, o - ODR
       P - periodic downloaded static route
Gateway of last resort is 0.0.0.0 to network 0.0.0.0
     10.0.0.0/8 is variably subnetted, 2 subnets, 2 masks
O       10.1.1.0 [110/65635] via 192.168.1.2, 00:34:38, Serial0/0/0
C       10.0.0.1/32 is directly connected, Loopback0
     172.31.0.0/16 is variably subnetted, 2 subnets, 2 masks
O       172.31.1.64/26 [110/39162] via 192.168.1.10, 00:34:48, Serial0/0/1
```

```
C       172.31.1.128/25 is directly connected, FastEthernet0/0
        192.168.1.0/30 is subnetted, 3 subnets
C       192.168.1.0 is directly connected, Serial0/0/0
C       192.168.1.8 is directly connected, Serial0/0/1
O       192.168.1.4 [110/104597] via 192.168.1.10, 00:34:38, Serial0/0/1
O*E2    0.0.0.0/0 [110/1] via 192.168.1.10, 00:34:36, Serial0/0/1
```

（2）更改 Hello-interval 和 dead-interval 的命令

Hello-interval 是路由器发出 Hello 包的时间间隔，dead-interval 是邻居关系失效的时间间隔。默认的 Hello-interval 是 10s，而 dead-interval 是 40s。在非广播多路访问网络，默认的 Hello-interval 是 30s，而 dead-interval 是 120s。当在 dead-interval 之内没有收到邻居的 Hello 包时，一旦 dead-interval 超时，路由器会认为该邻居已经离线。

如果路由器的 Hello-interval 或 dead-interval 配置不相同，则两台路由器不能形成邻居关系，所以更改该参数时一定要小心。在 R1 上使用 show ip ospf neighbor 命令，确认 R1 与 R2 和 R3 相邻。在输出中，Dead 间隔从 40 s 开始倒计时。默认情况下，当 R1 收到邻居每隔 10 s 发来的 Hello 时，此值被重置。

```
R1#show ip ospf neighbor
Neighbor ID     Pri  State    Dead Time   Address       Interface
10.0.0.3        0    FULL/-   00:00:34    192.168.1.10  Serial0/0/1
10.0.0.2        0    FULL/-   00:00:37    192.168.1.2   Serial0/0/0
```

需要更改 OSPF 计时器以使路由器更快地检测到网络故障。这样做会增加流量，但有时需要快速收敛，即使导致额外的流量也在所不惜。可使用下列接口命令手动修改 OSPF Hello 间隔和 Dead 间隔：

```
Router(config-if)#ip ospf hello-interval seconds
Router(config-if)#ip ospf dead-interval seconds
```

更改 Hello 间隔之后 Cisco IOS 立即自动将 Dead 间隔修改为 Hello 间隔的四倍。最好是明确修改该计时器，而不要依赖 IOS 的自动功能，因为手动修改可使修改情况记录在配置中。R1 的 Serial 0/0/0 接口上的 Hello 间隔和 Dead 间隔分别被修改为 8 s 和 32 s，配置命令如下：

```
R1(config)#interface s0/0/0
R1(config-if)#ip ospf hello-interval 8
R1(config-if)#ip ospf dead-interval 32
```

32s 之后，R1 上的 Dead 间隔到期。R1 和 R2 失去了相邻关系。这里，仅在 R1 和 R2 之间串行链路的一端修改了间隔值。

```
%OSPF-5-ADJCHG:Process 1, Nbr 10.0.0.22 on Serial0/0/0 from FULL to
DOWN, Neighbor Down:Dead timer expired
```

邻居的 OSPF Hello 间隔和 Dead 间隔必须相同。可以在 R1 上使用 show ip ospf neighbor 命令验证相邻关系已失去，邻居 10.0.0.22 已不再出现，但 10.0.0.33（即 R3）仍是邻居。Serial 0/0/0 接口上的计时器设置不影响与 R3 的相邻关系。

```
R1#show ip ospf neighbor
Neighbor ID     Pri  State    Dead Time   Address       Interface
10.0.0.3        0    FULL/-   00:00:34    192.168.1.10  Serial0/0/1
```

可在 R2 上使用 show ip ospf interface serial 0/0/0 命令验证 Hello 间隔和 Dead 间隔不匹配的情况。R2（路由器 ID 为 10.2.2.2）上的间隔值仍然设为：Hello 间隔为 10 s，Dead 间隔

为 40 s。

```
R2#show ip ospf interface s0/0/0
Serial0/0/0 is up, line protocol is up
  Internet address is 192.168.1.2/30, Area 0
  Process ID 1, Router ID 10.0.0.2, Network Type POINT-TO-POINT, Cost:65535
  Transmit Delay is 1 sec, State POINT-TO-POINT, Priority 0
  No designated router on this network
  No backup designated router on this network
  Timer intervals configured, Hello 10, Dead 40, Wait 40, Retransmit 5
    Hello due in 00:00:05
  Index 2/2, flood queue length 0
  Next 0x0(0)/0x0(0)
  Last flood scan length is 1, maximum is 1
  Last flood scan time is 0 msec, maximum is 0 msec
  Neighbor Count is 1 , Adjacent neighbor count is 1
    Adjacent with neighbor 172.16.1.1
  Suppress hello for 0 neighbor(s)
```

要恢复 R1 和 R2 的相邻关系, 在 R2 的 Serial 0/0/0 接口修改 Hello 间隔和 Dead 间隔, 使其与 R1 的 Serial 0/0/0 接口上的相应间隔值匹配。IOS 显示一条消息, 表明已建立相邻关系, 且状态变为 FULL。

```
R2(config)#interface s0/0/0
R2(config-if)#ip ospf hello-interval 8
R2(config-if)#ip ospf dead-interval 32
15:53:11: %OSPF-5-ADJCHG:Process 1, Nbr 10.0.0.11 on Serial0/0/0 from
LOADING to FULL, Loading Done
```

在 R1 上使用 show ip ospf neighbor 命令验证相邻关系已恢复。

```
R1#show ip ospf neighbor
Neighbor ID    Pri   State       Dead Time    Address         Interface
10.0.0.3       0     FULL/-      00:00:35     192.168.1.10    Serial0/0/1
10.0.0.2       0     FULL/-      00:00:18     192.168.1.2     Serial0/0/0
```

Serial 0/0/0 接口的 Dead 间隔现在低得多了,因为它现在从 32 s 而非默认的 40 s 开始倒计时。Serial 0/0/1 仍然使用默认计时器工作,OSPF 要求两台路由器匹配 Hello 间隔和 Dead 间隔才能形成相邻关系。这与 EIGRP 不同,两台路由器的 Hello 计时器和抑制计时器无需匹配,即可形成 EIGRP 相邻关系。

9.2.8 检验 OSPF 配置的命令

常见的 OSPF 配置问题和检验 OSPF 配置的命令如下。

（1）常见的 OSPF 配置问题

一台运行 OSPF 路由协议的路由器,需要和其他相邻的路由器建立邻居关系,然后它才能和这些路由器互相交换链路状态的信息,从而学习路由。如果路由器无法和其他路由器建立邻居关系,那么它将不能学习到路由。导致路由器不能建立邻居关系的配置问题如下:

- 相邻的路由器互相不发送 Hello 包;

- 相邻的路由器的 Hello-interval 和 dead-interval；
- 连接路由器的接口属于不同的网络类型；
- 邻居验证的密码或关键字不同。

另外，在配置 OSPF 路由协议的时候，还要保证以下条件：

- 在路由器的接口上配置的 IP 地址和子网掩码正确无误；
- 在发布网段的时候使用了正确的通配符掩码；
- 网段发布到了正确的区域。

（2）检验 OSPF 配置的命令

可以使用下面这些命令来检查 OSPF 路由协议是否正确。

① show ip ospf interface 该命令用来检查接口是否被配置在相应的区域里，另外也可以看到该接口所连接的邻居，以及在接口上的 Hello-interval 和 dead-interval 的这两个参数。

② show ip ospf 使用该命令可以看到链路状态更新的时间间隔及网络收敛的次数等信息。

③ show ip ospf neighbor detail 该命令显示邻居的详细信息的列表，包括它们的优先级和当前的状态。

④ show ip ospf database 该命令显示路由器管理的拓扑表的内容、路由器标识和 OSPF 进程号。

（3）OSPF 的 clear 和 debug 命令

对 OSPF 的配置进行了改变（比如更改了所发布的网段）之后，如果这种改变在路由表反映得比较慢，可以使用下面的命令来清一下路由表，让路由表立刻开始更新：

Router#clear ip route *

这个命令可以清空整个路由表，让路由器重新建立路由表。

当然，也可以指定某一条路由条目，只清空该条目，命令如下：

Router#clear ip route X.X.X.X

如果怀疑 OSPF 的链路状态更新包有问题，可以使用如下命令检查：

Router#debug ip ospf events 命令会报告所有的 OSPF 事件。

Router#debug ip ospf adj 命令会报告关于邻居的 OSPF 事件。

本 章 小 结

OSPF 是一个内部网关协议（Interior Gateway Protocol，IGP），用于在单一自治系统（autonomous system,AS）内决策路由。它是对链路状态路由协议的一种实现，隶属内部网关协议，故运作于自治系统内部。著名的迪克斯加算法（Dijkstra）被用来计算最短路径树。OSPF 分为 OSPFv2 和 OSPFv3 两个版本，其中 OSPFv2 用在IPv4网络，OSPFv3 用在IPv6网络。OSPFv2 是由 RFC 2328 定义的，OSPFv3 是由 RFC 5340 定义的。与RIP和EIGRP 相比，OSPF 是链路状态路由协议，而 RIP 和 EIGRP 是距离矢量路由协议。

OSPF 的默认管理距离为 110，在路由表中采用路由来源代码 O 表示。OSPF 通过 router ospf process-id 全局配置命令来启用。process-id 仅在本地有效，这意味着路由器之间建立相邻关系时无需匹配该值。OSPF 不使用传输层协议，原因在于 OSPF 数据包直接通过 IP 发送。OSPF 使用 OSPF Hello 数据包来建立相邻关系。默认情况下，在多路访问网段和点对点网段中每 10 s 发送一次 OSPF Hello 数据包，而在非广播多路访问 (NBMA) 网段（帧中继、X.25 或 ATM）中则每 30 s 发送一次 OSPF Hello 数据包。Dead 间隔是 OSPF 路由器在与邻居结束相邻关系前等待的时长。默认情况下 Dead 间隔是 Hello 间隔的四倍。对于多路访问网段和点对点网段，此时长为

40 s，对于 NBMA 网络则为 120 s。

课后习题

一、选择题

1. 到 10.0.0.0 网络的路由开销是（　　）。

```
Router#show ip route
<省略部分输出>
 10.0.0.0/24 is subnetted,1 subnets
C 200.1.1.0/24 is directly connected,FastEthernet0/0
C 200.1.2.0/24 is directly connected,Serial0/0/0
O 10.0.0.0[110/2683]via 200.1.2.1,00:00:06, Serial0/0/0
```
  A. 1.544   B. 110   C. 2.048   D. 1786

2. 包含 5 台路由器的完全收敛 OSPF 网络已经正常运行数个星期，所有配置都已保存，而且未使用任何静态路由。如果其中一台路由器断电并重新启动，那么在配置文件加载之后，OSPF 收敛之前其路由表中包含（　　）信息。

  A. 所有以前获知路由的总结路由将自动出现在路由表中，直到路由器接收到所有的 LSP

  B. 路由表中包含整个网络的所有路由

  C. 因为此时 SPF 算法尚未完成所有计算，所以路由表中没有路由

  D. 路由表中将包含正常工作的相连网络的路由

3. 路由器 A 已针对 OSPF 进行了正确的配置，要生成如图 9-30 所示网络拓扑的路由表，需要在路由器 B 上输入的 OSPF 配置语句为（　　）。

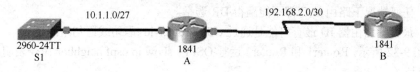

图 9-30 网络拓扑

```
B#show ip route
Gateway of last resort is not set
   192.168.2.0/30 is subnetted,1 subnets
C    192.168.2.0 is directly connected,Serial0/0/0
10.0.0.0/27 is subnetted,1 subnets
O    10.1.1.0[110/65]via 192.168.2.1.00:02:51, Serial0/0/0
```
  A. B(config-router)# network 192.168.1.0 255.255.255.255 area 0 B(config-router)# network 10.0.0.0 255.255.255.255 area 0

  B. B(config-router)# network 192.168.1.0 0.0.0.3 area 0

  C. B(config-router)# network 10.16.1.0 0.0.0.224 area 0

  D. B(config-router)# network 10.16.1.0 255.255.255.224 area 0

4. 参见如下命令，router ospf 5 语句中的 "5" 代表（　　）。

```
Router#show  running-config
Router ospf 5
```

```
Log-adjacency-changes
Network 192.168.1.0  0.0.0.3  area0
Network 192.168.1.4  0.0.0.3  area0
```
   A. 数字 5 标识该路由器上特定的 OSPF 实例
   B. 数字 5 是自治系统编号
   C. 数字 5 表示该路由器上 OSPF 过程的优先级
   D. 数字 5 表明 OSPF 通告的网络个数

5. 所有路由器都已经配置了如图 9-31 所示的接口优先级，所有路由器同时重新启动。DR/BDR 选举结果如图 9-31 所示。可以得到关于该网络的结论是（   ）。

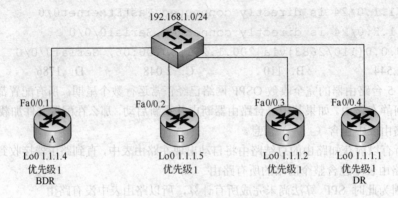

图 9-31　DR 与 BDR 选举结果

   A. 如果接口 192.168.1.4 上的链路断开，路由器 B 将成为新的 DR
   B. 如果新添加的路由器具有比路由器 D 更高的路由器 ID，则它将成为 DR
   C. 任何情况下路由器 C 都不能赢得 DR 选举
   D. 最大的路由器 ID 最有可能是通过 OSPF router-id 语句或语句组确定的

6. 如图 9-32 所示，Router1 和 Router2 运行 OSPF。show ip ospf neighbor 命令表明没有邻居，可能的原因是（   ）。

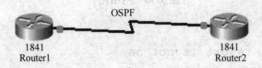

图 9-32　OSPF 网络

   A. OSPF 进程 ID 不匹配　　　　　　B. OSPF 自治系统 ID 不匹配
   C. OSPF hello 或 dead 计时器不匹配　D. OSPF 网络类型相同

7. 参见如下命令，要防止 dead 时间到达零，邻居之间必须接收（   ）。
```
Router#show ip ospf neighbor
Neighbor ID      Pri State    Dead Time   Address         Interface
192.168.1.10     1   Full/-   00:00:22    192.168.1.10    Serial0/0/0
192.168.2.1      1   Full/-   00:00:23    192.168.3.2     Serial0/0/1
```
   A. BPDU 数据包　　　　　　　　　　B. Hello 数据包
   C. 通过路由器接口的任何流量　　　　D. 路由数据库更新

8. 网络拓扑如图 9-33 所示，网络管理员希望将 Router1 的路由器 ID 设置为 192.168.1.1，要完成该任务，管理员必须执行（　　）步骤。

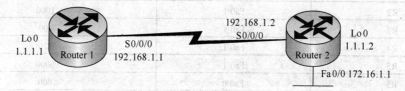

图 9-33　网络拓扑

```
Router2#show ip ospf neighbor
Neighbor ID   Pri   State    Dead Time   Address        Interface
192.168.1.1   1     Full/-   00:00:22    192.168.1.1    Serial0/0/0
1.1.1.3       1     Full/-   00:00:23    172.16.1.3     FastEthernet0/0
```

　　A．什么都不用做，Router1 的 router-id 已经是 192.168.1.1
　　B．关闭环回接口
　　C．使用 clear ip ospf process 命令
　　D．使用 OSPF router-id 192.168.1.1 命令

9. Router1(config-router)# network 200.1.0.0 0.0.15.255 area 100 将在 OSPF 更新中通告（　　）范围的网络。

　　A．200.1.0.0/24 到 200.1.15.0/24　　　　B．200.1.16.0/24 到 200.1.255.0/24
　　C．200.1.0.0/24 到 200.1.0.15/24　　　　D．200.1.15.0/24 到 200.1.31.0/24

10. OSPF 使用（　　）来计算到目的网络的开销。

　　A．跳数　　　　B．延迟　　　　C．带宽　　　　D．MTU

二、实践题

OSPF 网络拓扑如图 9-34 所示，主机数量与接口情况见表 9-9。网络中使用 172.16.0.0/16 创建一个符合下列要求的有效地址方案（依网络规模从大到小的顺序进行。首先为从 R5 到 R2 的 WAN 链路分配地址，然后为从 R4 到 R6 的 WAN 链路分配地址）。

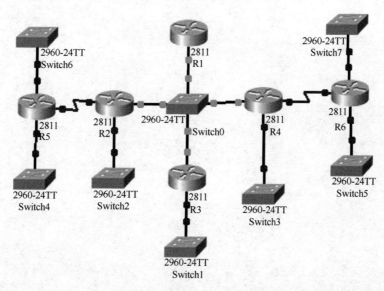

图 9-34　OSPF 网络拓扑结构

表 9-9 主机数量与接口情况

主 机 名	接 口	主 机 数 量
R2	Fa0/1	1000
R3	Fa0/1	400
R4	Fa0/1	120
R5	Fa0/1	6000
R5	Fa0/0	800
R6	Fa0/1	2000
R6	Fa0/0	500

使用下表在每台路由器上完成基本路由器配置,同时,确保配置地址和主机名,口令要求见表 9-10（R5 将获得它与 R2 之间的链路上的第一个 IP 地址[DCE]；R4 [DCE]将获得它与 R6 之间的链路上的第一个 IP 地址）。

表 9-10 口令与时钟频率

控制台口令	VTY 口令	使能加密口令	时 钟 频 率
network	network	student	64000

在每台路由器上使用 OSPF 路由协议,按照以下原则设置 OSPF 优先级:
- R1 绝不参与 DR/BDR 选举；
- R2 始终将成为 DR；
- R3 和 R4 将具有相同的优先级 100；
- R4 始终应该成为 BDR。

按照要求完成网络配置,确保网络互通。

参 考 文 献

[1] 思科系统公司. 思科网络技术学院教程：路由协议和概念[M]. 北京：人民邮电出版社，2009.
[2] 思科系统公司. 思科网络技术学院教程：LAN 交换和无线[M]. 北京：人民邮电出版社，2009.
[3] 陶建文，邹贤芳. 网络设备互联技术[M]. 北京：清华大学出版社，2011.
[4] 鲁顶柱. 网络互联技术与实训[M]. 北京：中国水利水电出版社，2011.
[5] 汪双顶. 网络互联技术与实践教程[M]. 北京：清华大学出版社，2010.
[6] 李志球. 计算机网络基础[M]. 北京：电子工业出版社，2010.
[7] 安淑芝. 网络互联设备实用技术教程[M]. 北京：清华大学出版社，2008.
[8] 杭州华三通信技术有限公司. IPv6 技术[M]. 北京：清华大学出版社，2010.
[9] 杨云. 计算机网络技术与实训[M]. 北京：中国铁道出版社，2014.
[10] 邱建新. 计算机网络技术[M]. 北京：机械工业出版社，2012.
[11] 宁芳露. 网络互联及路由器技术[M]. 北京：北京大学出版社，2009.
[12] 孙良旭. 路由交换技术概述[M]. 北京：清华大学出版社，2010.
[13] 罗国明. 现代网络交换技术[M]. 北京：人民邮电出版社，2010.